**Michael Kelker**

# Optimierte Ladung von Elektrofahrzeugen als Markow Entscheidungsprozess mittels maschineller Lernalgorithmen

**Ilmenauer Beiträge zur elektrischen Energiesystem-, Geräte- und Anlagentechnik (IBEGA)**

Herausgegeben von
Univ.-Prof. Dr.-Ing. Dirk Westermann
(Fachgebiet Elektrische Energieversorgung) und
Univ.-Prof. Dr.-Ing. Frank Berger
(Fachgebiet Elektrische Geräte und Anlagen)
an der Technischen Universität Ilmenau.

**Band 35**

Michael Kelker

# Optimierte Ladung von Elektrofahrzeugen als Markow Entscheidungsprozess mittels maschineller Lernalgorithmen

Universitätsverlag Ilmenau
2023

## Impressum

**Bibliografische Information der Deutschen Nationalbibliothek**
Die Deutsche Nationalbibliothek verzeichnet diese Publikation in der Deutschen Nationalbibliografie; detaillierte bibliografische Angaben sind im Internet über http://dnb.d-nb.de abrufbar.

Diese Arbeit hat der Fakultät für Elektrotechnik und Informationstechnik der Technischen Universität Ilmenau als Dissertation vorgelegen.

| | |
|---|---|
| Tag der Einreichung: | 7. September 2022 |
| 1. Gutachter: | Univ.-Prof. Dr.-Ing. Dirk Westermann<br>(Technische Universität Ilmenau) |
| 2. Gutachter: | Prof. Dr.-Ing. Jens Haubrock<br>(Fachhochschule Bielefeld) |
| 3. Gutachter: | Dr.-Ing. Michael Hübert<br>(Bielefelder Netz GmbH) |
| Tag der Verteidigung: | 14. Dezember 2022 |

Technische Universität Ilmenau/Universitätsbibliothek
**Universitätsverlag Ilmenau**
Postfach 10 05 65
98684 Ilmenau
https://www.tu-ilmenau.de/universitaetsverlag

**ISSN** 2194-2838
**ISBN** 978-3-86360-271-0 (Druckausgabe)
**DOI** 10.22032/dbt.55670
**URN** urn:nbn:de:gbv:ilm1-2022000540

---

# Danksagung

Als erstes möchte ich mich bei Herr Prof. Dr.-Ing. Jens Haubrock bedanken. Bereits im Studium konnte er mich für das Thema der elektrischen Netze begeistern und hat mich von da bis zum Abschluss meiner Promotion begleitet. Als Betreuer meiner Arbeit und auch als Mentor hatte er stets ein offenes Ohr für fachliche Diskussionen, aber auch für Probleme jeglicher Art, die einem im Laufe der Promotion begegnen. Auch den Kolleginnen und Kollegen danke ich für den Gedankenaustausch und vor allem für die erwünschten Ablenkungen nach der Arbeit.

Herr Prof. Dr.-Ing. Dirk Westermann danke ich für Betreuung seitens der Universität und Begutachtung meiner Arbeit. Auch Herrn Dr.-Ing. Michael Hübert danke ich für die Anfertigung des Gutachtens zu meiner Doktorarbeit. Außerdem ermöglichte er mir bereits während meines Studiums einen Einblick in die Arbeiten eines Netzbetreibers zu bekommen, was das Interesse an den Themen der elektrischen Netze weiter bestärkte und mich auf dem Weg der Promotion in diesem Themenbereich leitete. Dafür möchte ich mich bedanken.

Auch möchte ich meiner Familie danken. Meiner Mutter, die mir damals das Studium der regenerativen Energien empfahl und meinem Vater, der mir während meines Studiums immer beistand.

Abschließend bedanke ich mich bei meiner Freundin, die mich in dieser stressigen und teils schwierigen Phase so sehr unterstützt hat. Sie wusste mich stets nach einen anstrengenden Tag aufzuheitern.

# Kurzfassung

Die Bundesregierung plant, den Ausbau und die Integration erneuerbarer Energien in das elektrische Netz in den nächsten Jahren weiter auszubauen. Zusätzlich sollen neben dem Ausstoß von Treibhausgasen im Stromsektor diese auch in weiteren Sektoren reduziert werden. Für den Mobilitätssektor und vorrangig für PKWs stellen diesbezüglich batterieelektrische Fahrzeuge eine Lösung dar. Der Ausbau erneuerbarer Energien und die Ladung von Elektrofahrzeugen mit teils hohen Leistungen sind für den sicheren Betrieb der elektrischen Verteilnetze zukünftig und teils schon aktuell eine Herausforderung. Zur Vermeidung und Reduzierung von Überlastungen von Betriebsmitteln in der Niederspannung werden daher Algorithmen benötigt, um die Ladeleistung der Elektrofahrzeuge zu steuern. Bei der Implementierung eines Steueralgorithmus der Ladeleistung der Elektrofahrzeuge ergibt sich allerdings das Problem, dass die Niederspannungsnetze in der Regel historisch bedingt nicht messtechnisch überwacht werden. Daher ist es notwendig, den Zustand des Niederspannungsnetzes präzise abschätzen zu können. In dieser Arbeit wird eine autonome Steuerung der Ladeleistung von verteilten privaten Elektrofahrzeugen vorgestellt, mit der Überlastungen von Betriebsmitteln im Niederspannungsnetz bei Beibehaltung einer kurzen Ladezeit vermieden und reduziert werden können. Die Steuerung ist als Markow-Entscheidungsprozess definiert. Zu dessen Lösung und zur Generierung dessen Zustandes werden maschinelle Lernalgorithmen eingesetzt. Wegen der nicht vorhandenen historischen Messdaten werden sogenannte pseudo-historische Messdaten zum Training eines neuronalen Netzes mittels einer Netzsimulation generiert. Anschließend wird mit dem neuronalen Netz die Knotenspannung in Echtzeit abgeschätzt und als Zustand für den Markow-Entscheidungsprozess verwendet. Um den Markow-Entscheidungsprozess zu lösen, wird als maschineller Lernalgorithmus das bestärkte Lernen in einem dezentralen Ansatz als Multiagenten-System genutzt. Jedem Ladepunkt wird ein sogenannter Agent zugeordnet, der mittels definierter Belohnungsfunktionen und eines Aktionsvektors zur Steuerung der Ladeleistung des jeweiligen Ladepunktes versucht, das Optimum zwischen einer Überlastungsreduzierung von Betriebsmitteln im Niederspannungsnetz und einer Minimierung der Ladezeit der Elektrofahrzeuge zu erreichen. Sowohl die Abschätzung der Knotenspannung als auch die autonome dezentrale Steuerung der Elektrofahrzeuge mittels maschineller Lernalgorithmen werden in unterschiedlichen Szenarien eines Beispielnetzes als Modell validiert und analysiert. Es wird untersucht, inwiefern die mit Ungenauigkeiten behaftete Abschätzung der Knotenspannung als Zustand des Markow-Entscheidungsprozesses Einfluss auf die Effektivität der autonomen Steuerung hat und ob es mit dem beschriebenen System aus maschinellen Lernalgorithmen möglich ist, den Anteil an Elektrofahrzeugen ohne Ausbau von Primärbetriebsmitteln zu erhöhen.

# Abstract

In the next few years, the German government intends to increase the expansion and integration of renewable energies into the electrical grid. In addition, greenhouse gas emissions will be reduced in the electricity sector as well as other sectors. Battery electric vehicles are a solution for the mobility sector, primarily for passenger cars. The expansion of renewable energies and the charging of electric vehicles, in some cases with high power, pose a new challenge for the safe operation of electrical distribution grids in the future and, in some cases, today. Therefore, algorithms for controlling the charging power of electric vehicles are needed to prevent and reduce low-voltage equipment overloads. However, when implementing a control algorithm for the charging power of electric vehicles, the fact that low-voltage grids are not typically monitored by measurement technology, due to historical reasons, presents a problem. Therefore, it is necessary to be able to precisely estimate the condition of the low-voltage grid. This thesis presents an autonomous control of the charging power of distributed private electric vehicles to prevent and reduce equipment overloads in the low-voltage grid while maintaining a short charging time. This control utilizes a Markov decision process. Machine learning algorithms were used to solve the Markov decision process and generate its state. Due to the lack of historical measurement data, so-called pseudohistorical measurement data were generated using a grid simulation to train an artificial neural network. The artificial neural network was then used to estimate the node voltage in real time and as a state for the Markov decision process. To solve the Markov decision process, reinforcement learning in a decentralized approach as a multiagent system was used as a machine learning algorithm. Each charging point was assigned a so-called agent that, using a defined reward function and action vector for controlling the charging power of the respective charging point, attempted to achieve the optimal balance between reducing equipment overload in the low-voltage grid and minimizing the charging time of electric vehicles. The estimation of node voltage and the autonomous decentralized control of electric vehicles using machine learning algorithms were validated and analyzed in three different scenarios of a grid model. This thesis investigates how the estimation of the node voltage as a state of the Markov decision process, which is subject to inaccuracies, affects the efficacy of the autonomous control. It also explores whether increasing the percentage of electric vehicles without expanding primary resources using the system of linear learning algorithms described is possible.

# Inhaltsverzeichnis

# 1 Einleitung

Historisch bedingt bestand das elektrische Energiesystem in Deutschland und Europa aus einem klar strukturierten vertikalen Lastfluss von der höchsten Spannungsebene mit Großkraftwerken hin zu den niederen Spannungsebenen, an die verschiedene Verbraucher angeschlossen sind [1, 2]. Doch seit einigen Jahren befindet sich dieses Energiesystem im Wandel. Startpunkt dieser Veränderung war die Identifizierung des globalen Klimawandels, der durch den vermehrten Ausstoß von Treibhausgasen ausgelöst wird. Daraus resultierte die Förderung erneuerbarer Energieanlagen in Deutschland. Diese Förderung fand ab dem Jahr 1990 in Form des Stromeinspeisungsgesetzes [3] und seit 2000 im Erneuerbare-Energie-Gesetz [4] statt. Der Wandel des Energiesystems ist durch das Bestreben gekennzeichnet, den Anteil an erneuerbaren Energien in der Stromgenerierung voranzutreiben. Dies wird in Abb. 1.1 durch den steigenden Anteil an erneuerbaren Energien in der Stromproduktion in Deutschland dargestellt.

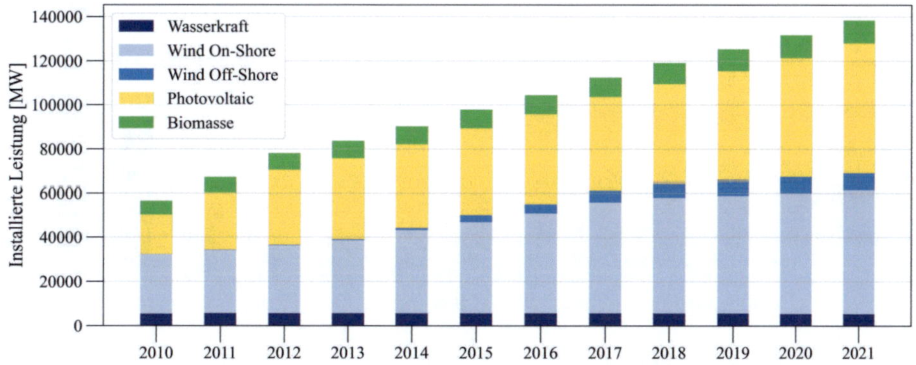


**Abb. 1.1:** Bruttostromerzeugung nach Arten erneuerbaren Energien; nach [5]

Auch weitere Ereignisse wie die Katastrophe von Fukushima im Jahr 2011 und der dadurch seitens der Bundesregierung beschleunigte Ausstieg aus der Kernenergie bis zum Jahr 2022 befördern den Ausbau erneuerbarer Energien im elektrischen Energiesystem. Dieser Trend, verstärkt erneuerbare Energien zu nutzen, wird zudem durch den von der Bundesregierung geplanten Kohleausstieg bis zum Jahr 2038 vorangetrieben. Aktuell zeigen sich zusätzliche Gründe dafür, den Anteil an erneuerbaren Energien im deutschen Energiesystem zu erweitern: die Unabhängigkeit von fossilen Energieträgern. Vor allem in Krisenzeiten kann es zu Lieferschwierigkeiten bei diesen Energieträgern kommen. Da eine funktionierende Wirtschaft und Gesellschaft in Deutschland jedoch vom sicheren Betrieb des elektrischen Netzes und somit von einer zuverlässigen Energieversorgung abhängen [1], ist es eine Möglichkeit, die Unabhängigkeit von fossilen Energieträgern durch den Ausbau erneuerbarer Energien zu erreichen.

Um eine $CO_2$-freie Gesellschaft in Deutschland zu ermöglichen, gilt es, neben dem Stromsektor weitere Sektoren emissionsfrei zu gestalten. Zusätzlich zum Stromsektor sind hier der Wärme-, der Gas- und der Mobilitätssektor relevant. Im Bereich des Mobilitätssektors haben sich batterieelektrische Fahrzeuge – kurz: Elektrofahrzeuge (EF) – als potenzielle Lösung für die Emissionsfreiheit im Bereich der PKWs etabliert. Da die EFs in der Regel über das elektrische Netz geladen werden, gelten sie jedoch nur als emissionsfrei oder emissionsarm, wenn hierbei ein hoher Anteil an erneuerbaren Energien vorliegt. Dazu ist es das Bestreben der Bundesregierung, den Anteil an EFs in Deutschland zu erhöhen. Im Jahr 2010 veröffentlichte die Bundesregierung den Plan, bis 2020 eine Million und bis 2030 sechs Millionen EFs auf den deutschen Straßen zu haben [6]. Abb. 1.2 zeigt die Entwicklung der jährliche Zulassungszahlen von EFs.

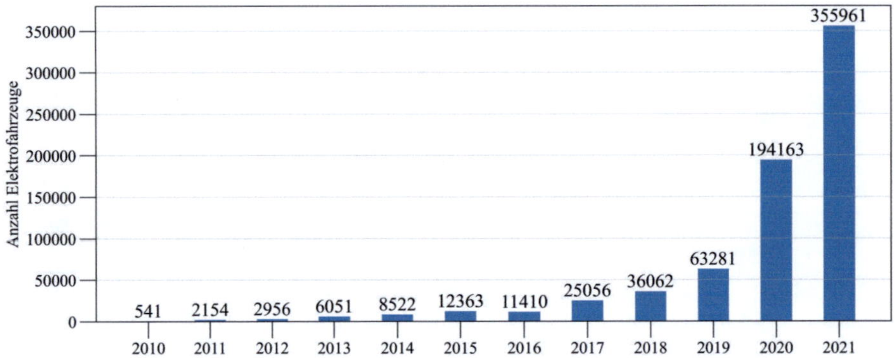


**Abb. 1.2:** Entwicklung der Zulassungszahlen von EFs von 2010 bis 2021; nach [7]

Da die Anzahl an EFs in Deutschland bis zum Jahr 2018 zunächst langsamer stieg als durch die Bunderegierung erwartet, wurde das Ziel bis 2020 nicht erreicht. Mittlerweile zeigt sich jedoch ein exponentieller Zuwachs an EFs. Die seitens der Bundesregierung prognostizierten Zahlen hinsichtlich der in Deutschland zugelassenen EFs belaufen sich aktuell auf 15 Millionen EFs bis zum Jahr 2030 [8].

Dieses ambitionierte Ziel stellt jedoch eine Herausforderung für die deutschen Verteilnetzbetreiber dar. Typische Ladeleistungen von EF reichen von 1,4 kW über 3,7 kW und 11 kW bis zu 22 kW, 50 kW (Gleichstrom) und teilweise höheren Ladeleistungen. Die Ladepunkte von EFs bis zu einer Leistung von 22 kW werden vorranging in der Niederspannung installiert. Hinzu kommen teils hohe Ladeleistungen und daraus resultierende hohe Ströme, sodass bereits jetzt die Betriebsmittel (BMs) einzelner Niederspannungsabschnitte stark beansprucht werden können. Eine weitere Herausforderung liegt in der hohen Gleichzeitigkeit begründet, mit welcher EFs in einem Netzgebiet geladen werden. Eine Vielzahl an EFs wird zum Feierabend an hauseigenen privaten Ladeanlagen geladen [9]. Ladeanlagen ab 11 kW sind daher bei den meisten Netzbetreibern meldepflichtig und ab einer Ladeleistung von 22 kW sogar durch den Netzbetreiber genehmigungspflichtig [10]. Daher kommt es häufig zu Verzögerungen bei der Installation privater Ladeanlagen oder diese werden nicht genehmigt. Um die stetig steigende Anzahl an EFs zu bewältigen und die Pläne der Bundesregierung, den aktuellen Bestand an EFs um mehr als den Faktor Siebzehn zu erhöhen, realisieren zu können, müssen Konzepte für die Steuerung der Ladeleistung von EFs untersucht werden, um BMs im Verteilnetz und in der Niederspannung nicht zu überlasten. Um solche Überlastungen zu verhindern oder zu reduzieren, plant Großbritannien beispielsweise ab Mai 2022, in den Stoßzeiten morgens und am frühen Abend neu erworbene private Ladepunkte und Ladepunkte beim Arbeitgeber abzuschalten und lediglich die Ladung an Schnellladesäulen oder öffentlichen Ladepunkten zu ermöglichen [11]. Die vorgeschlagene Methode kann genutzt werden, um Überlastungen von BMs zu vermeiden, kann jedoch den Ausbau des EFs-Anteils auf den Straßen hemmen. Perspektivisch kann so ein Vorgehen jedoch auch negativ sein, da dies die Gleichzeitigkeit bei der Ladung der EFs noch weiter erhöhen könnte. Daher ist eine intelligente Steuerlösung notwendig, die zum einen die Ladeleistung der EFs so reguliert, dass BMs nicht durch die hohen Ladeleistungen überlastet werden, und zum anderen eine kurze Ladezeit der einzelnen EFs gewährleistet, um so die Akzeptanz in der Bevölkerung gegenüber EFs zu erhöhen.

Bei der Ladungssteuerung von EFs ist es problematisch, dass die unteren Spannungsebenen in Deutschland in der Regel ‚blind‘ betrieben werden. Verteilnetzbetreiber haben meist keinen Einblick über den aktuellen Zustand des elektrischen Niederspannungsnetzes. Durch einen historisch bedingt vertikalen Lastfluss von der Höchst- zur Niederspannungsebene und durch das noch nicht vorhandene Bestreben, den Mobilitäts- und den Wärmesektor mit hohen Leistungen zu elektrifizieren, war es in der Vergangenheit nicht erforderlich, die Niederspannungsebene messtechnisch zu erfassen und die Messdaten dem Netzbetreiber zur Verfügung zu stellen. Durch den steigenden Anteil an erneuerbaren Energien, die dezentral im Verteilnetz implementiert werden, und durch den beschriebenen Bedarf nach einer intelligenten Steuerung der Ladeleistung von EFs wird die Beobachtbarkeit der unteren Spannungsebenen zunehmend bedeutend. Eine Möglichkeit, die Beobachtbarkeit der Niederspannungsnetze zu erhöhen, ist die Verwendung von Smart Metern (SM). In Deutschland sind im Jahr 2019 die ersten drei Hersteller von SMs zertifiziert worden, womit der sogenannte SM-Roll-Out in Deutschland begann. Aktuell liegt die Durchdringung mit SMs in Deutschland bei 23 %. Andere europäische Länder, zum Beispiel Frankreich,

Österreich oder Dänemark, haben bereits seit 2014 eine Durchdringung von über 95 % [12]. Wegen eines hohen Standards an Datensicherheit sind die Messdaten der SMs in Deutschland für den Netzbetreiber jedoch nur in Ausnahmefällen in Echtzeit zugänglich. Welche Daten der Netzbetreiber durch die SMs erhält, ist vom jährlichen Energieverbrauch des SM-Besitzers abhängig. Erst ab einem jährlichen Energieverbrauch von 100 000 kWh sind Messdaten in Echtzeit für den Netzbetreiber zugänglich. Dieser Energieverbrauch wird jedoch in der Regel von keinem Haushalt (HSH) auf Niederspannungsebene erreicht [13]. Deshalb sind neue Konzepte notwendig, um die unteren Spannungsebenen auf Basis der vorhandenen abrufbaren SM-Daten oder durch die Implementierung zusätzlicher Messtechnik beobachtbar zu machen.

Eine Möglichkeit, um sowohl eine intelligente Steuerung zu realisieren als auch die Beobachtbarkeit der unteren Spannungsebenen zu erhöhen, sind die maschinellen Lernalgorithmen (ML). Diese zeichnen sich dadurch aus, dass mittels verschiedener Optimierungsverfahren Zusammenhänge in einem Trainingsprozess erkannt und wiedergegeben werden. Vor allem bei komplexen Strukturen wie dem elektrischen Energiesystem mit einer Vielzahl an Optimierungsparametern und Kombinationsmöglichkeiten verschiedener Zustände können MLs ein wirksames Werkzeug für verschiedene Anwendungen sein.

In dieser Arbeit werden unterschiedliche MLs untersucht, um zum einen die Beobachtbarkeit von elektrischen Niederspannungsnetzen zu erhöhen und um zum anderen basierend darauf eine autonom agierende intelligente Steuerung der Ladung von EFs zu generieren, damit die zuvor beschriebenen Probleme im elektrischen Netz bei der Erhöhung des EF-Anteils vermieden werden.

Künstliche neuronale Netze (*engl.: Artificial Neural Networks [ANN]*) sind beispielsweise eine geeignete Methode, um den Netzzustand von Niederspannungsnetzen abzuschätzen. Sie werden eingesetzt, um auf Basis einer gewählten Art von Eingabedaten den Zusammenhang mit den Ausgabedaten zu erlernen. Für die Eingabedaten werden Messwerte aus einem gewählten Niederspannungsteilnetz verwendet, woraufhin das ANN lernt, die Spannung aller nicht messtechnisch erfassten Netzknoten abzuschätzen. Da dies in der Regel anhand von Trainingsdaten vorhandener historischer Messwerte erfolgt, allerdings die Niederspannungsnetze nicht messtechnisch erfasst werden, ist es notwendig, mittels Netzsimulation und geeigneter Methodik diese Trainingsdaten als sogenannte pseudo-historische Messdaten zu generieren. In der folgenden Abb. 1.3 ist die Zustandsabschätzung (*engl. State Estimation[SE]*) mittels ANN schematisch dargestellt:

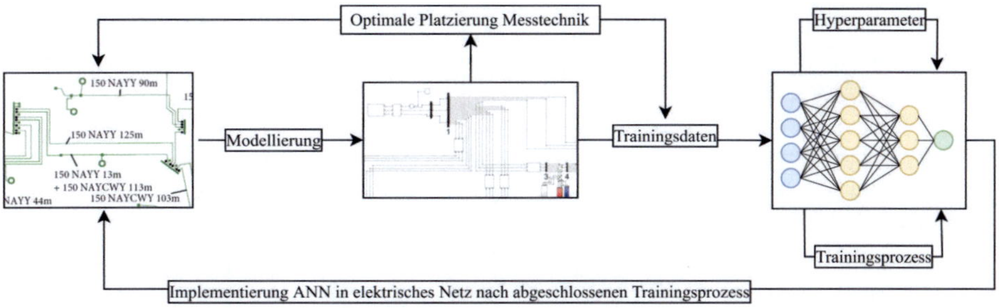


**Abb. 1.3:** Schematische Darstellung der SE mittels ANN

Basierend auf einem realen Niederspannungsnetz wird ein Modell generiert. Mittels Zufallsalgorithmen werden Last- und Erzeugungsprofile und mittels Lastflussrechnung des Netzmodells die Trainingsdaten für ein ANN erzeugt. Die Aufteilung der Ein- und der Ausgabedaten wird durch eine optimale Platzierung der Messtechnik definiert. Alle messtechnisch abgedeckten Netzknoten sind dabei die Eingabedaten und alle nicht messtechnisch erfassten Knoten die Ausgabedaten des ANN.

Die durch das ANN generierte SE des elektrischen Netzes eignet sich anschließend als Eingabewert für eine intelligente und autonome Steuerung der Ladeleistung von EFs, um Überlastungen von BMs bei gleichzeitiger Beibehaltung kurzer Ladezeiten zu vermeiden und zu reduzieren. Die autonome Steuerung wird als Markow-Entscheidungsprozess (*engl.: Markov Decision Process [MDP]*) definiert, der mit einem Multiagenten(MA)-Ansatz und dem ML bestärktes Lernen (*engl.: Reinforcement Learning [RL]*) gelöst wird. Der MA-Ansatz beschreibt, dass jedem privaten Ladepunkt ein sogenannter Agent zugewiesen wird, der die Ladeleistung an diesem Ladepunkt so steuert, dass das EF schnell geladen wird, aber in Summe mit allen anderen Agenten die Überlastung von BMs durch die Ladung der EFs vermieden oder reduziert wird. Die Methodik des RL eignet sich dabei, um in komplexen Zustandsräumen wie dem elektrischen Netz einen MDP zu lösen, der durch eine Optimierungsfunktion Interaktionsmöglichkeiten mit der gewählten Umgebung und eine Darstellung der Umgebung als Zustandsmenge definiert. Hierbei ist die Umgebung das Niederspannungsnetz, die Zustandsmenge ist die Knotenspannung und die Interaktionsmöglichkeit ist die Steuerung der Ladeleistung der EFs. Abb. 1.4 stellt die autonome Ladungssteuerung der verteilten Ladepunkte der EFs dar, die als Eingabewerte die Ausgabewerte der SE erhalten.

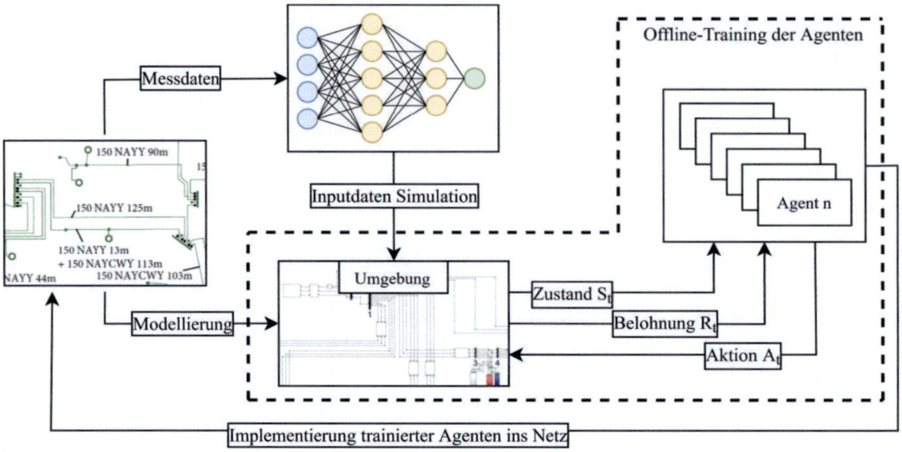


**Abb. 1.4:** Schematische Darstellung der autonomen Steuerung der Ladeleistung von EFs

Die SE mittels ANN wird nach erfolgreichem Trainingsprozess in das zu betrachtende reale Netz implementiert. Anschließend werden Daten aus dem Niederspannungsnetz aufgenommen und in das Modell des elektrischen Teilnetzes implementiert. Anhand dieses Modells werden Agenten zur Steuerung der Ladeleistung der EFs trainiert und nach erfolgreichem Training in das elektrische Netz implementiert.

Das ganzheitliche System besteht aus ANN, um den Netzzustand eines Niederspannungsnetzes abzuschätzen, und aus der darauf basierenden MA-RL-Methodik zur optimierten Ladung von EFs. Dieses wird anhand eines Software-Modells eines beispielhaften Niederspannungsnetzes in drei Szenarien validiert:

- Szenario 1: Anteil EFs anhand der aktuellen Zulassungszahlen
- Szenario 2: 50 % aller HSHs haben ein EF und einen Ladepunkt
- Szenario 3: 100 % aller HSHs haben ein EF und einen Ladepunkt

Das Software-Modell des Niederspannungsnetzes entspricht einer modifizierten Variante des Niederspannungs-CIGRE-Referenznetzes.

## 1.1 Forschungsfragen

Im Rahmen der Arbeit wird die Kernfrage F1 untersucht. Bei der Beschreibung des Systems zur autonomen Steuerung von EFs als MDP – bestehend aus zwei unterschiedlichen MLs – ergeben sich weitere Folgefragen (F1-1 bis F1-3) im Zusammenhang mit der Forschungsfrage F1:

**F1: Wie kann eine autonome Steuerung verteilter privater Elektrofahrzeug-Ladepunkte mittels maschineller Lernalgorithmen bei unbekannten Eingangsgrößen definiert werden?**

Zur Beantwortung dieser Frage wird ein ANN zur SE in Niederspannungsnetzen – bei nicht vorhandenen historischen Messdaten – als Methodik verwendet. Die Werte der SE werden als Eingabewerte einer autonomen Steuerung der Ladung an die verteilten, privaten Ladepunkte übergeben. Die Steuerung ist als MDP definiert, der in einem dezentralen MA-System mit der Methodik des RL eine autonome und optimierte Ladung der EFs bewirkt. Das Optimum beschreibt, dass BMs durch die Ladung der EFs auch bei einer zukünftig hohen Anzahl an EFs und bei Beibehaltung einer kurzen Ladezeit nicht überlastet bzw. Überlastungen reduziert werden.

**F1-1: Wie können pseudo-historische Messdaten zum Training eines künstlichen neuronalen Netzes zur Abschätzung des Netzzustandes generiert werden?**

Da die unteren Spannungsebenen ohne Messtechnik betrieben werden, sind in der Regel keine Messdaten vorhanden, auf deren Basis ein ANN zur SE trainiert werden kann. In der Arbeit werden daher sogenannte pseudo-historische Messdaten als Knotenspannungen mittels eines Softwaremodells eines elektrischen Netzes und entsprechende Lastflussrechnung generiert. Hierbei werden verschiedene Zufallsalgorithmen zur Generierung der Lastverläufe und der Referenzprofile der HSHs und Ladeverläufe von EFs untersucht und anschließend am Modell validiert.

**F1-2: Welchen Einfluss hat die Genauigkeit der Zustandsabschätzung mittels künstlicher neuronaler Netze auf die autonome Steuerung der Ladung der Elektrofahrzeuge?**

Dadurch, dass eine Ungenauigkeit der SE mittels ANN als Eingabewert für die autonome Steuerung der EF-Ladung erwartet wird, wird geprüft, in welchem Ausmaß diese Ungenauigkeit die Steuerung beeinflusst. Es werden zwei Systeme trainiert, von denen eines die Daten der SE und das andere die fehlerfreien Daten direkt aus der Simulation erhält. Hierbei wird der Einfluss auf den Trainingsprozess des ML sowie auf die Steuerung im Softwaremodell analysiert.

**F1-3: Welchen Einfluss hat das autonom steuernde System zur Vermeidung und Reduzierung von Überlastung von Betriebsmitteln auf die Ladezeit der Elektrofahrzeuge und kann der Anteil an Elektrofahrzeugen ohne Ausbau von Primärbetriebsmitteln erhöht werden?**

Abschließend wird untersucht, wie effektiv das autonome Steuerungssystem im Softwaremodell eines elektrischen Niederspannungsnetzes die Überlastung von BMs bei

Beibehaltung einer kurzen Ladezeit der EFs vermeiden oder reduzieren kann. Zusätzlich wird geprüft, ob durch das autonome Steuersystem der Anteil an EFs ohne Ausbau von Primärbetriebsmitteln im elektrischen Netz erhöht werden kann.

## 1.2 Struktur der Dissertation

Die Dissertation ist in sieben Kapitel aufgeteilt und nach folgender Struktur gegliedert, innerhalb der die Forschungsfragen beantwortet werden.

Das nach der Einleitung folgende Kapitel 0 erläutert den aktuellen Stand von Wissenschaft und Technik. In diesem Abschnitt wird die Theorie der verwendeten Methodik erläutert. Das Kapitel wird in die Beobachtung und die Messung von Niederspannungsnetzen und das gesteuerte Laden von EFs unterteilt. Im ersten Abschnitt wird die Methodik der ANNs dargestellt und der aktuelle Stand der Wissenschaft zur SE von Niederspannungsnetze analysiert. Der nachfolgende Teilabschnitt beschreibt die generelle Norm, die das Laden von EFs definiert, sowie den Unterschied zwischen zentraler, dezentraler und verteilter Steuerung im Bezug auf das elektrische Netz. Ferner werden die Methodik des RL und die hier verwendete Methodik des Double-Deep-Q-Learnings (DDQL) in einem dezentralen Ansatz als MA-System erläutert. Darüber hinaus wird der aktuelle Stand der Wissenschaft zu Systemen des gesteuerten Ladens von EFs untersucht.

In Kapitel 3 wird die verwendete Methodik zur SE von Niederspannungsnetzen mittels eines ANN erläutert. Es wird beschrieben, wie die Elemente des Softwaremodells eines Niederspannungsnetzes charakterisiert sind. Der Fokus liegt hier auf der Bestimmung der Spitzenlasten der HSHs sowie der Bestimmung der Last- und der Erzeugungsverläufe der HSHs, der Photovoltaik (PV)-Anlagen und der Ladeverläufe der EFs im Niederspannungsmodell zur Validierung des Gesamtsystems. Zudem werden hier die Zufallsalgorithmen und die Referenzprofile der HSHs und der EF-Ladung erläutert, auf denen die Spannungsdaten zum Training des ANN basieren, um die pseudo-historischen Trainingsdaten zu generieren.

In Kapitel 4 wird die verwendete Methodik zum Einsatz eines ANN zur SE geschildert. Zu Beginn wird ein Algorithmus zur optimalen Platzierung von Messeinheiten in Niederspannungsnetzen definiert. Diese Messdaten stellen die Eingangsdaten des ANN bereit. Hier wird außerdem die Methodik zur Bestimmung der optimalen Hyperparameter des ANN mittels bayesschen Regressionsmodells beschrieben. Abschließend wird die verwendete Methodik zur Lösung des MDP mit dem Ziel der optimierten Ladung von EFs im Niederspannungsnetz erläutert. Der verwendete dezentrale MA-Ansatz wird in diesem

Zusammenhang mit DDQN definiert. Dies beinhaltet die Beschreibung des Zustandes, die möglichen Aktionen der Agenten, die Belohnungsfunktionen sowie die Hyperparameter.

In Kapitel 5 werden die Ergebnisse bei verwendeter Methodik zur optimalen Ladung von EFs als MDP mit der Zustandsgenerierung mittels ANN dargestellt. Der Abschnitt dient der Beantwortung der Forschungsfragen. Hier wird das verwendete modifizierte Modell eines Niederspannungsnetzes basierend auf dem CIGRE-Referenz-Niederspannungsnetz und drei Szenarien mit verschiedener Durchdringung an EFs in den HSHs beschrieben. Weiter werden die Methoden zur Generierung pseudo-historischer Messdaten, anhand derer das ANN trainiert wird, sowie die darauf basierende mittlere Genauigkeit des ANN in den Szenarien und bei unterschiedlichem Umfang an verwendeter Messtechnik geprüft. Die Methode der Trainingsdatengenerierung wird bestimmt, mit der das ANN die höchste Genauigkeit erreicht. Anschließend wird die Genauigkeit des ANN an einem beispielhaften Tagesverlauf der Spannung bei unterschiedlicher Anzahl an verwendeter Messtechnik und Menge an Eingangsdaten untersucht. Abschließend wird der Einfluss der Ungenauigkeit des ANN auf den Trainingsverlauf der autonomen Steuerung der EF-Ladung und auf die Effektivität der Steuerung in unterschiedlichen Szenarien – bezüglich reduzierter Überlastung der BMs und des Einflusses der Steuerung auf die Ladezeit der EFs – analysiert. Die Dissertation schließt mit Kapitel 6 ab. Dieses umfasst eine Zusammenfassung, das Fazit und Hinweise auf perspektivisch weiterführende Arbeiten. Die verwendete Literatur wird in Kapitel 7 aufgeführt.

# 2 Stand der Wissenschaft und Technik

Der Einsatz von ML in der Energietechnik wurde in den letzten Jahren zunehmend populär. Ein Grund dafür sind unter anderem die immer komplexer werdenden elektrischen Netze im Zuge des Ausbaus verteilter Energieerzeugungsanlagen und die Elektrifizierung anderer Sektoren wie Mobilität und Wärme. Bei geeigneter Datenlage und gewählter Methodik der ML zeigen insbesondere die Ergebnisse aus der Forschung vielversprechende Ansätze, um die Betreiber der komplexer werdenden elektrischen Netze und der Verteilnetze zu unterstützen. Dabei gilt es zuerst, die Begriffe künstliche Intelligenz (KI), ML und Tiefes Lernen (*engl.: Deep Learning*) zu unterscheiden.

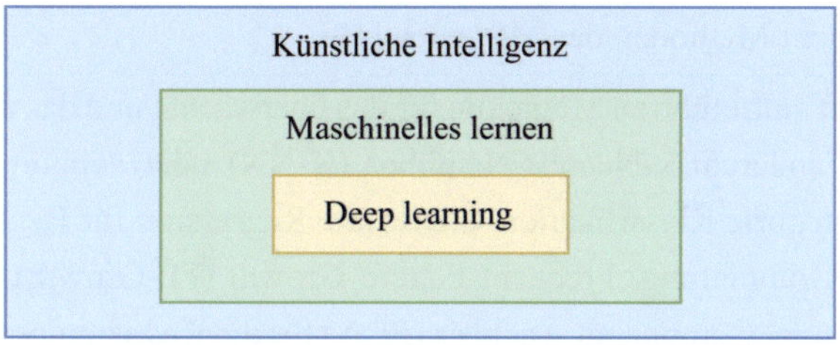


**Abb. 2.1:** Verhältnis der Begriffe künstliche Intelligenz, ML, Deep Learning; nach [14]

Wie in Abb. 2.1 dargestellt ist, bildet KI den Oberbegriff, wobei das ML eine Unterkategorie der KI und das Deep Learning wiederum eine Unterkategorie des ML ist. Eine KI stellt generell einen Computer dar, der versucht, menschliche Denkweisen nachzuahmen. Maschinelles Lernen beschreibt das Lernen aus den Zusammenhängen von Daten und Deep Learning meint die eigenständige Generierung markanter Lerneigenschaften [15, 16]. Prinzipiell wird bei ML zwischen dem sogenannten überwachten, dem unüberwachten und dem RL unterschieden [15, 17, 18]. Hierzu wird vor allem beim überwachten und beim unüberwachten Lernen weiter nach verschiedenen Anwendungen dieser Methoden differenziert, die in Abb. 2.2 dargestellt sind. Für alle Methoden gibt es verschiedene Algorithmen, die jeweils herangezogen werden.

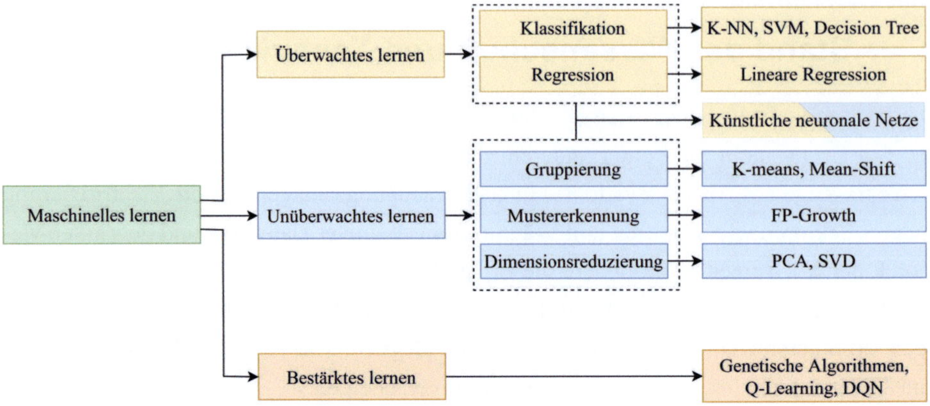


**Abb. 2.2:** Übersicht Methoden des ML; nach [19]

Zu den beispielhaft aufgeführten Methoden für das überwachte und das unüberwachte Lernen zählen unter anderem k-Nearest-Neighbor (K-NN) oder support-Vector-Machines (SVM) für die Kategorie Klassifikation, die lineare Regression für Regressionsprobleme, K-means für die Gruppierung, Frequent-Pattern-Growth (FP-Growth) für die Mustererkennung und Principal Component Analysis (PCA) für die Reduzierung von Dimensionen der Eingabedaten. Beim RL werden zum Beispiel genetische Algorithmen oder das sogenannte Q-Learning oder Deep-Q-Networks (DQN) verwendet. Für die aufgeführten Punkte des überwachten und des unüberwachten Lernens werden häufig auch ANNs in verschiedenster Architektur genutzt. Beim unüberwachten Lernen sind den Eingabedaten keine korrekten Ausgabewerte zugewiesen. Das ANN soll deshalb selbst eine Korrelation zwischen Eingabe- und Ausgabewerten erkennen und Regelmäßigkeiten in diesen gruppieren. Diese Gruppen werden anschließend analysiert, wodurch Aussagen der entsprechenden Eingabedaten gegenüber den gebildeten Gruppen getroffen werden können [20]. Beim überwachten Lernen werden Eingabedaten und korrekte Ausgabedaten gegenübergestellt, wobei das ANN deren Zusammenhang zueinander lernt [17, 18]. Sowohl die ANNs als auch das RL zählen zu den Techniken des ML oder bei der Verwendung komplexer Strukturen der beiden Methoden zum Deep Learning [21, 22].

Im Folgenden werden Methoden aus Wissenschaft und Technik betrachtet, die für ML zum gesteuerten Laden von EFs und zur verbesserten Beobachtung von elektrischen Verteilnetzen eingesetzt werden.

## 2.1 Beobachtung und Messung von Niederspannungsnetzen

Historisch bedingt werden die unteren Spannungsebenen im Energiesystem in der Regel nicht oder kaum messtechnisch erfasst. Durch den stetigen Ausbau von dezentralen

Energieanlagen (DEA), durch die zunehmende Elektrifizierung des Wärmesektors durch Wärmepumpen oder durch die Mobilität in Form von EFs wird die Beobachtung der Niederspannungsebene zunehmend bedeutend [23]. Um die Beobachtbarkeit der Niederspannungsnetze zu erhöhen, wurden SMs als geeignete Technologie identifiziert. Auch wenn diese theoretisch die Möglichkeit bieten, relevante Informationen – wie eine Datenübertragung in Echtzeit der Lastgangsmessung – in viertelstündigen Zeitschritten bereitzustellen und so einen Einblick in die Niederspannungsebene für die Netzbetreiber zu geben, kommt es in der Praxis zu zwei entscheidenden Problemen, die dies unterbinden. Zum einen sind die Messdaten der SMs im Normalfall nicht miteinander zeitlich synchronisiert. Zum anderen dürfen die Messdaten der SMs vom Netzbetreiber aus Datenschutzgründen in der Regel nicht verwendet werden, was im Messstellenbetriebsgesetz (MsbG) beschrieben ist. Erst ab hohen jährlichen Energieverbräuchen von 100 000 kWh oder großen Erzeugungsanlagen mit mehr als 100 kW können die Messdaten der SMs vom Netzbetreiber in Echtzeit genutzt werden, was im MsbG unter § 55 definiert ist. Dadurch ist kein konkreter Einblick in den aktuellen Zustand des Niederspannungsnetzes durch den Netzbetreiber möglich. Vor allem dieser Echtzeit-Einblick ist für Verteilnetzbetreiber ein Hilfsmittel, um Funktionen wie automatisierte Betriebsführungsalgorithmen zu implementieren. Hierzu zählt unter anderem das gesteuerte Laden von EFs an privaten Ladepunkten von HSHs. Für diese beschriebene Problematik ist deshalb Messtechnik notwendig, die eine hohe Genauigkeit besitzt, eine echtzeitfähige Datenübertragung ermöglicht und zeitlich mit den anderen Messpunkten synchronisiert ist. Dazu eignen sich zum Beispiel die für das Verteilnetz angepassten Micro-Phasor-Measurement-Units (µPMUs). Je nach Hersteller nehmen die µPMUs unterschiedliche Messdaten auf. In der Regel messen sie Spannung und Strom in hoher zeitlicher Auflösung und sind mittels GPS-Signal zeitlich mit anderen µPMUs im Teilnetzgebiet synchronisiert. Diese zeitliche Synchronisation und die hohe Genauigkeit der Messdaten nach dem IEEE-Standard C37.118 sorgen dafür, dass sich die µPMUs für die Datennutzung für eine SE des aktuellen Netzzustandes eignen. Der für Phasor-Measurement-Units (PMUs) typische sogenannte Synchrophasor wird dabei nicht betrachtet, da auf Grund der geringen Abstände im Verteilnetz dessen Bildung schwierig ist und hohe Abtastraten der Messdaten voraussetzt.

Da wegen der großen Anzahl an Netzknoten in der Niederspannung die Ausstattung jedes einzelnen Knotens nicht wirtschaftlich wäre, sind zwei Verfahren zentral, um die Niederspannungsebene trotzdem für den Verteilnetzbetreiber in Echtzeit beobachtbar zu machen. Dies sind eine auf den Messdaten aus dem Niederspannungsnetz basierende SE und die optimale Platzierung der Messeinheiten, um dem Algorithmus für die SE die größtmögliche Anzahl an Informationen aus dem Netz bereitzustellen.

### 2.1.1 Künstliche neuronale Netze

Die SE von Verteilnetzen ist eine komplexe Aufgabe, die bei klassischen Verfahren wie dem Weighted-Least-Square(WLS)-Verfahren, das in den Übertragungsnetzen eingesetzt wird, eine hohe Rechenzeit benötigt. Echtzeit-Anwendungen, die auf diesen Verfahren basieren, sind deshalb schwierig umzusetzen. Für eine genaue SE mittels dieser Verfahren wird teilweise eine hohe Durchdringung mit Messtechnik benötigt, die in der Regel in der Niederspannung nicht vorhanden ist [24]. In verschiedenen Forschungsansätzen zeigt die SE in Verteilnetzen mittels ANN vielversprechende Ergebnisse, wobei eine hohe Abdeckung mit Messtechnik nicht erforderlich ist und nach erfolgreichem Training die Schätzung der Knotenspannung mittels SE nahezu in Echtzeit kalkuliert wird.

Bereits in den 1940er Jahren sind erste Untersuchungen zur mathematischen Modellierung von Nervenzellen des Gehirns als ANN zur Lösung komplexer Probleme unternommen worden [25]. Diese Studien werden stetig vorangetrieben und weiterentwickelt und mittlerweile durch die Bereitstellung leistungsfähiger Rechnerarchitekturen auch zur Lösung von Problemen eingesetzt, für die sich das menschliche Gehirn als ein konventionelles Computerprogramm eignet [26].

Der grundlegende Lernprozess der ANNs wird logistische Regression genannt und dient der Klassifikation. In diesem Prozess wird mittels numerischer Optimierungsverfahren eine mathematischen Funktion generiert, mit der sich auch das einzelne Neuron darstellen lässt [27]:

$$y=g(\mathbf{w}\cdot\mathbf{x}+\mathbf{b}) \tag{2.1}$$

Dabei werden nach (2.1) die Eingabewerte als Vektor $\boldsymbol{x}$ und die Aktivierungsfunktion $g$ mit dem Vektor der Gewichtung $\boldsymbol{w}$ und dem Ordinatenabschnitt $\boldsymbol{b}$ beschrieben. Die Aktivierungsfunktion des Neurons wird im Vorfeld festgelegt und stellt meist eine nichtlineare Funktion dar. Der Ordinatenabschnitt wird genutzt, damit die Funktion allgemein gehalten wird [20].

Die Gewichtung wird über den Trainingsprozess des ANN optimiert und stellt eine relevante Stellgröße dar [26]. Pro Neuron werden die gewichteten Eingangswerte mit dem Ordinatenabschnitt aufsummiert und als Eingabewert der Aktivierungsfunktion gebildet. Demnach lässt sich (2.1) wie folgt darstellen [20, 26]:

$$y=g\sum_{i=1}^{n_n} w_i \cdot x_i(t) + b_0 \tag{2.2}$$

Nach (2.2) wird die Summe aller gewichteten Eingabewerte gebildet, was sich schematisch wie in Abb. 2.3 als Neuron darstellen lässt:

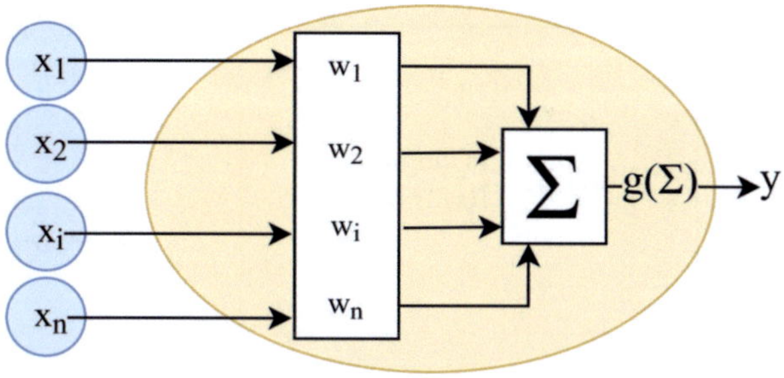


**Abb. 2.3:** Schematische Darstellung Datenverarbeitung eines Neuron; nach [26]

Eine Auswahl typischer Aktivierungsfunktionen ist in Tab. 2.1 dargestellt, wobei *u(t)* die gewichteten aufsummierten Eingangswerte im Perzeptron beschreibt. Entsprechend der Anwendung wird eine geeignete Aktivierungsfunktion *g* gewählt. Diese ist mit einem Schwellenwert versehen und besagt, ob das Neuron aktiv oder inaktiv ist, wenn dieser Schwellenwert über- oder unterschritten wird [26, 28]. Beispiele für typische Aktivierungsfunktionen sind unter anderem Sigmoidfunktionen [26], Tangens hyperbolicus oder Sprungfunktionen, die einer binären Ausgabe entsprechen [27].

**Tab. 2.1:** Übersicht verschiedener beispielhafter Aktivierungsfunktionen; nach [26]

| Aktivierungsfunktion | Formel | Verlauf |
|---|---|---|
| Sprungfunktion | $g(u(t), b) = \begin{cases} 1 \text{ für } u(t) \geq 0 \\ 0 \text{ für } u(t) < 0 \end{cases}$ | 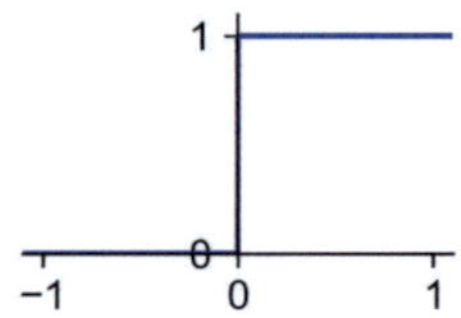 |
| Lineare Funktion | $g(u(t), b) = u(t)$ | 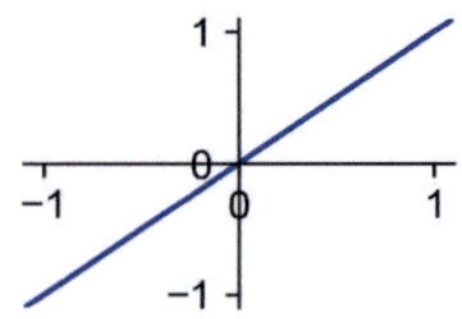 |
| Relu-Funktion | $g(u(t), b) = \begin{cases} u(t) \text{ für } u(t) \geq 0 \\ 0 \text{ für } u(t) < 0 \end{cases}$ | 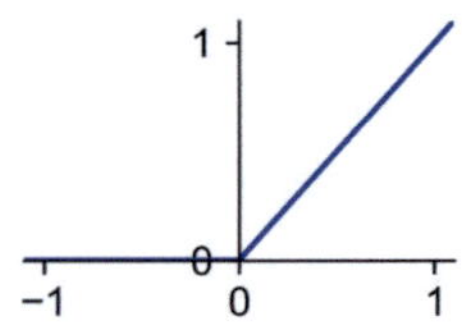 |
| Sigmoid-Funktion | $g(u(t), b) = \frac{1}{1 + e^{-u(t)}}$ | 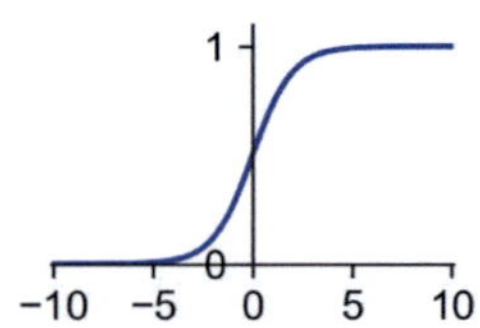 |
| Tangens hyperbolicus | $g(u(t), b) = \tanh(u(t)) = \frac{2}{1 + e^{-2u(t)}} - 1$ | 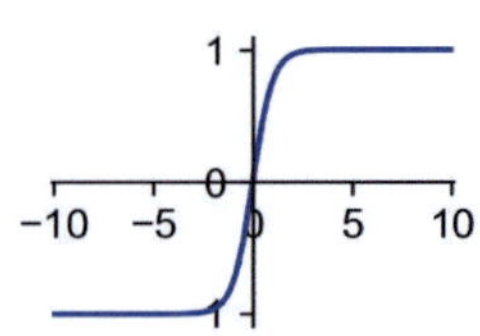 |

Entsprechend dem Namen der Methodik ANN ist das einzelne Neuron mit mehreren Neuronen als Netz zusammengeschaltet. Häufig ist es auch aus mehreren Schichten aufgebaut, sodass die Eingabewerte der einen Schicht die Ausgabewerte der vorherigen Schicht bilden. Solch ein Konstrukt wird Multi-Layer-Perzeptron genannt [26]. Dabei steht

Perzeptron als Synonym für ein einzelnes Neuron oder ein vorwärts-gekoppeltes neuronales Netz (*engl.: Feed-forward neural Network*) [27]. Somit bildet sich eine Matrix der Gewichte ***W*** mit der Dimension an Eingangswerten mal der Anzahl an Neuronen pro Schicht [20, 27].

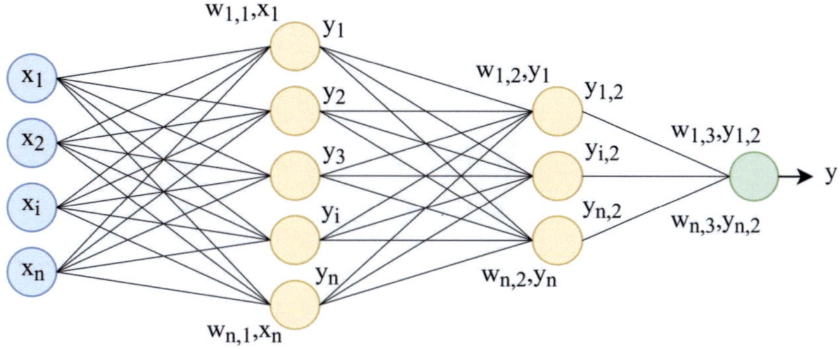


**Abb. 2.4:** Schematische Darstellung eines feed-forward-neural-networks

Abb. 2.4 zeigt die schematische Struktur eines Feed-forward-neural Networks. Blau dargestellt ist dabei die Eingabeschicht mit den Eingabewerten, gelb die versteckten Schichten und grün die finale Ausgabeschicht. Typischerweise sind zwischen den Schichten alle Neuronen miteinander gekoppelt. In diesen werden die Eingabewerte $x_n$ oder $y_n$ mit dem Faktor $w_n$ gewichtet.

Die Grundlage für den Lernprozess bildet die Hebb'sche Lernregel [26, 28, 29]. Diese beschreibt, dass der Lernprozess, angelehnt an das reale Gehirn, in einem iterativen Prozess erfolgt [28]. In diesem Lernprozess werden die Gewichtungen der Eingangswerte der einzelnen Neuronen angepasst, was nach (2.3) beschrieben ist [26] und die Änderung der Gewichtung $w_{ij}$ zwischen den Eingabewert $x_i$ und Ausgabewert $y_j$ darstellt:

$$\Delta w_{ij} = \eta_{lr} \cdot x_i \cdot y_j \quad (2.3)$$

Die Lernrate des Algorithmus ist mit $\eta_{lr}$ beschrieben und liegt zwischen Werten größer 0 und 1. Die Lernrate von ANNs bestimmt, inwiefern das ANN pro Trainingsiteration die Gewichte der Neuronen anpasst. Genauso schreibt sie fest, wie sich die Gradienten $\partial u_\Omega$ der gewichteten Summe des jeweiligen Neurons $u_\Omega$ und die dazu beschriebene Funktion $f(\partial u_\Omega)$ pro Iterationsschritt ändern. Das Optimum liegt beim Minimum dieser Funktion. Bei einer geringen Lernrate werden die Gewichte nur in kleinen Abständen geändert, was dazu führen kann, dass ein ANN nie die höchstmögliche Genauigkeit der Ausgabedaten oder das Minimum der Funktion erreicht. Bei einer zu hohen Lernrate kann es sein, dass die

Veränderungen der Gewichte nach jeder Lerniteration so groß sind, dass kein Optimum der Parameter der Gewichte erreicht werden kann. Abb. 2.5 zeigt das Verhältnis zwischen der Änderung der Gradienten $\partial u_{\Omega}$ und der Funktion $f(\partial u_{\Omega})$ bei kleiner, bei ausgewogener und bei großer Lernrate.

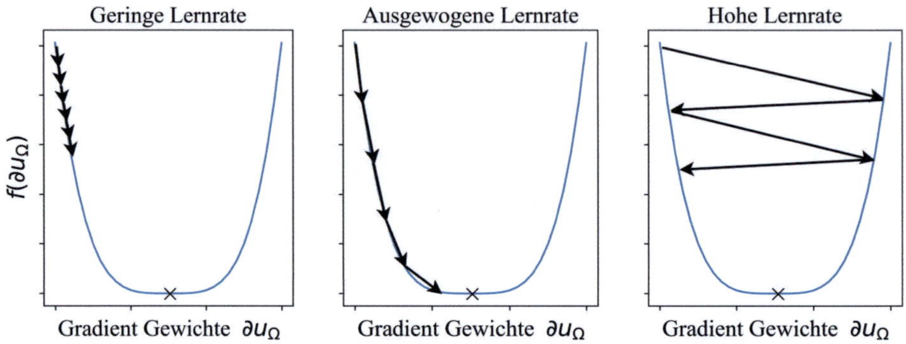


**Abb. 2.5:** Einfluss der Wahl der Lernrate beim Trainingsprozess von ANNs

Basierend auf der Hebb'schen Lernregel sind eine Vielzahl verschiedener Lernalgorithmen für ANNs entwickelt worden, zum Beispiel die Delta-Regel, die für das überwachte Lernen von ANNs verwendet wird. Beim überwachten Lernen wird dem ANN ein Trainingsdatensatz bereitgestellt, der die Eingabedaten mit den gewünschten Ausgabedaten koppelt. Im iterativen Lernprozess werden die Gewichte so angepasst, dass bei gegebenen Eingangsdaten die Differenz $\boldsymbol{E}$ zu den Ausgabedaten minimiert wird [26]. Hierbei lässt sich die Matrix der Änderung der Gewichte $\Delta \boldsymbol{W}$ in Abhängigkeit vom Lernfehler $\boldsymbol{E}$ zu jedem Schritt des Lernprozesses wie in (2.4) darstellen [20, 26]:

$$\Delta \mathbf{W} = \eta_{lr} \cdot f(\mathbf{E}(\mathbf{W})) \tag{2.4}$$

Die Fehlerfunktion $\boldsymbol{E(W)}$ ist als quadratischer Fehler der Summe der Differenz des tatsächlichen Wertes der Ausgabe $o$ und des vom Neuron ausgegeben Wertes $y$ definiert [26, 27].

$$E(W) = \frac{1}{2} \sum_{m} \left( \sum_{\Omega} \left( y_{m,\Omega} - o_{m,\Omega} \right)^2 \right) \tag{2.5}$$

Nach (2.5) wird die Summe über alle Ausgabewerte $\Omega$ und die Summe über alle Trainingsdatensätze $m$ gebildet. Mit dem Ziel, den Lernfehler in Abhängigkeit von den Gewichten zu minimieren, werden diese im Lernprozess stetig angepasst. Dabei gilt es zu prüfen, welchen Einfluss einzelne Gewichte auf den Fehler haben, um diesen zu minimieren, was sich mit der partiellen Ableitung nach den Gewichten als Gradient wie nach (2.6) darstellen lässt und im iterativen Prozess der Anpassung der Gewichte als Verfahren des Gradientenabstiegs bezeichnet wird [18, 26, 27]:

$$\Delta\mathbf{W} = \eta \cdot \nabla E(W) \tag{2.6}$$

Durch Einsetzen von (2.5) in (2.6), Bildung der Gradienten und Vereinfachung der Gleichung ergibt sich folgender Ausdruck nach (2.7) für die Veränderung der Gewichte $\Delta w$ in Bezug zum Lernfehler $E$:

$$\Delta w_{i,\Omega} = \eta_{lr} \cdot \delta_{\Omega} \cdot y_i \tag{2.7}$$

Der Ausdruck $\delta$ stellt die Differenz des tatsächlichen Wertes der Ausgabe $y$ und des vom Neuron ausgegeben Wertes $o$ dar und verleiht der Delta-Regel ihren Namen. Mit der Delta-Regel können jedoch nur ANNs mit einer Schicht betrachtet werden, wodurch die Lösung komplexer Probleme begrenzt wird.

Eine Weiterentwicklung der Delta-Regel ist das Verfahren der Rückwärtspropagation. Mit diesen Verfahren können ANNs mit versteckten Schichten, wie in Abb. 2.4 dargestellt, trainiert werden, was mit der Delta-Regel nicht möglich wäre [29]. Hierbei wird ebenfalls die Gleichung der Delta-Regel nach (2.7) verwendet, wobei zwischen den Differenzen $\delta_\Omega$ der inneren Schichten und der Ausgabeschichten unterschieden wird [17, 20, 26]. Dies ist nach (2.8) beschrieben.

$$\delta_{\Omega} = \begin{cases} f \dfrac{\partial g(u_\Omega)}{\partial u_\Omega} \cdot (o_\Omega \cdot y_\Omega) \\ f \dfrac{\partial g(u_\Omega)}{\partial u_\Omega} \cdot \sum_i (\delta_i \cdot w_{\Omega,i}) \end{cases} \tag{2.8}$$

Der obere Term für $\delta_\Omega$ beschreibt die Differenz in der Ausgabeschicht und der untere Term die Differenz in den versteckten Schichten bei einem ANN mit $u_\Omega$ als gewichteter Summe des betrachteten Neurons $\Omega$ und der Aktivierungsfunktion $g$. Mittels des Lernverfahrens der Rückwärtspropagation lassen sich ANNs mit versteckten Schichten trainieren, die zur Lösung komplexer Probleme verwendet werden können.

Um den Fehler zwischen Ausgabedaten des ANN und tatsächlichen Ausgabedaten gering zu halten, gilt es, vor Beginn des Trainingsprozesses die Hyperparameter optimal auszuwählen. Die Hyperparameter bei ANNs und anderen Arten der KI sind die Stellgrößen, die das Verhalten des ANN hinsichtlich der ausgegebenen Genauigkeit der zu bestimmenden Ausgangsgröße beeinflussen. Sie lassen sich nicht mit herkömmlichen Optimierungsverfahren bestimmen [15, 20]. Im Rahmen des Lernprozesses von ANNs wird versucht, das Optimum und die höchste Genauigkeit zwischen dem vom ANN ausgegebenen Wert zu dem tatsächlichen Wert zu erreichen. Im laufenden Lernprozess werden dabei neben dem Optimum zwei Fälle unterschieden: die Unteranpassung (*engl.: Underfitting*) und die Überanpassung (*engl.: Overfitting*) [17]. Beim Underfitting kann das ANN durch Anpassung der Gewichte keinen konkreten Zusammenhang zwischen Ein- und Ausgabedaten herstellen. Beim Overfitting wird von einem Auswendiglernen des ANN gesprochen. Dabei kann das ANN die Zusammenhänge zwischen Ein- und Ausgabedaten der Trainingsdaten herstellen und hat dazu die Gewichte entsprechend angepasst. Jedoch fehlt einem Overfitting-ANN die Allgemeingültigkeit, um auf ähnliche neue Datensätze in der Validierung zu reagieren, wodurch keine Zusammenhänge zwischen Ein- und Ausgabedaten des ANN erkannt werden und große Ungenauigkeiten entstehen [15, 17]. Abb. 2.6 stellt den Zusammenhang zwischen Under- und Overfitting über mehrere Iterationsschritte in einem Trainingsprozess eines ANN dar.

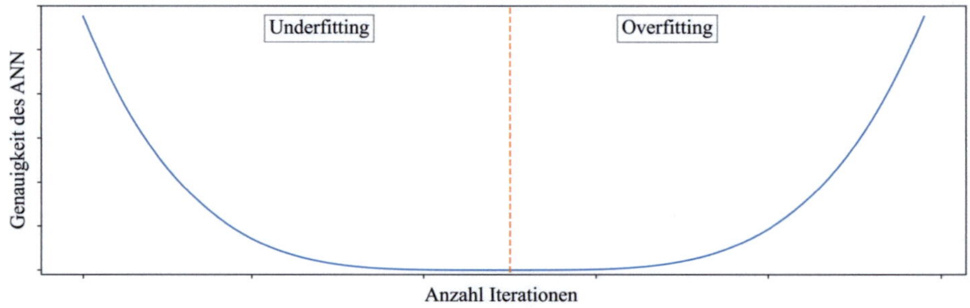


**Abb. 2.6:** Darstellung Under- und Overfitting im ANN-Trainingsprozess

Um die optimalen Hyperparameter für eine entsprechende Anwendung des ANN zu definieren, müssen diese in iterativen Verfahren bestimmt werden und die Genauigkeit der Ergebnisse des ANN mit den gewählten Hyperparametern verglichen werden. Viele Hyperparameter werden eingesetzt, um ein Underfitting zu vermeiden. Die möglichen Hyperparameter für die Optimierung eines ANN zur Vermeidung des Underfitting sind vielfältig und reichen von der Anzahl der verwendeten versteckten Schichten und der Anzahl der Neuronen in diesen über die Wahl der Aktivierungsfunktion der Neuronen bis zur Auswahl der Höhe der Lernrate. Dabei muss jedoch vermieden werden, dass das Underfitting in ein Overfitting übergeht. Im Trainingsprozess selbst fällt dieser Übergang meist nicht auf, sondern macht sich erst beim Validieren der Genauigkeit des ANN anhand von Testdatensätzen bemerkbar. Daher ist es sinnvoll, Hyperparameter wie Drop-out-Schichten zu verwenden, die das Overfitting eines ANN vermeiden können. Drop-out-Schichten schalten zufällig Neuronen einer gewählten Schicht des ANN aus und können so Neuronen herausfiltern, die falsche Zusammenhänge gelernt oder Sachverhalte auswendig gelernt haben [15].

### 2.1.2 Analyse von Methoden der SE und Beobachtung von Niederspannungsnetzen

Die in verschiedenen Forschungsansätzen betrachteten Methoden zur SE von Niederspannungsnetzen lassen sich grob in zwei Arten aufteilen: zum einem in die mathematischen Modelle, zum Beispiel das WLS-Verfahren, die vom Einsatz in den Übertragungsnetzen auf die Niederspannung übertragen werden, und zum anderen in die Methodik der ANNs.

In [30–32] wird das WLS-Verfahren verwendet, um den Netzzustand des Niederspannungsnetzes abzuschätzen. Bei den unterschiedlichen Arbeiten wird von einer hohen Dichte an Messpunkten im Netz ausgegangen. Dabei sind zwei von drei Netzknoten messtechnisch erfasst. Es kann in allen Arbeiten eine hohe Genauigkeit der Spannungsabschätzung erreicht werden. In [30] werden SMs für die Messungen verwendet. Wie bereits beschrieben wurde, sind SMs aktuell nicht für die Übertragung der Messdaten und für die Nutzung des Netzbetreibers geeignet, da sie aus Datenschutzgründen nicht verwendet werden dürfen. Auch in [33] und [34] werden die Messdaten von SMs genutzt. In [33] wird ein Algorithmus in die SE, die mittels eines bayesschen Ansatzes generiert wird, implementiert, um die zeitlich asynchronen Messdaten der SMs auszugleichen,. [34] beschreibt die Methodik der Hamilton-Zyklus-Theorie für die SE, die eine hohe Genauigkeit der Spannungsabschätzung erreicht.

Verfahren wie WLS benötigen häufig eine Vielzahl an Messpunkten, um die nicht messtechnisch erfassten Knoten im Netz abzuschätzen. Ein weiteres Problem dieser Verfahren sind die großen Netzstrukturen der Niederspannungsnetze mit einer hohen Anzahl an Netzknoten. Dies hat eine teils lange Rechenzeit zur Folge und die Verfahren können nur erschwert in Echtzeit eingesetzt werden.

Wegen der beschriebenen Problematik der SE in Niederspannungsnetzen werden in verschiedenen Forschungsansätzen häufiger ANNs als Methodik zur Spannungsabschätzung erprobt. Ergebnisse verschiedener wissenschaftlicher Arbeiten zeigen vielversprechende Resultate und weisen geringe Abweichungen – teils im µV-Bereich – auf. Ein häufiges Problem bei der Nutzung von ANNs für die SE in der Niederspannung ist das Fehlen historischer Daten, die für das Training eines ANN benötigt werden. In vielen Arbeiten werden diese jedoch wie in [35–42] als gegeben angenommen oder mittels Netzsimulation basierend auf Lastverläufen der HSHs, dem EF-Ladeverlauf, sonstigen Verbrauchern und DEA erzeugt. Bei vielen der aufgeführten Arbeiten werden dann die Ergebnisse der Abschätzungsgenauigkeit mit denselben für das Training des ANN generierten Daten validiert. Aufschlussreicher ist es jedoch, die Allgemeingültigkeit der SE mittels ANN mit neuen Datensätzen zu validieren und diese Genauigkeit der Spannungsabschätzung zu betrachten. Ein neuartiger Ansatz für die Generierung von Trainingsdaten für die SE mittels ANN ist in [43] beschrieben. Hier wird die Implementierung von Messtechnik an den zu betrachtenden Netzknoten berücksichtigt, um für einen Zeitraum Daten für den Trainingsprozess des ANN aufzunehmen. Anschließend werden die Messeinheiten wieder aus dem Netz entfernt. Wenige Messpunkte bleiben als Eingabewerte für das ANN im Netz bestehen. Dieser Ansatz zeigt vielversprechende Ergebnisse, wobei jedoch die Praktikabilität der Methode bei der Vielzahl an Netzknoten im Niederspannungsnetz beachtet werden muss. Andere Ansätze zur Generierung der Trainingsdaten werden in [44–49] untersucht. Mittels Zufallsalgorithmen werden Last- und Erzeugungswerte zwischen keiner Leistung und maximaler Leistung generiert und anschließend Lastflussrechnungen durchgeführt, um verschiedene Netzzustände als Trainingsdaten bzw. als sogenannte pseudo-historische Messdaten zu erzeugen. Abschließend werden wenige Messpunkte in das Niederspannungsnetz implementiert. Diese Messpunkte werden als Eingabewerte für das trainierte ANN verwendet. Diese Methode ist allgemeingültiger einzusetzen, wobei jedoch die Genauigkeit der Spannungsabschätzung geringer ist. Trotzdem scheint diese Methode vielversprechend zu sein. Es gilt zu prüfen, mit welchen Algorithmen zur Generierung der Trainingsdaten eine praktikable Anwendbarkeit der SE mittels ANN bei einer ausreichend hohen Genauigkeit der abgeschätzten Spannungswerte gegeben ist. Auch muss hier eine Platzierung der gewählten verbleibenden Messpunkte als Eingabedaten für das ANN so erfolgen, dass die höchste Genauigkeit der Abschätzung mit einer maximalen Anzahl an Eingabedaten erfolgt.

Da es in der Vergangenheit im elektrischen Energiesystem nicht notwendig war, die unteren Spannungsebenen messtechnisch zu erfassen, beziehen sich viele Platzierungsalgorithmen aus der Forschung für PMUs auf das Übertragungsnetz. Erst in neueren wissenschaftlichen Arbeiten werden für die Platzierung von µPMUs die Verteilnetze einbezogen. In den meisten betrachteten Arbeiten werden µPMUs als Synonym für hochgenaue Messtechnik angesehen, die nach dem IEEE-Standard C37.118 operiert und Strom und Spannung misst. Der sogenannte Synchrophasor, der im Verteilnetz auf Grund der geringen Distanzen schwierig zu bilden ist, wird in der Regel in den wissenschaftlichen Arbeiten nicht berücksichtigt. Verschiedene Platzierungsalgorithmen für PMUs und µPMUs werden in [50, 51] analysiert und lassen sich grob in mathematische und heuristische Algorithmen aufteilen. Optimale PMU-Platzierungsalgorithmen (*engl.: Optimal PMU Placement [OPP]*) lassen sich nur bedingt auf die optimale Platzierung von µPMUs in den niederen Spannungsebenen übertragen. Der Grund dafür sind die Vielzahl an Radialknoten und Netzknoten ohne Last oder Einspeisung. In den meisten Arbeiten wird davon ausgegangen, dass die µPMUs die Netzspannung und den Strom der angrenzenden Leitungen messen. Aus diesen Werten und der Leitungsimpedanz kann so die Spannung des messtechnisch überwachten Nachbarknoten bestimmt werden. Ein großer Unterschied innerhalb der wissenschaftlichen Arbeiten bezüglich OPP in den Verteilnetzen bezieht sich auf die Optimierungsziele. Es wird zwischen OPPs für eine komplette messtechnische Abdeckung eines Teilnetzes und OPPs für die Maximierung der Genauigkeit einer SE in den Verteilnetzen differenziert. Die hier für die SE verwendete Methode ist meist WLS. In [52] wird unter anderem untersucht, durch die zeitlich synchronisierten Messungen von µPMUs die Genauigkeit einer SE in Verteilnetzen zu verbessern. Ein zusätzlich betrachtetes Optimierungsziel bei OPPs ist der wirtschaftliche Einsatz der µPMUs im elektrischen Netz.

In [53–56] werden OPPs zur kompletten messtechnischen Überwachung von Verteilnetzen durch µPMUs erforscht. Hierbei werden unterschiedliche Algorithmen, zum Beispiel Ansätze der Graphentheorie oder eine modifizierte Version der Tiefensuche, herangezogen, um die Anzahl an eingesetzter Messtechnik auf einem Minimum zu halten und dabei radiale Knoten und Knoten ohne direkte Einspeisung oder Last zu beachten. Im Gegensatz dazu werden in [57–60] OPPs betrachtet, um die Genauigkeit einer SE zu untersuchen. In [60] wird ein genetischer Algorithmus definiert und die Genauigkeit einer SE mittels WLS bei unterschiedlicher Anzahl an µPMUs evaluiert. Die Autoren K. Chauhan und R. Sodhi verwenden für die OPP eine ganzzahlige lineare Optimierung in [59]. Arefi et al. verwenden in [58] einen an die Natur angelehnten Algorithmus. Mittels Partikelschwarm-Optimierung wird eine ideale Platzierung der µPMUs in radiale Niederspannungsnetze untersucht und unter Beachtung fehlerhafter Daten wird die Genauigkeit der SE nach optimaler Platzierung der Messtechnik betrachtet. Für die OPP wird in [57] ein gieriger Algorithmus verwendet und anschließend die Genauigkeit SE mittels WLS mit den optimal platzierten µPMUs evaluiert.

In vielen wissenschaftlichen Arbeiten werden verschiedene Algorithmen für eine optimale Platzierung von µPMUs untersucht. Vor allem die Arbeiten, die die OPP mit einer SE in Verteilnetzen koppeln, zeigen vielversprechende Ergebnisse hinsichtlich der wirtschaftlichen Platzierung von Messgeräten in Niederspannungsnetzen. Die SE, um die Effektivität der OPPs zu prüfen, wird in wissenschaftlichen Arbeiten selten mittels ANN realisiert und in der Regel mittels WLS durchgeführt.

## 2.2 Gesteuertes Laden von EFs

Das gesteuerte Laden von EFs wird bei stetigem Ausbau von Ladepunkten und steigenden Zulassungszahlen von EFs bedeutender. Für das ungesteuerte sowie das gesteuerte Laden von EFs sind in erster Linie zwei Normen zu berücksichtigen: zum einem die DIN EN IEC 61851-1, die das konduktive Laden und die Kommunikation von EFs mit Ladeanlagen mittels pulsweitenmodulierten (PWM) Signalen beschreibt, und zum anderen die ISO 15118, in der die erweiterte Kommunikation zwischen EF und Ladepunkt beschrieben ist. Die ISO 15118 findet aktuell hauptsächlich Anwendung bei der Ladung der EFs über Gleichstrom und ist seltener bei Ladungen mit Wechselstrom implementiert. Über die Kommunikation der PWM-Signale zwischen Ladesäule und EF sind verschiedene Status definiert, die den Ladevorgang beschreiben und ausgelesen werden können. Hierbei wird nach [61] zwischen vier Status unterschieden:

- **Status A**: Fahrzeug nicht angeschlossen
- **Status B**: Ladestecker zwischen Fahrzeug und Ladeanlage verbunden
- **Status C**: Fahrzeug bereit zum Laden und Beginn des Ladevorgangs
- **Status D**: Fahrzeug bereit zum Laden und Beginn des Ladevorgangs bei benötigter Belüftung

Sobald das Fahrzeug von Status B auf C bzw. D wechselt, beginnt der Ladevorgang, und wenn von Status C bzw. D wieder auf B gewechselt wird, ist der Ladevorgang abgeschlossen.

Die maximal mögliche Ladeleistung ist abhängig vom jeweiligen Fahrzeug und davon, ob mit Gleich- oder Wechselstrom und mit wie vielen Phasen und mit welchem Steckertyp das EF geladen wird. Hierbei werden in der Regel vier Ladebetriebsmodi unterschieden [62]:

- **Ladebetriebsmodus 1**: Einphasige Wechselstromladung über Schutzkontaktsteckdose oder CEE-Steckdose ohne weitere Kommunikation
- **Ladebetriebsmodus 2**: Ein- oder dreiphasige Wechselstromladung über spezielles Ladekabel mit In-Cable-Control-Box für Schutz-, Kontroll- und Kommunikationsfunktionen
- **Ladebetriebsmodus 3**: Dreiphasige Wechselstromladung mittels Steckvorrichtung nach DIN EN 62196-2 mit Steuer-, Kontroll- und Schutzfunktionen über entsprechende Ladestation
- **Ladebetriebsmodus 4**: Gleichstromladung

Die maximale Ladeleistung bei Ladung mittels Wechselstroms ist typischerweise 22 kW. Die einphasige Ladeleistung ist auf ein Maximum von 3,7 kW begrenzt. Nach DIN EN IEC 61851 liegt die minimale Ladeleistung von EFs bei 1,4 kW. Bei Unterschreiten dieser Ladeleistung per Steuerungssignal über die Ladesteuerung der Ladesäule kann es passieren, dass bei manchen Fahrzeugtypen die Ladung unterbrochen wird und nicht wieder über ein externes Steuerungssignal initiiert werden kann. Mittels Gleichstromladung sind weitaus größere Ladeleistungen möglich, die in der Regel bei 50 kW starten und bis zu 350 kW betragen können. Entsprechend der unterschiedlichen maximalen Ladeleistungen werden die Ladebetriebsmodi 1 bis 4 in Langsam-, Langsam- bis Mittelschnell-, Mittelschnell- bis Schnell- und Schnellladung unterteilt.

In der Regel werden mittlerweile Lithium-Ionen-Batterien in modernen EFs verbaut. Bei deren Ladung zeigt sich ein typisches Ladeprofil, das in Abb. 2.7 dargestellt ist.

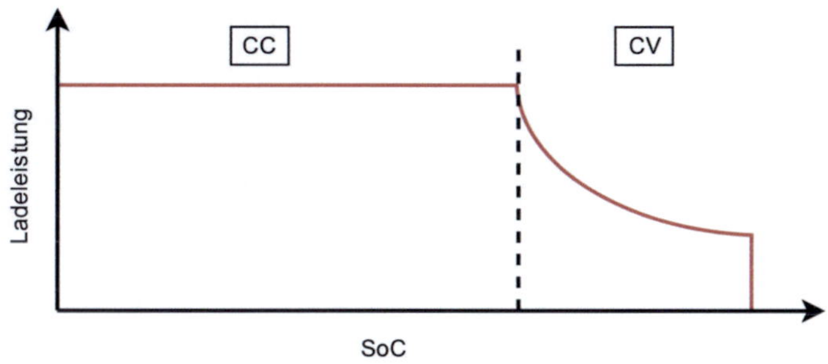


**Abb. 2.7:** Typisches Ladeprofil eines EFs mit Lithium-Ionen Batterie [63]

Das in Abb. 2.7 dargestellte schematische Ladeprofil eines EFs ist unterteilt durch die Ladung des EFs im konstanten Strommodus (*engl.: Constant Current* [CC]) und im konstanten Spannungsmodus (*engl.: Constant Voltage* [CV]). Um die Batterie beim Laden bei teils hohen Ladeleistungen zu schonen, wird bei steigendem SoC der Ladestrom reduziert, bis die Batterie voll aufgeladen und die Spannung konstant gehalten ist.

In Flottenverbünden von Unternehmen ist das gesteuerte Laden vor allem ein wirtschaftlicher Faktor, um Lastspitzen und zusätzliche Kosten für das Unternehmen zu vermeiden [64]. Auch der häufig in der Kritik stehenden Umweltfreundlichkeit der EFs, wenn diese mit dem herkömmlichen Strommix geladen werden, kann mittels gesteuertem Laden der EFs begegnet werden. Hier wird die Ladung der EFs mit der Verfügbarkeit von erneuerbaren Energieanlagen gekoppelt, um sie direkt mit Leistung aus erneuerbaren Energien zu laden. Der Aspekt der Umweltfreundlichkeit und das daraus resultierenden Image eines Unternehmens haben in den letzten Jahren an Bedeutung gewonnen [65]. Ein weiteres Ziel des gesteuerten Ladens kann die Vermeidung von Netzüberlastungen von Verteilnetzen sein. Vor allem in wissenschaftlichen Arbeiten wird diesbezüglich eine Vielzahl von Anwendungen und Methoden untersucht. Am häufigsten werden Methoden für die Spannungshaltung, zur Nutzung von Flexibilitäten, zur Minimierung des Energiepreises beim Laden und zum Vermeidung von Überlastungen bei hohen Ladeleistungen der EFs erforscht. Die Autoren S. Satarworn und N. Hoonchareon zeigten in [66] Überlastungen von Niederspannungstransformatoren auf, die durch das Laden von EFs, bei unterschiedlicher Anzahl, verursacht werden können. Auch in [67] wird untersucht, dass das Laden von EFs bei Ladeleistungen von 7 kW bereits zu unerlaubten Überlastungen von BMs führen kann. In beiden Arbeiten werden Maßnahmen zur Steuerung der Ladeleistung von EFs empfohlen, um diesen Überlastungen entgegenzuwirken.

### 2.2.1 Zentrale, dezentrale und verteilte Systeme

In der Literatur wird in der Regel zwischen drei Versorgungsstrukturen unterschieden: zentrale, dezentrale und verteilte Systeme [68]. Die unterschiedlichen Strukturen dieser Systeme sind schematisch in Abb. 2.8 mit a) einer zentralen, b) einer dezentralen und c) einer verteilten Struktur dargestellt.

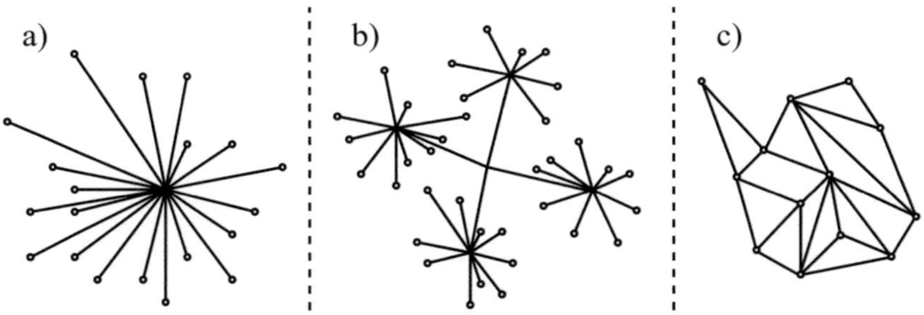


**Abb. 2.8:** Darstellung Versorgungsstrukturen; a) Zentral, b) Dezentral, c) Verteilt [68]

Die Aufteilung der Strukturen lässt sich auf viele Bereiche übertragen, z. B. auf Computertechnologie, Kommunikation [68] oder das elektrische Energiesystem [2]. Beim elektrischen Netz lässt sich dies zum einen für die Energieübertragung und -verteilung und zum anderen für die dortige Kommunikation betrachten. Besonders durch den Ausbau von DEA wurde die Energieerzeugung dezentraler und verteilter [1, 2, 69]. Durch den Ausbau der DEA, also von Verbrauchern mit hoher Leistung wie EFs oder Wärmepumpen wird der Aufbau von Kommunikationsstrukturen in den niederen Spannungsebenen für einen sicheren Netzbetrieb zunehmend relevant [2, 69], um die Messdaten im elektrischen Netz und die Steuersignalen zu den unterschiedlichen Akteuren auf den niederen Spannungsebenen zu übertragen. Hierfür können auch zentrale, dezentrale oder verteilte Systeme zur Kommunikation eingesetzt werden. Ein zentrales Kommunikationssystem beschreibt, dass alle Daten und Steuersignale aus dem elektrischen Netz an einem gebündelten Punkt, zum Beispiel der Netzleitwarte, zusammengeführt werden. Dezentral würde sich in einem Verteilnetz zum Beispiel auf die Kommunikation zwischen einem Computer in der Ortsnetzstation und der Netzleitwarte beziehen, wobei die Recheneinheit in der Ortsnetzstation weiter mit Akteuren auf der Niederspannungsebene kommuniziert. Ein verteilter Ansatz würde dann die direkte Kommunikation der einzelnen Akteure und der Messeinheiten im elektrischen Netz bedeuten. Diese unterschiedlichen Kommunikationsstrukturen haben Vor- und Nachteile: Der offensichtlichste Nachteil in einer zentralen Struktur ist, dass bei einer Fehlfunktion im zentralen Kommunikationsknoten keine Kommunikation mehr möglich ist [68]. Auch ist es ein Nachteil, dass die Datensicherheit privater Daten im Fall eines Hackerangriffs gefährdet ist. Jedoch ist es leichter, eine zentrale Recheneinheit vor einem solchen Angriff zu schützen als ein komplexes verteiltes System mit vielen möglichen Zugriffspunkten [70] – besonders wenn die Daten über das Internet übertragen und in einer sogenannten Cloud gespeichert werden. Der Vorteil ist, dass vor allem bei komplexer werdenden Algorithmen die Rechnerstruktur und die Hardware entsprechend leistungsstark ausgelegt werden können, um die Algorithmen zu bearbeiten. Der Vorteil eines verteilten Systems besteht darin, dass die Kommunikationsstruktur hinsichtlich eines Ausfalls der gesamten Struktur sicher ist [68] und dass ein hohes Maß an Datensicherheit gegeben ist, um die Anonymität der Daten zu wahren, da in einem verteilten System die einzelnen Komponenten direkt miteinander kommunizieren [70, 71]. Nachteilig ist hier, dass ein solches System entsprechend aufgebaut sein muss, damit die Algorithmen auch mit wenigen Informationen entsprechend qualitative Steuersignale an die Akteure geben. Auch die benötigte Hardware-Leistung zur Bearbeitung komplexer Systeme ist problematisch. Das dezentrale System teilt die Vor- und Nachteile der beiden beschriebenen Kommunikationsstrukturen. Die Ausfallsicherheit ist größer als bei einer zentralen Struktur, aber geringer als in einem verteilten System [68]. Es wird weniger Hardware zur Lösung von Algorithmen benötigt, jedoch mehr als in einem zentralen System. Die Informationslage der Algorithmen ist gut, da in der Regel eine Kommunikation mit einem zentralen Punkt erfolgt und da die Verarbeitung der sensiblen privaten Daten auf eine lokale Ebene begrenzt ist und diese vor der Bearbeitung anonymisiert werden können [71].

### 2.2.2 Markow-Entscheidungsprozess und Reinforcement Learning

Reinforcement Learning ist eine Methode des ML [72], um ein MDP optimal zu lösen. Dabei sind MDPs eine Erweiterung von Markow-Prozessen, in denen nach einer gegebenen Wahrscheinlichkeit unterschiedliche Zustände eines Zustandsraums erreicht werden können. Darauf basiert der Markow-Belohnungsprozess, wobei eine Belohnungsfunktion zum Markow-Prozess hinzugefügt wird. Beim MDP wird zum Markow-Belohnungsprozess anschließend die Möglichkeit ergänzt, dass Agenten Aktionen zur Erreichung neuer Zustände implementieren [21]. Die MDPs beschreiben Modelle, die aus mehreren Epochen bestehen, in denen durch eine gewählte Aktion des Agenten, die auf dem Zustand im aktuellen Zeitschritt basiert, sich der Zustand des Modells mit einer spezifischen Wahrscheinlichkeit zum folgenden Zeitschritt ändert. Nach einer vordefinierten Belohnungsfunktion wird nach jeder Epoche die vom Agenten gewählte Aktion bewertet. Die Agenten, in denen die Intelligenz bei der Entscheidungsfindung einer gewählten Aktion zum entsprechenden Zustand liegt, sind der Kern beim Einsatz vom RL [72]. Allgemein sind Agenten Algorithmen, die sich in einer Umgebung befinden, aus der sie Informationen erhalten und mit der sie interagieren können [73]. Bei einem MDP ist jedoch der Ausgang des Modells ungewiss [74, 75]. Beim RL lernt einer oder lernen mehrere Agenten in einer ausgewählten Umgebung eine Taktik $\pi$, um das Maximum an Belohnung $r$ zu erlangen. Die Belohnung beruht auf dem Zustand $s_t$ zum Zeitpunkt $t$ und der durch den Agenten gewählten Aktion $a_t$, wodurch die Umgebung den Zustand $s_{t+1}$ zum nächsten Zeitschritt $t+1$ im MDP-Modell erlangt [72]. Die jeweilige Aktion $a_t$, die der Agent aus einer vordefinierten Menge an Aktionen zum Zeitschritt $t$ durchführt, ist von der Taktik $\pi$ abhängig, die wiederum von der Zustandsmenge $\boldsymbol{s}$ der Umgebung zum Zeitpunkt $t$ abhängt und nach (2.9) beschrieben wird:

$$a_t=\pi(\mathbf{s}_t) \tag{2.9}$$

Das MDP gilt als gelöst, sobald eine optimale Taktik durch den RL-Agenten erlernt worden ist. Dies geschieht in einem iterativen Lernprozess und ist schematisch in Abb. 2.9 dargestellt. Die Umgebung gibt vor, welche Zustände für den oder die Agenten zur Verfügung stehen, dargestellt als Vektor [72].

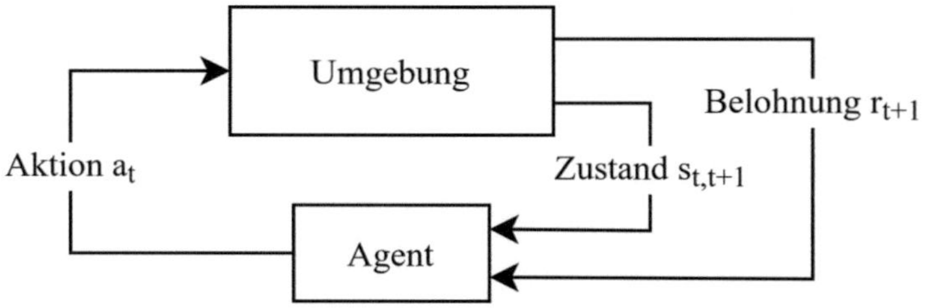


**Abb. 2.9:** Schematische Darstellung eines iterativer Lernprozess bei RL

In diesem iterativen Prozess erlernt der Agent die optimale Taktik, die die jeweiligen Aktionen im jeweiligen Zustand und Zeitschritt definiert. Die optimale Taktik ist gegeben, wenn der maximale Nutzen $V_\pi(s_t)$ durch die Agenten erreicht wird. Der Nutzen ist durch die erwartete Summe $E_{s\tau}$ der Belohnungen $r$ pro Zeitschritt $t$ nach gewählter Taktik $\pi$ nach (2.10) definiert [73]:

$$V_\pi(s_t)=\max\left[E_{sr}\left[\sum_{i=1}^{\infty} r_{t+1}\right]\right] \tag{2.10}$$

Zu (2.10) wird typischerweise der sogenannte Diskontfaktor $\gamma$ nach (2.11) einbezogen:

$$0 \leq \gamma < 1 \tag{2.11}$$

Weiter gilt es, auch die Wahrscheinlichkeit $P_{st}$ zu betrachten, die angibt, mit welcher Wahrscheinlichkeit welcher Zustand von Zeitschritt $t$ zum folgenden Zeitschritt $t+1$ eingenommen und mit der zu erwartenden Belohnung $r$ multipliziert wird [72]. Mit Einbezug des Diskontfaktors nach (2.11) und der Wahrscheinlichkeit $P_{st}$ zu (2.10) ergibt sich folgende Gleichung (2.12):

$$V_\pi(s_t)=\max\left[E_{sr}\left[\sum_{i=1}^{\infty} \gamma^{i-1}\cdot r_{t+i}\cdot P_{(s_{t+i},s_{t+i+1})}\right]\right] \tag{2.12}$$

Der Diskontfaktor bestimmt, ob ein ‚gieriger' Ansatz zur Bestimmung der optimalen Taktik gewählt wird. Je größer der Diskontfaktor ausgewählt wird, desto relevanter werden perspektivisch hohe Belohnungen, die zu einem späteren Zeitschritt auftreten können. Bei einem klein gewählten Diskontfaktor wird durch den Agenten lediglich die unmittelbare Belohnung im aktuellen Zustand betrachtet und spätere perspektivisch hohe Belohnungen werden außer Acht gelassen [73]. Bei einer nicht unendlichen Betrachtung von (2.12), sondern einer schrittweisen Aufsummierung zeigt sich, dass die Formel für den maximalen Nutzen folgendermaßen als (2.13) vereinfacht werden kann:

$$V_\pi(s_t)=\max\left[E_{sr}[r_{t+1}+\gamma\cdot V_\pi(s_{t+1})]\right] \tag{2.13}$$

Basierend auf (2.13) mit Implementierung der Wahrscheinlichkeit zur Erreichung eines Zustandes $P_{st}$ lässt sich nun die Bellmann-Gleichung für den maximalen Nutzen als (2.14) herleiten [76]:

$$V_\pi(s_t)=\max\left[\sum_a \pi_{(s,a)} \sum_{s_{(t+1)}} P_{s,a,s_{(t+1)}}\left(r_{s,a,s_{(t+1)}}+\gamma V_{\pi(s_{t+1})}\right)\right] \tag{2.14}$$

Das Problem an der in (2.14) dargestellten Gleichung zur Erreichung der optimalen Taktik für den maximalen Nutzen ist, dass der Nutzen lediglich an den Zustand gekoppelt ist. Besonders für komplexere MDPs mit großen Mengen an Aktionen pro Zustand ist es sinnvoll, den Nutzen einer Aktion in den jeweiligen Zuständen zu speichern. Der Nutzen, der abhängig vom Zustand $s_t$ und von der Aktion $a_t$ ist, wird Q-Funktion genannt [21, 73].

Anders als bei der Nutzen-Funktion nach (2.14) werden bei der Q-Funktion die Werte von Zuständen aufsummiert, die durch eine gewählte Aktion ebenfalls erreicht werden können [72]. Dadurch ergibt sich die Bellman-Gleichung für das Maximum der Q-Funktion nach (2.15) [76]:

$$Q_\pi(s_t,a_t)=\max\left[\sum_{s_{(t+1)}} P_{s,a,s_{(t+1)}}\left[r_{s,a,s_{(t+1)}}+\gamma\sum_{a_{(t+1)}}\pi(s_{(t+1)},a_{(t+1)})\cdot Q(s_{(t+1)},a_{(t+1)})\right]\right] \tag{2.15}$$

Formel (2.15) beschreibt das Maximum der Q-Funktion in einem Zustand zum Zeitpunkt $t$ und $t+1$ gekoppelt mit den Aktionen zu den Zeitpunkten $t$ und $t+1$ in Bezug zur Wahrscheinlichkeit $P_{st}$, nach der Belohnungen in Verbindung mit dem Diskontfaktor erreicht werden können. Um die verschiedenen Kopplungsmöglichkeiten zwischen Zustand und Aktion als Q-Wert zu reduzieren, wird eine Tabelle der Q-Werte (*engl.: Q-Table*) generiert, in der zu jedem Zustand nur die möglichen Aktionen betrachtet werden und hierfür der Q-Wert nach (2.15) kalkuliert wird [21]. Dies geschieht für jeden Zeitschritt. Die Q-Table wird nach jeder Trainingsepoche nach $t$ Zeitschritten aktualisiert. Abb. 2.10 zeigt die klassische Darstellung der zweidimensionalen Q-Table bei der Initiierung und nach abgeschlossenem Lernprozess eines Agenten mit den entsprechenden Q-Werten.

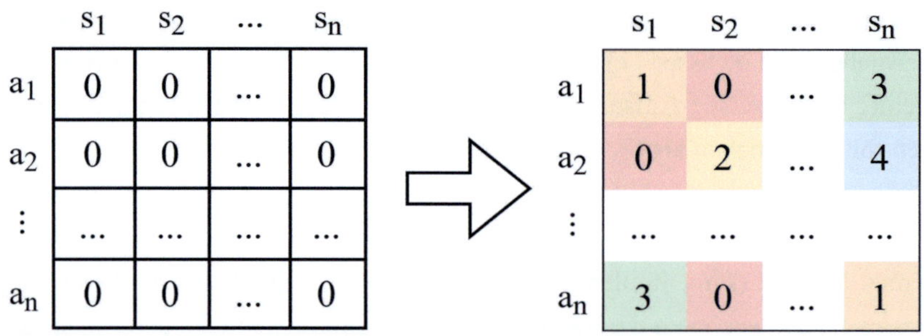


**Abb. 2.10:** Q-Table bei Initiierung und nach abgeschlossenem Lernprozess

Dieses Verfahren wird Q-Lernen (*engl.: Q-Learning*) genannt. Der Agent entscheidet nach erfolgreichem Lerniterationsprozess entsprechend, in welchem Zustand sich dieser befindet, wobei der Q-Wert der Zustands- und der Aktionspaare angibt, welche Aktion in welchem Zustand die optimale Lösung des MDP ist. Je höher der Q-Wert in der Q-Table ist, desto besser ist die entsprechende Aktion mit dem Zustand für den Agenten gekoppelt. Mittels des Q-Learnings können komplexere Systeme betrachtet werden [73]. Die Kopplung jeder Aktion mit den verschiedenen Möglichkeiten an Zuständen der Umgebung kann bei großer Menge an Zuständen und Aktions-Vektoren in komplexen Umgebungen, zum

Beispiel bei Abbildern realer Systeme, zu einer hohen Anzahl an möglichen Werten und Q-Tables mit großen Dimensionen führen. Das klassische Q-Learning würde hier an die Grenzen der möglichen Rechenleistung von Computern stoßen [21, 73].

Für hochgradig komplexe Systeme eignen sich diesbezüglich die tiefen Q-Netzwerke (*engl.: Deep Q-Networks* [DQN]). Diese DQNs stellen eine Kombination aus ANN und Q-Learning dar, was schematisch in Abb. 2.11 dargestellt ist.

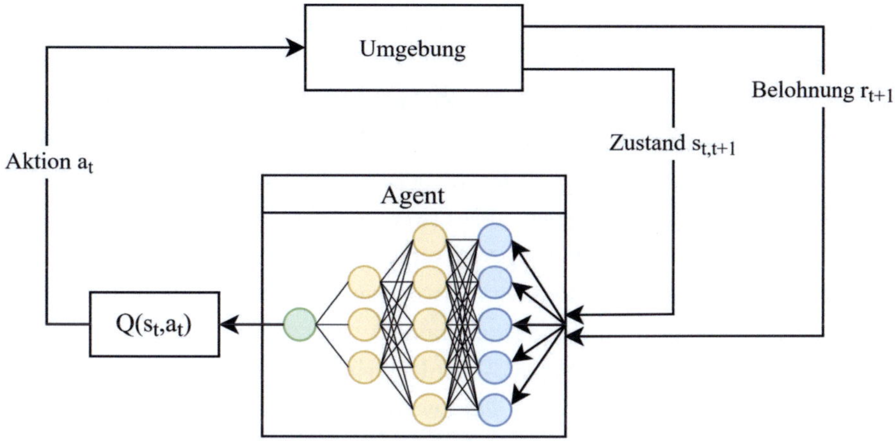


**Abb. 2.11:** Schematische Abbildung eines DQN

Mittels ANN werden die einzelnen Q-Werte in einem überwachten Trainingsprozess zur Lösung eines Regressionsproblems gelernt, um die nichtlineare Funktion des Q-Wertes abzuschätzen [21]. Demnach ist der Q-Wert nicht nur vom Zustand und der Aktion, sondern auch von der Gewichtung der Schätzung des Q-Wertes $\theta_Q$ abhängig [73]. Hierbei werden Lernverfahren der zeitlichen Differenz (*engl.: Temporal-Difference* [TD]) verwendet, die sich als Methodik zum Lernen von unbekannten Systemen eignen [77]. Dazu wird der TD-Fehler $E_{TD}$ als Differenz vom Q-Wert des aktuellen Zeitpunktes und des gewichteten Q-Werts des nächsten Zeitpunktes als Quadrat bestimmt und ist nach (2.16) definiert [73]. Im Trainingsprozess wird der TD-Fehler minimiert.

$$E_{TD,Q,t}(\theta_Q)=\left[r_{t+1}+\gamma Q(s_{t+1},a_{t+1},\theta_Q)-Q(s_t,a_t,\theta_Q)\right]^2 \tag{2.16}$$

Da die Zustände zwischen zwei Zeitschritten in komplexen, sich an der realen Umwelt orientierenden Umgebungen ähneln können, ist es für ANNs häufig schwierig, einen effektiven Lernprozess zu durchlaufen [21, 72, 73]. Um trotzdem einen effektiven Lernprozess für DQNs zu gestalten, wird das sogenannte Zielnetzwerk eingefügt. Durch Vereinfachung von (2.15) lässt sich die Q-Funktion nach Bellmann wie folgt darstellen [72]:

$$Q_\pi(s_t,a_t)=Q(s_t,a_t)+\alpha\left[r_t+\gamma\cdot\max[Q(s_{t+1},a_{t+1})]\right] \tag{2.17}$$

In (2.17) ist die Lernrate $\alpha$ einbezogen. Diese wird mit einem Wert zwischen größer 0 und 1 angegeben und beschreibt im Lernprozess, wie sehr der Lernerfolg jeder einzelnen Epoche für den gesamten Lernprozess gewichtet wird. Anhand von (2.17) zeigt sich, dass zum einem der Q-Wert für den aktuellen Zeitschritt und zum anderen der Q-Wert für den nächsten Zeitschritt der Umgebung implementiert sind, wobei lediglich der Q-Wert des aktuellen Zeitschrittes aktualisiert wird. Dies kann den Trainingsprozess beeinflussen, sodass zur Minimierung des TD-Fehlers nach (2.16) nicht konvergiert [72]. Daher wird ein zweites DQN als Zielnetzwerk implementiert. Das Zielnetzwerk ist mit dem eigentlichen DQN synchronisiert. Dabei werden die Werte aus dem Zielnetzwerk nur nach $n_{DDQN}$ Trainingsschritten aktualisiert, was die Stabilität des Lernprozesses deutlich steigern kann [21]. Bei der Methodik des doppelten, tiefen Q-Netzwerkes (*engl.: Double Deep Q-Network* [DDQN]) wird die Aufteilung in zwei Netzwerke ausgenutzt, um den Trainingsprozess weiter zu verbessern. Für das als Referenz verwendete Zielnetzwerk, das nicht permanent, sondern nur nach $n_{DDQN}$ Trainingsschritten trainiert wird, werden die Q-Werte aus dem permanent trainierten DQN ausgelesen. Außerdem wird der maximale Q-Wert der einzelnen Zeitschritte gebildet und in das Zielnetzwerk implementiert. Hierbei werden zwei Probleme gelöst: Die Chance des ‚Auswendiglernens' wird erhöht und die Instabilität beim Lernprozess des DDQN wird minimiert [72].

Wie bereits angedeutet wurde, gibt es die Möglichkeit, das Optimierungsproblem mit zwei grundsätzlichen Arten mittels RL zu lösen. Dies ist einerseits der zentralistische Ansatz, wobei ein Agent die Steuerung aller steuerbaren Komponenten übernimmt und pro Zeitschritt dieselbe Aktion an alle zu steuernden Komponenten übermittelt. Dies wird als Einzel-Agenten-Ansatz (*engl.: Single Agent*) beschrieben. Andererseits besteht die Möglichkeit des dezentralen Ansatzes. Hierbei wird für die unterschiedlichen steuerbaren Komponenten jeweils ein Agent verwendet, wobei jede zu steuernde Komponente eine individuelle Aktion erhält und als MA-Ansatz bezeichnet wird, der schematisch in Abb. 2.12 dargestellt ist.

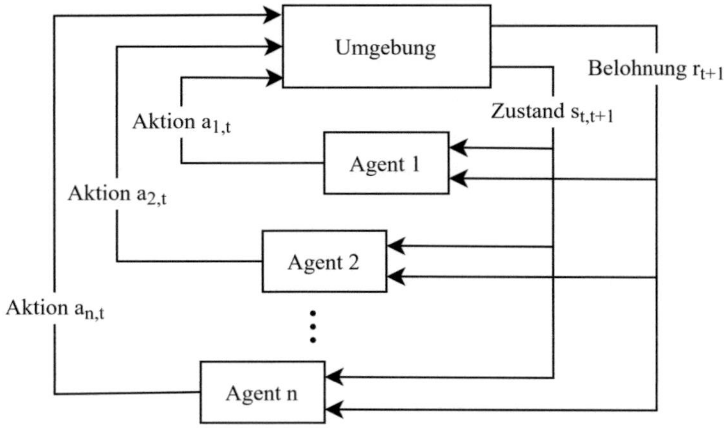


**Abb. 2.12:** Schematische Darstellung MA-Ansatz und RL

Beide Ansätze haben Vor- und Nachteile. Aber vor allem im elektrischen Netz, wo die Ausfallsicherheit und der Schutz der privaten Daten von Kunden entscheidende Aspekte sind, ist der Ansatz mittels MA vielversprechend.

### 2.2.3 Analyse von Methoden der Ladesteuerung von EFs

In den folgenden wissenschaftlichen Arbeiten wird die Optimierung der Energiekosten, die Vermeidung von Netzüberlastungen oder ein multikriterieller Optimierungsansatz beim gesteuerten Laden von EFs ohne die Verwendung von Methoden des RL betrachtet. Beginnend werden die Arbeiten mit dem Optimierungsziel der Energiekostensenkung, anschließend die zur Vermeidung von Netzüberlastungen und abschließend solche Arbeiten zu multikriteriellen Optimierungen evaluiert.

In [78] und [79] werden mittels gemischt-ganzzahliger linearer Programmierung die Energiekosten beim Laden minimiert, wobei in [78] der Energiepreis eines einzelnen EF in einem Smart Home mit PV und in [79] mehrere privat ladende Fahrzeuge aufaggregiert sind. A. O'Connell et al. beschreiben in [80] einen mehrperiodigen Lastfluss und eine rollierende Optimierungsmethode, mit der sie auf Vorhersagen bezüglich der HSH-Last und der Verfügbarkeit der EFs verzichten können, um die Energiekosten beim Laden der Fahrzeuge zu minimieren und Überlastungen in einzelnen Phasen zu vermeiden.

Neben der Senkung der Energiekosten beim Laden von EFs werden auch die Vermeidung von Netzüberlastungen sowie die Einhaltung der Spannungsgrenzen trotz Ladens von EFs in einer Vielzahl wissenschaftlicher Arbeiten betrachtet: In [81] wird mittels eines unkooperativen Spiels versucht, ein Nash-Equilibrium zu erreichen, mit dem die Ladung der Fahrzeuge zeitlich so gestaffelt wird, dass keine Lastspitzen erzeugt werden. Die Autoren

R. Carli und M. Dotoli verwenden in [82] die Methodik der alternierenden Richtungsmethode der Multiplikatoren, mit der komplexe Optimierungsprobleme in kleinere Teile aufgeteilt werden. Mit diesem dezentralen Ansatz ist es möglich, die Ladung der EFs zeitlich so aufzuteilen, dass Überlastungen von BMs vermieden werden können. Mittels linearer Optimierung wird in [83] eine Blindleistungsspannungsregelung beim Laden der EFs realisiert, um spannungshaltende Maßnahmen zu erreichen. In [84] werden iterative Algorithmen zur Steuerung der Ladeleistung von EFs untersucht, um die Auslastung des Niederspannungstransformators minimal zu halten. Die Ladung vieler EFs wird so in die Nachtstunden verschoben, in denen eine geringe Auslastung des Transformators besteht. S. Weckx et al. beschreiben in [85] einen MA-Ansatz in Kombination mit einem marktbasierten Algorithmus zur Senkung der Transformatorauslastung und zur Einhaltung von Spannungsgrenzen durch Steuerung der Ladeleistung von EFs. Zur Maximierung der Anzahl an EFs bei gleichzeitiger Vermeidung von Netzüberlastungen ist in [86] eine Multi-Level-Optimierung beschrieben, mit der außerdem die Bedürfnisse des individuellen EF-Besitzers berücksichtigt werden.

In weiteren Forschungsarbeiten wird häufig ein multikriterieller Optimierungsansatz betrachtet, zum Beispiel die Einhaltung von Spannungsgrenzen und die Vermeidung von Überlastungen von BMs bei gleichzeitiger Minimierung des Energiepreises beim Laden von EFs. B. Yang et al. untersuchen in [87] dazu einen verteilten Steuerungsansatz, der auf einer Lyapunov-Optimierung und einer dualen Lagrange-Zerlegung basiert, um die Energiekosten beim Laden gekoppelt mit einer Windkraftanlage zu minimieren und gleichzeitig die Transformatorauslastung zu reduzieren. Ein ähnliches Optimierungsziel wird in [88] verfolgt. Als Methode, um die gewählten Optimierungsziele zu erreichen, wird hier jedoch mit einem Fuzzy-Steueralgorithmus gearbeitet. Als zusätzliches Optimierungsziel im Vergleich zur vorher beschriebenen Arbeit wird die Spannungshaltung an den einzelnen Knoten im Niederspannungsnetz betrachtet. Fuzzifiziert werden die Dringlichkeit der Ladung und der Ladeleistung der einzelnen EFs sowie die Spannungsabweichung der einzelnen Netzknoten. In der Arbeit [89] von L. Bartolucci et al. werden die Investitionskosten von Ladeanlagen und die Auslastungen der BMs in der Niederspannung – ausgelöst durch das Laden von EFs – reduziert. Hier wird ein Algorithmus verwendet, der auf Informationen zur Vorhersage des Bedarfs an Leistung und Energie einzelner EFs basiert. In [90] wird ein dezentraler MA-Ansatz im Rahmen der Spieltheorie verfolgt. Die Ladung der EFs soll so gesteuert werden, dass mittels Blindleistungsspannungshaltung die Netzspannung an den Knoten nicht verletzt wird, BMs nicht überlastet werden und die Energiekosten beim Laden des EFs minimal sind. Für die einzelnen Teilnehmer im definierten Spiel werden unterschiedliche Agenten mit verschiedenen Eingabedaten und

Interaktionsmöglichkeiten definiert. Die Arbeit [91] betrachtet ebenfalls die Optimierung der Spannungshaltung, die Vermeidung von Netzüberlastungen und die Minimierung der Energiekosten beim Laden von EFs. Als Methode wird hier ein stochastisches Modell verwendet, das den Energie- und den Leistungsbedarf von EFs beschreibt. Mittels dieses Modells wird ein Ladeplan für EFs generiert.

Die Steuerung der Ladeleistung von EFs mit verschiedenen Optimierungszielen wird in zahlreichen wissenschaftlichen Arbeiten untersucht. Dafür werden unterschiedliche Methoden verwendet. Ein neuerer Ansatz zur Minimierung der Energiekosten oder zur Vermeidung von Netzüberlastungen beim Laden von EFs ist der Einsatz von RL zur Lösung von MDPs. Im MDP wird das Niederspannungsnetz als Umgebung und der Zustand zum aktuellen Zeitpunkt über eine Matrix mit den verfügbaren Informationen dargestellt. Es werden Aktionsmöglichkeiten zur Lösung des Problems definiert und eine Belohnungsfunktion, um die Entscheidungen zur Lösung des Problems zu bewerten, wird generiert.

Dieser Ansatz zur Minimierung der Energiekosten beim Laden von EFs wird in [92–99] verwendet. Dazu nutzen M. Shin, D. Choi und J. Kim in [99] einen Deep-Reinforcement-Ansatz in einem MA-System, um die Leistung einer PV-Anlage zusammen mit einem stationären Batteriespeicher mit der Ladeleistung von EFs zu koppeln. In [98] wird ein DDQN-Ansatz verfolgt, um die Ladeleistung der EFs mit der erzeugten Leistung einer Windkraftanlage zu koppeln. Das Optimierungsziel ist es, den Energiepreis bei der Ladung der EFs zu minimieren. Zur Vorhersage des Energiepreises für den folgenden Tag werden in [92] und [94] Long Short-Term Memory Networks verwendet. Die Ergebnisse aus der Vorhersage werden als Zustandsvektor für das MDP verwendet. Das MDP wird daraufhin mittels RL zur Senkung des Energiepreises gelöst. L. Yan et al. verwendeten eine RL-Methodik in Kombination mit der Ungenauigkeit der Ankunftszeit der EF-Besitzer in [93] zur Senkung des Energiepreises beim Laden der EFs. In [95] wird die Kopplung der Ladeleistung über eine DC-Schnelllade-Anlage für EFs mit einer PV-Anlage zur Minimierung des Energiepreise mittels RL realisiert. A. Abdelkader generiert in [96] mittels RL ein unkooperatives Spiel, mit dem in einem Micro Grid die Energiekosten bei Erreichen des gewünschten Ziel-SoC reduziert werden können. In [97] werden die Ladeleistung und der Energiebezug einzelner EFs aufaggregiert und mittels RL wird ein Fahrplan für die Ladung der EFs zur Minimierung der Energiekosten generiert.

In [100–103] werden Methoden des RL verwendet, um Netzüberlastungen zu vermeiden, die durch das Laden von EFs hervorgerufen werden. In [100] wird ein MA-Ansatz mit Deep Reinforcement verfolgt, um die Ladeleistung von EFs so zu steuern, dass in einem kooperativen Spiel die BMs im Niederspannungsnetz nicht überlastet werden. Das zufällige Verhalten einzelner EF-Besitzer wird mittels Unsicherheiten im Algorithmus implementiert. In [101] wird ebenfalls ein MA-Ansatz in Kombination mit RL betrachtet. Basierend auf Messungen im Niederspannungsnetz wird die Ladeleistung der EFs bei drohender Überlastung von BMs reduziert. Hierbei werden jedoch nicht die Bedürfnisse der EF-Besitzer betrachtet. N. Sadeghianpourhamami et al. untersuchen zur Lösung des MDP einen RL-Ansatz, um Transformatoren nicht zu überlasten und die Spannung in erlaubten Grenzen zu halten. Die Autoren K. Qian, R. Adam und R. Brehm verwenden RL in [103], um die Ladeleistung der EFs über den gesamten Tag zu verteilen und so Überlastungen im Niederspannungsnetz zu vermeiden. Sie gehen von einer vollständigen Implementierung der ISO 15118 aus, wodurch eine Vielzahl an Informationen über den Status des EFs vorhanden ist, zum Beispiel der aktuelle SoC.

Verschiedene Methoden des RL werden in Forschungsarbeiten auch zur Lösung von multikriteriellen Optimierungsproblemen beim Laden von EFs herangezogen. In [104] wird ein MA-Ansatz gekoppelt mit RL genutzt, um die Überlastungen von BMs im Niederspannungsnetz zu vermeiden und den Energiepreis beim Laden bei gleichzeitiger kurzer Ladezeit der EFs zu reduzieren. Der Ansatz zeigt vielversprechende Ergebnisse. Jedoch wird von einer idealisierten Datenlage ausgegangen, sodass unter anderem der SoC des EFs bekannt ist. Eine ähnliche Methodik wird in [105] verfolgt. Mittels eines MA-Systems gekoppelt mit einer RL-Methodik werden der Energiepreis sowie die Netzauslastungen beim Laden der EFs minimiert. Auch hier wird von einer idealisierten Datenlage über das EF ausgegangen. In einem zentralen Steuerungsalgorithmus, der auf RL basiert, wird der Optimierungsansatz in [106] verfolgt, um den Energiepreis beim Laden zu minimieren und Netzüberlastungen zu vermeiden. Ähnlich wie in den zuvor beschriebenen Arbeiten wird hier von einer idealisierten Informationslage über das EF ausgegangen. Als Eingangsparameter für die Steuerung stehen der Start und das gewünschte Ziel – SoC, Ankunfts- und Abfahrtszeit – zur Verfügung, die in einem Modell vorhergesagt werden.

Die Methodik des RL ist eine neuere Art, um die verschiedenen Optimierungsprobleme beim gesteuerten Laden von EFs zu lösen. Sie bietet jedoch durch effektivere Implementierungsmöglichkeiten als bei der verteilten oder der dezentralen Steuerung vielversprechende Ansätze, um in einem multikriteriellen Optimierungsansatz eingesetzt zu werden. Häufig wird von einer annähernd perfekten Datenlage bezüglich des Wissens über die exakte Ankunfts- und Abfahrtzeit, den Start- und den gewünschten End-SoC oder von ausführlichem Wissen über den aktuellen Zustand des betrachteten Niederspannungsnetzes ausgegangen. In manchen Veröffentlichungen wird das Verhalten der EF-Besitzer über Zufallsalgorithmen dargestellt oder mittels eines gaußschen Rauschens verzerrt. Die Optimierung hinsichtlich einer kurzen Ladezeit in Verbindung mit der Vermeidung und der

Reduzierung von Überlastungen von BMs in der Niederspannung wird in den beschriebenen Arbeiten jedoch selten betrachtet.

## 2.3 Zusammenfassung

In Kapitel 0 wurden beginnend die grundlegenden Begrifflichkeiten zu KI und MLs mit dem Fokus auf der in der Arbeit verwendeten Methodik der ANNs und des RL erläutert. Weiter wurde in Abschnitt 2.1 der aktuelle Stand der Technik bezüglich der Beobachtung und der Messung von Niederspannungsnetzen beschrieben. Hierbei wurde die grundlegende Problematik bei der Verwendung von Echtzeitdaten durch SMs vom Netzbetreiber reflektiert, die sich auf Grund des Datenschutzes ergibt, der im MsbG verankert ist. Dabei wurde erläutert, warum diese Daten dem Netzbetreiber in der Regel nicht zur Verfügung stehen. Weiter wurde geschildert, warum μPMUs eine geeignete Messtechnik zur Steigerung der Beobachtbarkeit von Niederspannungsnetzen darstellen. Auch wurde aufgezeigt, dass es wegen der hohen Anzahl an Netzknoten in der Niederspannung wirtschaftlich nicht möglich ist, jeden Netzknoten messtechnisch zu überwachen, und warum Methoden der SE benötigt werden, um die unteren Spannungsebenen durch den Netzbetreiber vollständig zu beobachten. Hierzu wurde im nächsten Abschnitt 2.1.1 die grundlegende Methodik der ANNs erläutert und beschrieben, wie sich diese zur SE in der Niederspannung eignen. Weiter zeigte in Abschnitt 2.1.2 eine Recherche zum Stand der Wissenschaft, die sich mit der Steigerung der Beobachtbarkeit von Niederspannungsnetzen befasst, dass aktuell eine Vielzahl an Methoden diesbezüglich erforscht wird. Dies betrifft sowohl klassische Verfahren der SE, die aus dem Übertragungsnetz auf Niederspannungsnetze übertragen werden, als auch Methoden der optimalen Platzierung von Messtechnik als auch SE mittels ANN. Klassische Verfahren der SE, übertragen auf das Niederspannungsnetz, benötigen jedoch häufig größeren Anteil an messtechnisch erfassten Knoten gegenüber nicht messtechnisch erfassten Knoten, wie sie im Übertragungsnetz üblich sind. Bei der Verwendung von ANNs wird in der Regel davon ausgegangen, dass viele historische Messdaten für das Training vorliegen. Wenige Arbeiten beschäftigen sich mit der Generierung pseudo-historischer Messdaten zum Training des ANN und konzentrieren sich in der Regel auf einfache Zufallsalgorithmen. In Abschnitt 2.2 wurden die Thematik des gesteuerten Ladens von EFs sowie die relevanten Normen dazu dargelegt. Weiter wurde in Abschnitt 2.2.1 der Unterschied zwischen zentraler, dezentraler und verteilter Steuerung und deren Vor- und Nachteile benannt. Abschnitt 2.2.2 befasste sich mit der grundlegenden Methodik von MDPs, RL und DDQL sowie dem Unterschied zwischen Single-Agent- und MA-Systemen. Abschließend wurde eine Recherche zu Methoden des gesteuerten Ladens von EFs in Abschnitt 2.2.3 dargestellt. Die wissenschaftliche Betrachtung des gesteuerten Ladens von

EFs wird schon länger untersucht. Somit wurde diesbezüglich bereits eine Vielzahl an Methoden mit unterschiedlichen Optimierungszielen untersucht. Die meisten sind der Optimierung der Energiekosten, der Vermeidung und der Reduzierung von Netzüberlastungen oder einem multikriteriellen Optimierungsansatz gewidmet. Viele Arbeiten beziehen sich jedoch auf eine annähernd perfekte Datenlage zur Steuerung der EFs. Dies bedeutet, dass Daten verwendet werden, die in der Theorie vorliegen, jedoch in der Praxis nicht verfügbar sind, zum Beispiel der SoC bei Ankunft eines EF am Ladepunkt oder ausführliche Kenntnisse über den aktuellen Zustand des Netzes. Nach Recherchen wird in keiner Arbeit die Kombination einer ANN-SE von Niederspannungsnetzen mit einer autonomen Steuerung der Ladung von EFs als MDP und RL untersucht.

# 3 Definition eines Netzmodells zum Training und Validierung der MLs

Beim überwachten Lernen mittels ANN ist vor der eigentlichen Anwendung ein Trainingsprozess des Netzwerks notwendig. Im Idealfall werden dazu historische Daten verwendet. Für eine SE im Niederspannungsnetz sind solche Daten in der Regel nicht verfügbar, da keine Messtechnik verbaut ist. Daher ist es notwendig, sogenannte pseudo-historische Trainingsdaten zu generieren. Dazu wird ein Teilnetzgebiet, in dem die SE mittels ANN eingesetzt werden soll, als Softwaresimulation modelliert, in die die Knotenspannungen des Netzes als Trainingsdaten über eine Lastflussrechnung generiert werden. Da in der Regel jedoch keine Informationen über das zufällige Verhalten der einzelnen Personen bestehen, die in den HSHs des betrachteten Niederspannungsnetzes leben, ist es nicht möglich, die exakten Lastverläufe der einzelnen HSHs und die Ladung der EFs zu simulieren. Auf diesen Verläufen basieren jedoch die Spannungsdaten aus der Netzsimulation der einzelnen Netzknoten, die als Ein- und Ausgabedaten des ANN zur SE im Training verwendet werden. Ein ANN ist üblicherweise nur in der Lage, das wiederzugeben, was auch in den Trainingsdaten abgebildet ist. Daher werden die Lastverläufe der HSHs und die Ladung der EFs mittels unterschiedlicher Algorithmen oder Referenzprofile erstellt, sodass diese allgemeingültig sind und möglichst jeden beschreibbaren Netzzustand der Knotenspannung im Modell in den Trainingsdaten abbilden. Für PV Anlagen werden historische Messdaten einer vergleichbaren PV-Anlage verwendet und auf die Größen der im zu betrachtenden Teilnetzgebiet vorhandenen PV-Anlagen skaliert und für das Training verwendet. Für die Generierung von Lastverläufen der HSHs und der EFs werden jeweils drei Algorithmen oder Referenzlastprofile beschrieben. Es wird geprüft, mit welcher Methodenkombination zur Erstellung pseudo-historischer Trainingsdaten die höchste Genauigkeit der ANN-SE im Softwaremodell eines beispielhaften elektrischen Netzes erreicht werden kann. Um die Allgemeingültigkeit der Trainingsdaten über das gesamte Jahr zu gewährleisten, sind Faktoren für die Sommer- und die Winterzeit implementiert. Diese beziehen sich auf die nach dem Bundesverband der Energie- und Wasserwirtschaft (BDEW) generierten Standardlastprofile (SLP) für HSHs. In ihnen ist die Spitzenleistung im Herbst oder im Frühling um den Faktor 1,26 und im Winter um den Faktor 1,47 höher. Für die Übergangsjahreszeiten Frühling und Herbst wird der Faktor 1 angenommen. Auch für die EFs werden solche Faktoren, vor allem für den Energieverbrauch, einbezogen, da durch Heizung oder Klimaanlagen ihr Verbrauch steigt. Demnach werden nach den Algorithmen und den betrachteten Referenzlastprofilen die Trainingsdatensätze für die Übergangsjahreszeiten sowie über Sommer und Winter generiert und anschließend zusammengeführt. Für jede Jahreszeit werden die Trainingsdaten für jeweils 8640 Simulationsschritte $t_s$

betrachtet, sodass für jeden Netzknoten insgesamt 25 920 Spannungsdaten pro Phase im Simulationsmodell als pseudo-historische Daten generiert werden. In der Validierung entspricht ein Simulationsschritt zehn Minuten.

Des Weiteren ist es notwendig, für den Trainingsprozess des ANN für die SE einen ausführlichen Datensatz an realistischen Last- und Erzeugungsverläufen der im Netz implementierten HSHs, der EF-Ladungen und der PV-Anlagen zu erstellen. Diese Daten werden im Modell des Niederspannungsnetzes verwendet, um einen Validierungsdatensatz zu schaffen, anhand dessen das ANN die Paramater im iterativen Trainingsprozess optimiert. Zusätzlich wird ein Testdatensatz benötigt, mit dem die Effektivität des trainierten ANN validiert wird. Dieser Testdatensatz basiert, ähnlich wie der Validierungsdatensatz, auf Modellen und realistischen Verläufen von HSH-Lasten, EF-Ladeprofilen und PV-Profilen. An diesen werden die Lastflussrechnungen im Netzmodell durchgeführt, Spannungsdaten der einzelnen Netzknoten betrachtet und anhand der durch das ANN abgeschätzten Knotenspannung verglichen. Sowohl Validierungs- als auch Testdatensatz repräsentieren zeitliche Verläufe von mehreren Monaten.

Auch wird das Modell der Niederspannungsnetze benötigt, um die Agenten mittels RL zur optimierten Ladung der EFs zu trainieren. Da die Agenten dabei über die Aktion zur Regulierung der EF-Ladeleistung mit dem elektrischen Netz interagieren müssen, um entsprechend der Belohnungsfunktion ein Optimum zu erlernen, ist ein Trainingsprozess direkt am realen elektrischen Netz kritisch. Die anfänglich gewählten Aktionen der Agenten könnten den sicheren Betrieb der elektrischen Netze gefährden. Deshalb wird ein Modell des zu betrachtenden Teilnetzes benötigt, damit die Agenten anhand der Simulation das Optimum beim Steuern der Ladeleistung erlernen.

Folgend werden der Aufbau des erstellten Softwaremodells mit den verwendeten BMs und der Aufbau der generierten Modelle für HSHs, PV-Anlagen und EF-Ladung beschrieben. Bei diesen wird jeweils zwischen Definition der Spitzenlast, Betrachtung normierter Verlaufsprofile zur Erstellung von Trainingsdaten, Validierungsdaten und Testdaten für das ANN unterschieden. Beim Modell der EF-Ladung wird zusätzlich ein differenziertes Modell für das Offline-Training der autonomen RL-Steuerung erstellt und um einen Ladecontroller als Schnittstelle zwischen der Steuerung der Ladeleistung und dem Batteriespeicher der Fahrzeuge erweitert. Offline-Training beschreibt den Trainingsprozess in einem Modell und nicht am realen System des Niederspannungsnetzes, was als Online-Training bezeichnet werden würde.

## 3.1 Allgemeiner Netzaufbau des Modells von Niederspannungsnetzen

Die Simulation elektrischer Netze wird in MATLAB/Simulink realisiert. Dazu werden Bausteine, zum Beispiel Transformatoren oder Niederspannungskabel, aus vorgefertigten Bibliotheken verwendet, die entsprechend des zu betrachtenden realen Netzabschnitts parametriert werden. Die Parameter typischer Niederspannungskabel sind in Tab. 3.1 dargestellt. In MATLAB/Simulink werden diese als in Reihe liegende Resistanz $R$ und Reaktanz $jX_L$ dargestellt. Kapazitäts- und Ableitungsbelag werden vernachlässigt.

**Tab. 3.1:** Parameter Niederspannungskabel

| Kabeltyp | Querschnitt [mm²] | X' [Ohm/km] | R' [Ohm/km] | Therm. Grenzstrom [A] |
|---|---|---|---|---|
| NA2XY | 150 | 0,078 | 0,206 | 300 |
| | 120 | 0,077 | 0,253 | 268 |
| | 95 | 0,078 | 0,32 | 234 |
| | 70 | 0,079 | 0,443 | 196 |
| | 50 | 0,08 | 0,641 | 158 |
| | 35 | 0,082 | 0,868 | 135 |
| NAYY | 150 | 0,08 | 0,206 | 275 |
| | 120 | 0,08 | 0,253 | 245 |
| | 95 | 0,082 | 0,32 | 215 |
| | 70 | 0,082 | 0,443 | 179 |
| | 50 | 0,085 | 0,641 | 151 |
| | 35 | 0,086 | 0,868 | 123 |

Die verwendeten Transformatoren der Ortsnetzstationen werden entsprechend der VDE 0532-76-1 zur Dimensionierung von Transformatoren angenommen. In dieser werden typische Transformatoren und deren entsprechende Bemessungsleistung beschrieben. Die typischen Werte der Bemessungsleistung betragen 50 kVA, 100 kVA, 250 kVA, 400 kVA, 630 kVA, 800 kVA, 1000 kVA oder 1250 kVA.

Die im Modell verwendeten Kabel und Transformatortypen orientieren sich entweder an dem betrachteten realen Niederspannungsnetz oder werden nach der Leistung und der Anzahl an HSHs im betrachteten Niederspannungsnetz dimensioniert. Dafür wird die DIN 18015-1 verwendet. Die dafür angenommene Leistung pro Wohneinheit ist nach der Norm in Tab. 3.2 dargestellt. Die dargestellten Leistungen werden ohne elektrische Warmwasserbereitung betrachtet.

**Tab. 3.2:** Maximale Leistung je Wohneinheit für verschiedene Anzahlen an Wohneinheiten

| Anzahl Wohneinheiten: | 1 | 5 | 10 | 15 | 20 | 30 | 50 | 70 | >100 |
|---|---|---|---|---|---|---|---|---|---|
| Leistung [kVA]: | 14,5 | 8,2 | 5,5 | 4,3 | 3,6 | 2,7 | 1,9 | 1,5 | 1,1 |

Wenn die Leistungen nicht bekannt sind, werden für die Dimensionierung der Querschnitte der Niederspannungskabel und der Transformatoren die Leistung je Wohneinheit nach Tab. 3.2 und der SLP des BDEW verwendet.

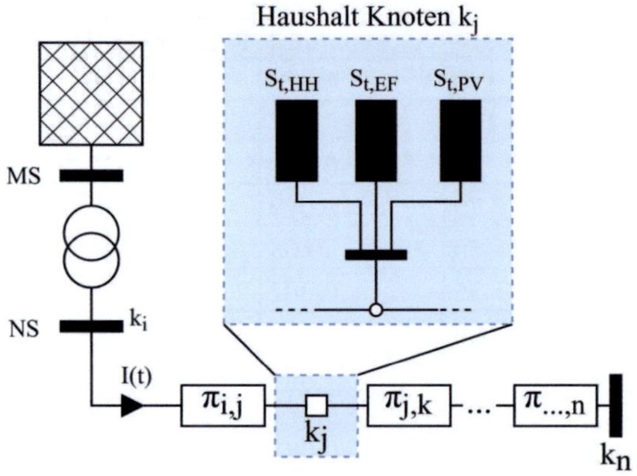


**Abb. 3.1:** Darstellung Aufbau Netzknoten in Simulation von Niederspannungsnetzen

In Abb. 3.1 ist der Aufbau eines beispielhaften Niederspannungsstrangs im Software-Modell und detailliert der Netzknoten $k_j$ dargestellt. Die Modellierung der Haushalslasten $S_{t,HSH}$ , der EF-Ladung $S_{t,EF}$ und der PV-Anlage $S_{t,PV}$ wird folgend ausführlich beschrieben.

## 3.2 Haushaltslasten

Für die Modellierung einzelner HSHs eignen sich nicht die von Netzbetreibern verwendeten SLPs. Nach der DIN 18015-1 wird für die Spitzenleistung eines einzelnen HSH 14,5 kVA Leistung $S_3$ angenommen. Dies dient als Planungsgrundlage für Netzbetreiber zur Auslegung von BMs. Weiter wird angenommen, dass dies einem typischen Dreipersonen-HSH entspricht. Für die Bestimmung der Spitzenleistung von HSHs mit unterschiedlicher Anzahl an Personen $S_n$ wird der durchschnittliche Energiebezug über ein Jahr nach [107] betrachtet und ins Verhältnis zwischen dem Energiebezug eines Dreipersonen-HSHs $E_3$ und dem Energiebezug mit unterschiedlicher Anzahl an Personen $E_n$ gesetzt. Es wird ein durchschnittlich geringer Energiebezug ohne elektrische Warmwasseraufbereitung angenommen. Über dieses Verhältnis und eine gaußsche Normalverteilung mit einem

Mittelwert $\mu$ von 1, einer Standardabweichung $\sigma$ von 0,5 und Werten $x$ zwischen 0,5 und 1,5 wird so die Spitzenleistung der einzelnen HSHs am Netzknoten $k$ im zu modellierenden Niederspannungsnetz nach (3.1) bestimmt:

$$P_{n,k} = P_3 \cdot \frac{E_n}{E_3} \cdot \left[ \frac{1}{\sigma \cdot \sqrt{2\pi}} \cdot e^{\frac{-(x-\mu)^2}{2\sigma^2}} \right] \tag{3.1}$$

Die prozentuale Verteilung der HSH-Größen im Jahr 2019 in Deutschland wird nach [108] angenommen. Bei einem Wert der gaußschen Normalverteilung von 1 ergeben sich nach (3.1) für die unterschiedlichen HSH-Größen folgende Spitzenleistungen nach Tab. 3.3.

**Tab. 3.3:** Energieverbrauch, HSH-Verteilung und Spitzenleistung nach HSH-Größe

| Anzahl Personen | Verteilung HSH-Größen [%] | Jährlicher Energieverbrauch E [kWh/a] | Spitzenleistung S [kVA] |
|---|---|---|---|
| 1 | 42,3 | 1.600 | 7,73 |
| 2 | 33,2 | 2.400 | 11,60 |
| 3 | 11,9 | 3.000 | 14,50 |
| 4 | 9,1 | 3.300 | 15,95 |
| 5+ | 3,5 | 4.000 | 19,33 |

Mit Einbezug der gaußschen Normalverteilung nach (3.1) und der Verteilung der HSH-Größen in Deutschland lässt sich die Verteilung der Spitzenleistung für die HSH-Lasten als Wahrscheinlichkeitsdichte graphisch nach Abb. 3.2 darstellen.

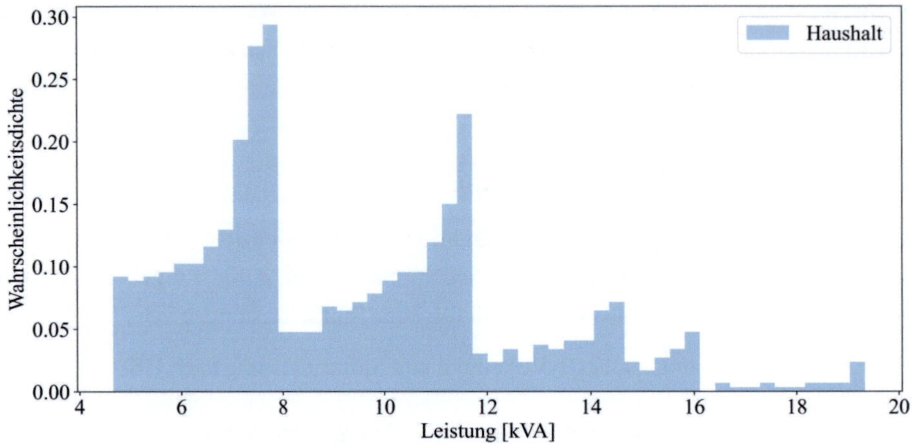


**Abb. 3.2:** Wahrscheinlichkeitsdichte Spitzenleistung HSHs

Um Unsymmetrien der einzelnen Phasen bei den HSH-Lasten darzustellen, wird die Leistung pro Phase und pro Simulationszeitschritt $t_s$ mittels Zufallszahlen zwischen 0,9 und 1,1 nach (3.2) multipliziert.

$$\begin{pmatrix} \Theta_{L1}^{t_s} \\ \Theta_{L2}^{t_s} \\ \Theta_{L3}^{t_s} \end{pmatrix} = \begin{pmatrix} \{\forall \Theta_{L1}^{t_s} \epsilon \mathbf{R} | 0.9 \leq \Theta_{L1}^{t_s} \leq 1.1\} \\ \{\forall \Theta_{L2}^{t_s} \epsilon \mathbf{R} | 0.9 \leq \Theta_{L2}^{t_s} \leq 1.1\} \\ \{\forall \Theta_{L3}^{t_s} \epsilon \mathbf{R} | 0.9 \leq \Theta_{L3}^{t_s} \leq 1.1\} \end{pmatrix} \tag{3.2}$$

Die Beträge der Spitzenlasten der HSHs, der PV-Anlagen und der Ladung der EFs $S_t$ werden im Modell mit Verläufen *s(t)* und Phasendifferenz $\varphi$ gekoppelt, was in Abb. 3.3 dargestellt ist. Bei den Modellen der HSH-Lasten wird der Faktor für Unsymmetrien nach (3.2) einbezogen.

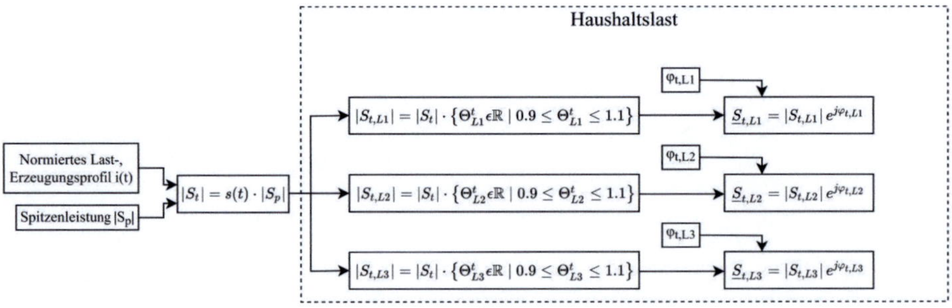


**Abb. 3.3:** Kopplung Spitzenlast und Verläufe für HSH-Last

### 3.2.1 Generierung Validierungs- und Testprofile der HSHs

Da für die zu modellierenden Niederspannungs-Teilnetzgebiete keine realen Lastverläufe der HSHs vorhanden sind, werden die Validierungs- und die Testdatensätze für das ANN zur SE generiert und in das Softwaremodell des Niederspannungsnetzes implementiert. Damit die Validierungs- und die Testdatensätze realen Lastverläufen ähneln, wird die VDI-Norm 4655 herangezogen. In ihr wurden Messdaten einzelner Lastverläufe der HSHs für unterschiedliche Jahreszeiten und Wochentage analysiert. Anschließend wurde darauf basierend ein Lastverlauf $s_{VDI}(t_s)$ für HSHs generiert. Das Lastprofil besteht aus zeitlichen Intervallen von zehn Minuten. Dadurch wird ein Tag in 144 bzw. eine Woche in 1008 Zeitschritten $t_s$ beschrieben. Dargestellt ist das Lastprofil in Abb. 3.4.

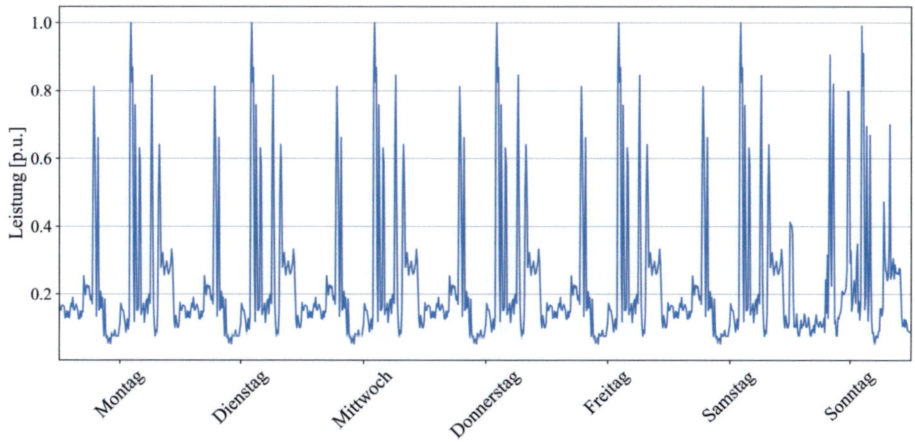


**Abb. 3.4:** Basis HSH Wochen-Lastprofil nach VDI 4655

Das dargestellte Profil $s_{VDI}(t_s)$ wird als Grundlage verwendet, um mittels Zufallsalgorithmen für jeden HSH eines betrachteten Netzgebiets einzigartige Lastprofile zu definieren. Insgesamt werden drei Zufallsalgorithmen nach den folgenden drei Formeln (**3.3**) bis (**3.5**) verwendet.

$$s(t_s)_{Z1}=\left(s_{VDI}(t_s+\gamma_t)\ldots s_{VDI}(t_s+\gamma_t+\kappa) \quad s_{VDI}(t+\varrho)\ldots s_{VDI}(t+\varrho+\kappa)\right)$$

$$\begin{gathered} t_s = 0 \\ \{\forall\gamma_t\epsilon\mathbf{R}|0\le n_\gamma\le 144\} \\ \{\forall\kappa\epsilon\mathbf{R}|3\le k_\kappa\le 18\} \\ \{\forall\varrho\epsilon\mathbf{R}|0\le\varrho\le 144 \land \varrho\neq\gamma\ldots\gamma+\kappa\} \end{gathered} \qquad (3.3)$$

Formel (3.3) stellt den ersten Zufallsalgorithmus dar und ist als zyklische Permutation als Transposition mit einer Länge des Zyklus gleich 2 mit $s_{Z1}(t)$ beschrieben. Es werden die Elemente $s(t+\gamma)_{VDI}$ bis $s(t+\gamma+\kappa)_{VDI}$ mit $s(t+\varrho)_{VDI}$ bis $s(t+\varrho+\kappa)_{VDI}$ aus der Funktion $s_{VDI}(t_s)$ getauscht, wobei $t_s$ gleich 0, $n_\gamma$ zufällige Werte zwischen 0 und 144, $k_\kappa$ zufällige Werte zwischen 3 und 18 und m zufällige Werte zwischen 0 und 144 ergibt, sie jeweils jedoch nicht gleich $\gamma_t$ oder $\gamma_t+\kappa$ sind. Dies beschreibt den zufälligen Tausch von zeitlichen Blöcken zwischen 30 Minuten und drei Stunden innerhalb des definierten Lastprofils nach der VDI 4655 binnen eines Tages mit 144 Zeitschritten à zehn Minuten.

Eine weitere Variante dessen, wie das Basis-Lastprofil nach Abb. 3.4 zufällig für die einzelnen HSH-Profile verändert wird, ist nach (3.4) beschrieben.

$$s_{Z2}(t_s) = s_{VDI}(t_s + \tau)$$

$$\{\forall n \epsilon \mathbf{R} | -18 \leq \tau \leq 18\} \qquad (3.4)$$

In (**3.4**) wird die zeitliche Verschiebung $\tau$ um zufällige Werte $\tau$ zwischen -18 und 18 Zeitschritte $t_s$ angegeben. Dies entspricht einer zufälligen zeitlichen Verschiebung des VDI-Lastprofils im Tagesverlauf um 30 Minuten bis zu drei Stunden nach vorne oder nach hinten.

Nach (3.5) ist die Veränderung der skalierten Leistung des Lastprofils $s_{VDI}(t_s)$ für jeden Zeitschritt $t_s$ um den Faktor $\alpha_{Z3}$ als dritter Zufallsalgorithmus zur Gestaltung der Test- und der Validierungsprofile der Lastverläufe der HSHs beschrieben, wobei $\alpha_{Z3}$ zu jedem Zeitschritt $t_s$ zufällige Werte zwischen 0,7 und 1,3 annehmen kann.

$$s_{Z3}(t_s) = s_{VDI}(t_s) \cdot \alpha_{Z3}(t_s)$$

$$\{\forall \alpha \epsilon \mathbf{R} | 0,7 \leq \alpha_{Z3} \leq 1,3\} \qquad (3.5)$$

Die drei beschriebenen Formeln werden zufällig auf dem Basisprofil der VDI-Norm angewendet, sodass entweder nur einer oder zwei oder alle drei beschriebenen Algorithmen verwendet werden.

In Abb. 3.5 a) sind fünf zufällig mittels der Zufallsalgorithmen veränderte Lastprofile und in Abb. 3.5 b) 60 Profile als Mittelwert zusammen mit den SLP für HSHs nach dem BDEW dargestellt. Die einzigartig generierten Profile repräsentieren im Mittel annähernd das Standartlastprofil.

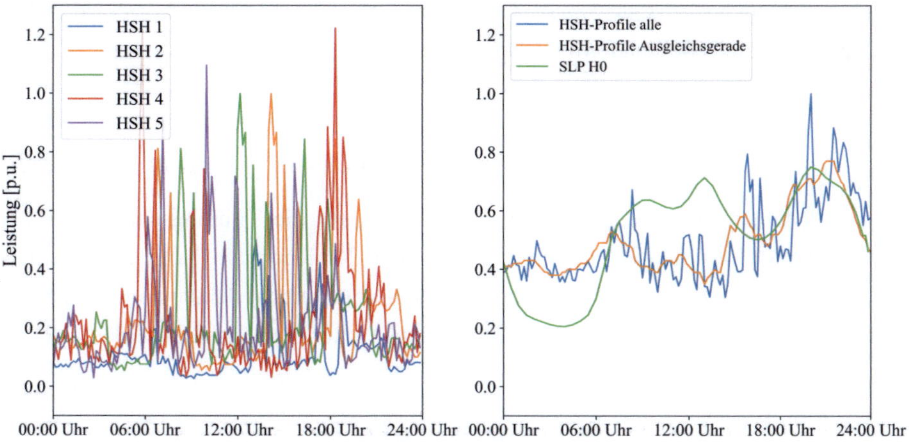


**Abb. 3.5:** a) Darstellung fünf einzelner HSH-Last-Profile nach Zufallsalgorithmen
b) Mittelwert von 60 HSH-Last-Profile im Vergleich zum SLP H0

### 3.2.2 Generierung Trainingsprofile der HSHs

Für die Verläufe der HSH-Lasten, um die Trainingsdaten zu generieren, wird als erste Methode ein Referenzprofil $s_{CIGRE}(t_s)$ verwendet, das nach der CIGRE für HSHs definiert ist [109]. Das Referenzprofil ist in Abb. 3.6 dargestellt. Ein Tag wird in 144 Zeitschritten in Zehn-Minuten-Werten repräsentiert.

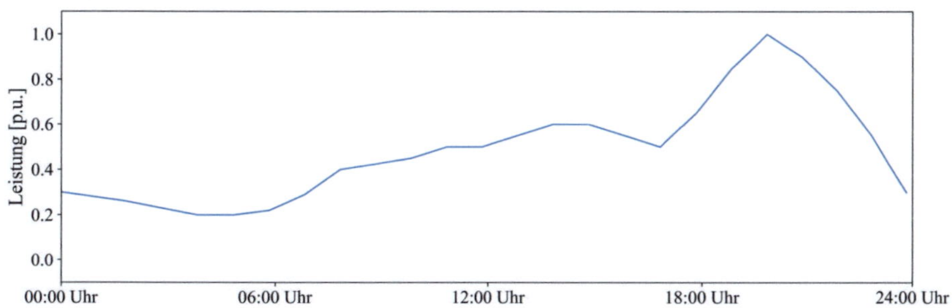


**Abb. 3.6:** Referenzlastprofil für HSHs nach CIGRE

Weiter wird als Methode zur Generierung von HSH-Verläufen, die zur Bestimmung der Trainingsdaten genutzt werden, eine vollständig zufällige Generierung der Lastprofile $s_R(t_s)$ der HSHs betrachtet. Dabei wird jedem einzelnen HSH $k_{HSH}$ pro Simulationsschritt $t_s$ eine zufällige Zahl $\Lambda_{k,ts}$ zwischen 0 und 2 nach (3.6) zugewiesen und diese mit der gewählten Spitzenlast der HSHs nach (3.7) multipliziert. Als Spitzenleistung der HSHs wird die durchschnittliche Leistung $S_D$ resultierend aus Tab. 3.3 verwendet, die bei ca. 10 kVA liegt, damit die Trainingsdaten möglichst allgemeingültig beschrieben werden.

$$\Lambda_{\mathrm{k,ts}}=\{\Lambda\epsilon\mathbf{R}|0 \leq \Lambda_{\mathrm{k,ts}} \leq 2\} \tag{3.6}$$

$$\mathrm{S_R(t_s)=S_D\cdot\Lambda_{k,ts}} \tag{3.7}$$

Als letzte Methode werden die Verläufe der HSHs für die Trainingsdaten $s_{MC}(t_s)$ als Monte-Carlo(MC)-Simulation definiert. Dabei wird für jeden HSH das SLP nach der BDEW verwendet. Dieses wird wiederum zu jedem Simulationsschritt mit einer Exponentialfunktion mit gaußscher Normalverteilung für die Generierung der Lastverläufe der einzelnen HSHs nach (3.8) definiert.

$$\Lambda_{\mathrm{G,k,ts}}=\frac{1}{12}\cdot e^{f(x,\mu,\sigma)_t}+0{,}05 \tag{3.8}$$

Als Mittelwert der Normalverteilung wird 0,05 mit einer Standardabweichung von 1,005 verwendet. Der Faktor $^1/_{12}$ wird zur Minimierung der Spitzenleistung und der Faktor 0,05 als permanente Grundlast der HSHs angewendet. Die Wahrscheinlichkeitsdichtefunktion über die normierte Leistung nach (3.8) ist in Abb. 3.7 dargestellt. In der Abbildung wird eine typische Verteilung der bezogenen Leistung eines HSHs dargestellt. Als Bezugsgröße der Leistung wird die durchschnittliche Spitzenleistung nach Tab. 3.3 betrachtet. Über die meiste Zeit ist die typische HSH-Last gering und nur die Grundlast zwischen 0,05 p.u. und 0,3 p.u. wird bezogen. Die Mittellast von 0,3 p.u. bis 0,75 p.u. wird seltener bezogen und Spitzenlasten größer als 1,0 p.u. bis zu 4,3 p.u. sind selten bis sehr selten in der Verteilung.

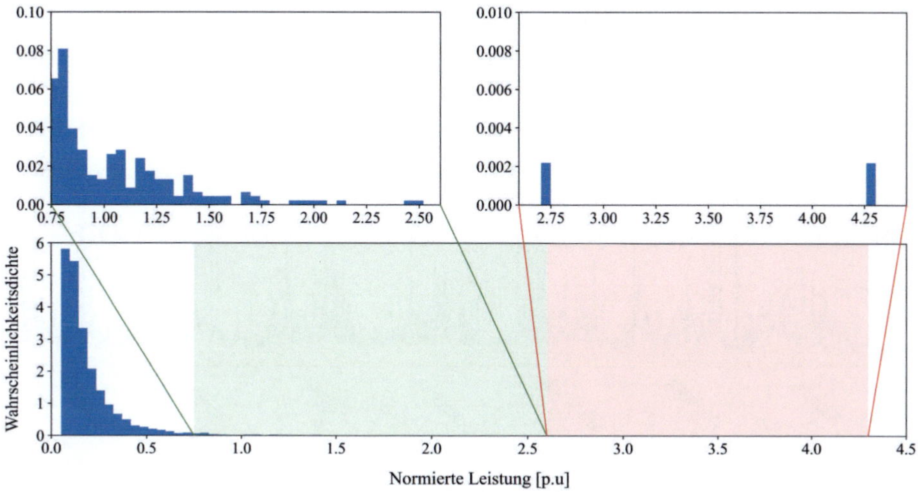


**Abb. 3.7:** Wahrscheinlichkeitsdichte normierte Leistung pro HSH und Simulationsschritt

Die beschriebene Wahrscheinlichkeitsverteilung nach (3.8) wird für jeden individuellen HSH separat kalkuliert. Für die MC-Simulation zur Generierung individueller HSH-Lasten, um pseudo-historische Trainingsdaten zu erstellen, wird die Verteilung pro HSH mit dem SLP nach der BDEW für HSHs auf 1 skaliert $s_{SLP}(t_s)$ und mit der Bezugsleistung $S_D$ von 10 kVA multipliziert. Die MC-Simulation für jeden einzelnen HSH ist nach (3.9) beschrieben:

$$S_{MC}(t_s) = s_{SLP}(t_s) \cdot S_D \cdot \Lambda_{G,k,ts} \tag{3.9}$$

In Abb. 3.8 ist der beispielhafte Lastverlauf eines HSH über eine Woche dargestellt, um daran die Trainingsdaten im Modell eines Niederspannungsnetzes erstellen zu können.

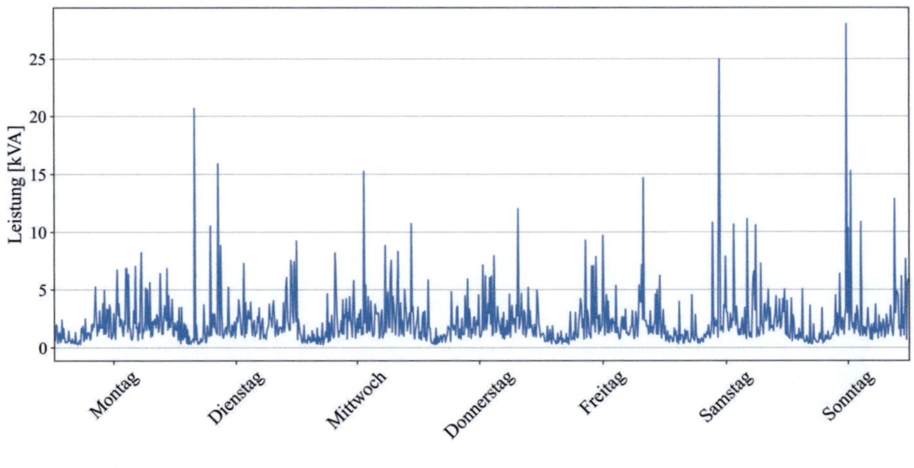


**Abb. 3.8:** Beispielhafter HSH-Lastverlauf mittels MC-Simulation

## 3.3 PV-Anlagen

Die Spitzenleistung der PV-Anlagen wird in Abhängigkeit von der Spitzenlast des jeweiligen HSH definiert. Haushalte mit hoher Spitzenleistung und hohem Energieverbrauch über das Jahr haben in der Regel eine größere PV-Anlage als kleinere HSHs. Daher wird die Spitzenleistung der PV-Anlage, sofern bei einem HSH vorhanden, als die Hälfte der Spitzenleistung des jeweiligen HSHs angenommen oder die jeweilige Leistung, die beim Netzbetreiber für das zu betrachtende Haus hinterlegt ist, wird angenommen, wenn sie nach Netzplan bekannt ist.

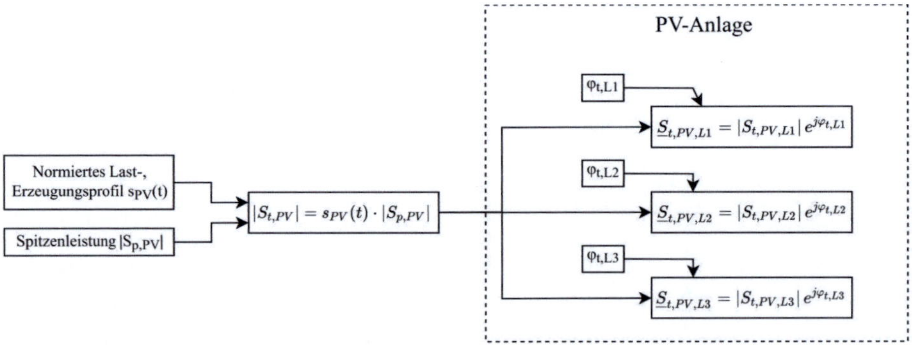


**Abb. 3.9:** Kopplung Spitzenlast und Verläufe für HSH-Last

Für die PV-Verläufe werden historische Messdaten einer PV-Anlage verwendet, skaliert und entsprechend der Abb. 3.9 mit der Spitzenleistung der entsprechenden PV-Anlage gekoppelt. Ein beispielhafter Wochenverlauf der normierten PV-Leistung im Sommer ist in Abb. 3.10 dargestellt.

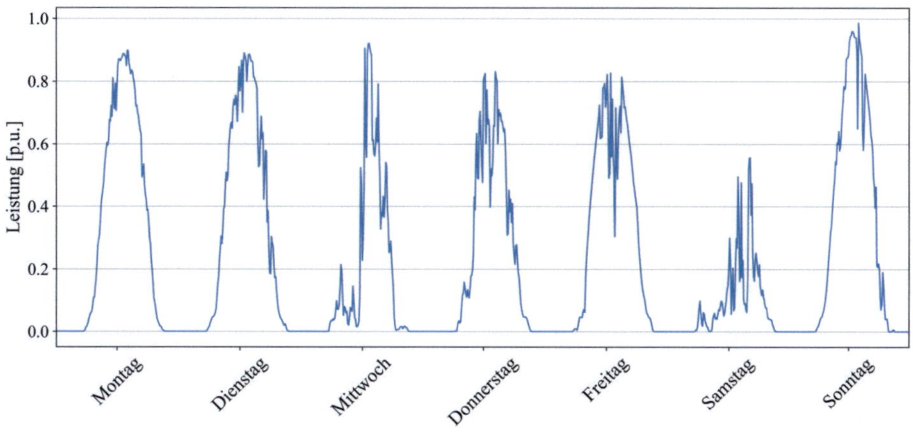


**Abb. 3.10:** Beispielhafter Wochenverlauf normierte PV-Leistung

Da historische Daten einer repräsentativen PV-Anlage vorhanden sind, ist es nicht notwendig, in zusätzlichen Verfahren, ähnlich wie bei den Verläufen für die HSH-Lasten, diese zu generieren. Die Verläufe werden als Trainings-, Validierungs- und Testdatensatz für das ANN verwendet. Der Testdatensatz spiegelt jedoch einen Zeithorizont wider, der dem ANN zur SE beim Training nicht bekannt ist.

## 3.4 EF-Ladung

Die Spitzenlast als Ladeleistung der EFs wird mit 11 kW angenommen, was für Ladeanlagen von HSHs typisch ist. Dieser Wert wird anhand der Anzahl der Fördermittelempfänger dieser Ladeanlagen nach [110] angesetzt. Das Modell der EFs für die ANN-SE ist in der Software-Simulation ähnlich aufgebaut wie das der PV-Anlagen nach Abb. 3.9. Die Spitzenlast als Ladeleistung mit 11 kW wird mit den zeitlichen normierten Verläufen gekoppelt.

### 3.4.1 Generierung Validierungs- und Testprofile der EF-Ladung

Die Validierungs- und die Testlastprofile zur Ladung der EFs werden nach [111] definiert. Ein Elektrofahrzeugprofilgenerator (EFPG) wird erstellt, der über verschiedene statistische sozioökonomische Daten zufällige Typ-Menschen parametriert. Auf Basis dieser Typ-Menschen und der Messdaten von Ladeverläufen von EFs werden Tages-, Wochen- oder

Monats-Ladeprofile für EFs erstellt. Die sozioökonomischen Daten, die zur Generierung eines Typ-Menschen verwendet werden, sind in Abb. 3.11 dargestellt.

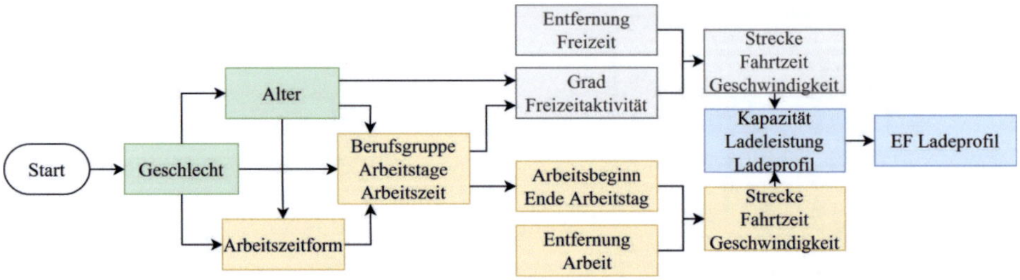


**Abb. 3.11:** Ablauf Generierung EF-Tages, -Wochen, -Monatslastprofile

Die farbig markierten Flächen sind zusammengehörig. Grün sind die grundlegenden Eigenschaften Geschlecht und Alter. Gelb dient zur Bestimmung des Berufs. Grau meint Freizeitaktivitäten und Blau die Daten zum EF und das Lastprofil des EFs selbst. Neben sozioökonomischen Daten werden auch Daten von verschiedenen EFs einbezogen. Aus diesen Daten (Berufsgruppe, Fahrtzeit, Strecke usw.) gekoppelt mit den zeitlichen Ladeverläufen werden individuelle Lastprofile von EFs modelliert. Die verwendeten statistischen Daten sind in Anhang A.1 hinterlegt.

Für die Formeln (3.10) bis (3.17) gelten folgende Mengen:

- Geschlecht: $i \in \{ m, w \}$
- Zufallszahl: $q \in Z \mid \{ 0; \ldots; 1000 \}$
- Altersgruppe: $j \in \{ 1; 2; 3; 4 \}$
- Arbeitszeitform: $p \in \{ 1; 2; 3 \}$
- Berufsgruppe: $c \in \{ 1; 2; 3; 4 \}$
- Wochentage: $r_{WT} \in \{ 1; 2; 3; 4; 5; 6; 7 \}$
- Grad Freizeitaktivität: $f \in \{ 1; 2; 3 \}$

Beginnend bei der Erstellung der Typ-Menschen werden Geschlecht *G* und Alter *A* definiert. Das Geschlecht wird nach folgender Formel generiert:

$$G_i = \begin{cases} G_m, \text{ wenn } 0 < q \leq P_{Gm} \cdot 10 \\ G_w, \text{ wenn } P_{Gm} \cdot 10 < q \leq ( P_{Gm} + P_{Gw} ) \cdot 10 \end{cases} \tag{3.10}$$

Nach (3.10) wird eine Zufallszahl q definiert und basierend auf der Wahrscheinlichkeitsverteilung der Geschlechter $P_{Gm}$ und $P_{Gw}$ nach [108] wird das Geschlecht bestimmt. Das Alter *a* des Typ-Menschen wird in Abhängigkeit vom Geschlecht und von der prozentualen Verteilung $P_a$ verschiedener Altersgruppen nach [108] wie in (3.11) beschrieben.

$$A_j(g_i): \rightarrow \text{wenn} \sum_{n=1}^{j-1} \mathrm{P}_{A,\mathrm{n}}(G_i) \cdot 10 < \mathrm{q} \leq \sum_{n=1}^{j} \mathrm{P}_{A,\mathrm{n}}(G_i) \cdot 10 \tag{3.11}$$

Durch die zufällig generierte Zahl $q$ wird in Abhängigkeit von der Altersverteilung eine Altersgruppe $j$ bestimmt. Anschließend wird per Zufall ein bestimmtes Alter in dieser Altersgruppe definiert.

Nachdem Alter und Geschlecht des zufällig generierten Typ-Menschen bestimmt worden sind, wird ein Beruf definiert, wobei die Eigenschaften Arbeitszeitform (Vollzeit [p = 1], Teilzeit [p = 2], keine Arbeitszeit [p = 3]) $w_{AZF}$, Berufsgruppe $w_b$, Arbeitsbeginn $w_{start}$, Arbeitstage $w_{Tage}$, Arbeitsdauer $w_{dauer}$ und Arbeitsort $w_{ort}$ berücksichtigt werden. Die Wahrscheinlichkeitsverteilung $P_{AZF}$ der Arbeitszeitform $w_{AZF}$ ist abhängig vom Alter und vom Geschlecht und ist nach [112] angenommen. Die Arbeitszeitform wird nach (3.12) bestimmt.

$$\mathrm{w}_{\mathrm{AZF}}(g_i,a_j): \rightarrow \text{wenn} \sum_{n=1}^{p_i-1} \mathrm{P}_{\mathrm{AZF,n}}(g_i,a_j) \cdot 10 < \mathrm{q} \leq \sum_{n=1}^{p_i} \mathrm{P}_{\mathrm{AZF,n}}(g_i,a_j) \cdot 10 \tag{3.12}$$

Für den EFPG zur Definition der Typ-Menschen sind insgesamt vier übergeordnete Berufsgruppen $w_b$ hinterlegt: Pendler (c = 1), Handwerker (c = 2), Hausfrau oder -mann (c = 3) und Rentner (c = 4). Diese Berufsgruppen decken weitere Berufsgruppen mit ähnlichem Verhalten ab, z. B. Selbstständige (Pendler) oder Arbeitslose (Hausfrau/-mann). Die Zuweisung der Berufsgruppe $w_b$ ist abhängig vom Alter $A$, vom Geschlecht $G$, von der Arbeitszeitform $w_{AZF}$ und von der Wahrscheinlichkeit des Berufs $P_B$ und wird nachfolgend durch (3.13) beschrieben:

$$\mathrm{w_b}(\mathrm{G_i},\mathrm{A_j},\mathrm{w_{AZF}}): \rightarrow \text{wenn} \sum_{n=1}^{c-1} \mathrm{P_{B,n}}(\mathrm{G_i},\mathrm{A_j},\mathrm{w_{AZF}}) \cdot 10 < \mathrm{q} \leq \sum_{n=1}^{c} \mathrm{P_{B,n}}(\mathrm{G_i},\mathrm{A_j},\mathrm{w_{AZF}}) \cdot 10 \tag{3.13}$$

Der Arbeitsbeginn $w_{start}$ wird mit der Verteilungsfunktion der Normalverteilung als (3.14) berechnet.

$$\mathrm{w_{start}}(\mathrm{x}, \mu, \sigma) = \frac{1}{\sigma \cdot \sqrt{2 \cdot \pi}} \cdot e^{-\frac{(x-\mu)^2}{2\sigma^2}} \tag{3.14}$$

Die Standardabweichung $\sigma$ wird mit einer Stunde angenommen. Der Erwartungswert $\mu$ beträgt beim Handwerker 7 Uhr und beim Pendler 8 Uhr. Die Anzahl der Arbeitstage $w_{Tage}$ ist von der Arbeitszeitform und vom Geschlecht abhängig. Die Wahrscheinlichkeitsverteilung $P_T$ wird nach [112] angenommen. Demnach ergibt sich folgende Wahrscheinlichkeit für die Anzahl an Arbeitstagen pro Woche nach (3.15).

$$w_{Tage}(G_i,A_j,w_{AZF}):\rightarrow \text{wenn} \sum_{n=1}^{r_{WT}-1} P_{T,n}(G_i,A_j,w_{AZF})\cdot 10 < q \leq \sum_{n=1}^{r_{WT}} P_{T,n}(G_i,A_j,w_{AZF}) \cdot 10 \quad (3.15)$$

Hierbei liegt die durchschnittliche Arbeitsdauer $w_{DS}$ bei Männern bei 39,6 Wochenstunden Vollzeit bzw. 24,0 Wochenstunden Teilzeit und bei Frauen bei 39,0 Vollzeit bzw. 23,8 Teilzeit. Die Arbeitsdauer $w_{dauer}$ ist der Quotient aus dem Dividenden $w_{DS}$ und dem Divisor $w_{Tage}$. In Abhängigkeit von $w_{DS}$ wird zusätzlich die Anzahl der Pausenminuten $t_p$ addiert und ist nach (3.16) beschrieben.

$$w_{dauer} = \frac{w_{DS}(G_i,A_j,w_{AZF})}{w_{Tage}(G_i,A_j,w_{AZF})} + t_p\,(w_{DS}(G_i,A_j,w_{AZF}))$$

$$p(w_{DS}) := \begin{cases} 0{,}5:\rightarrow \text{wenn } w_{DS}(G_i,A_j,w_{AZF}) < 20 \\ 0{,}75:\rightarrow \text{wenn } 20 \leq w_{DS}(G_i,A_j,w_{AZF}) < 37{,}5 \\ 1{,}0:\rightarrow \text{wenn } w_{DS}(G_i,A_j,w_{AZF}) \geq 37{,}5 \end{cases} \quad (3.16)$$

Weiter wird ein Arbeitsort des Typ-Menschen generiert. Nach dem Pendleratlas der Agentur für Arbeit wird die Wahrscheinlichkeitsverteilung des Arbeitsortes $P_{w,Ort}$ mit der zugehörigen Wegstrecke $w_x$ beispielhaft für Bielefeld angenommen. Daraus resultieren die benötigte Zeit $w_t$ und die durchschnittliche Geschwindigkeit $w_v$ zum Arbeitsort.

Nach Definition des Alters, des Geschlechts und der Arbeit des Typ-Menschen werden anschließend Freizeitfahrten implementiert. Die Freizeitaktivität $f_A$ ist abhängig vom Alter, vom definierten Beruf sowie von dessen Arbeitszeitform $p$. Dabei wird folgende Wahrscheinlichkeitsverteilung $P_{FA}$ der Freizeitaktivität nach Tab. 3.4 angenommen – mit angenommener hoher Freizeitaktivität $P_{FA,1}$, mittlerer Freizeitaktivität $P_{FA,2}$ und geringer Freizeitaktivität $P_{FA,3}$:

**Tab. 3.4:** Wahrscheinlichkeitsverteilung der Freizeitaktivität nach Alter und Arbeitszeitform

| $w_{AZF,ijp}$ | $a_g$ [a] | $P_{FA,1}$ [%] | $P_{FA,2}$ [%] | $P_{FA,3}$ [%] |
|---|---|---|---|---|
| p = 3 | < 35 | 80,0 | 15,0 | 5,0 |
| | 35 ≤ a < 55 | 25,0 | 45,0 | 30,0 |
| | 55 ≤ a < 67 | 10,0 | 50,0 | 40 |
| | ≥ 67 | 15,0 | 45,0 | 40,0 |
| p = 2 | < 35 | 60,0 | 25,0 | 15,0 |
| | 35 ≤ a < 55 | 20,0 | 40,0 | 40,0 |
| | 55 ≤ a < 67 | 15,0 | 45,0 | 40,0 |
| | ≥ 67 | 15,0 | 45,0 | 40,0 |
| p = 1 | < 35 | 50,0 | 15,0 | 35,0 |
| | 35 ≤ a < 55 | 15,0 | 40,0 | 45,0 |
| | 55 ≤ a < 67 | 5,0 | 30,0 | 65,0 |
| | ≥ 67 | 5,0 | 25,0 | 70,0 |

Demnach ergibt sich der Grad der Freizeitaktivität $f_A$ nach (3.17) :

$$f_A(a_j, w_{AZF}) :\rightarrow \text{wenn} \sum_{n=1}^{f-1} P_{FA,n,p}(a_j, w_{AZF}) \cdot 10 < q \leq \sum_{n=1}^{f} P_{FA,n,p}(a_j, w_{AZF}) \cdot 10 \tag{3.17}$$

Die Entfernung des entsprechenden Freizeitortes wird mittels gaußscher Normalverteilung definiert. Somit ist die Erstellung eines Typ-Menschen abgeschlossen. Dem so generierten Typ-Menschen wird abschließend ein EF zugeordnet, das den Modellen Mercedes E-Vito, Tesla Model S oder Renault Vito entspricht. Für die Ladeprofile der Typ-Menschen werden in erster Linie der Verbrauch und die typische Batteriekapazität der Fahrzeuge betrachtet. Diese Modelle wurden gewählt, da für sie an der FH Bielefeld ausführliche Ladeprofile mit unterschiedlicher Ladeleistung aufgenommen worden sind. In Abb. 3.12 a) sind fünf nach dem EFPG zufällig generierte Ladeprofile mit 11 kW Ladeleistung normiert dargestellt. In Abb. 3.12 b) ist der durchschnittliche Lastverlauf von 60 EFs normiert dargestellt. Über den Tag gesehen ist der Lastverlauf der EFs am Abend am höchsten, wenn die meisten generierten Typ-Menschen von der Arbeit nach Hause kommen, um ihr EF zu laden.

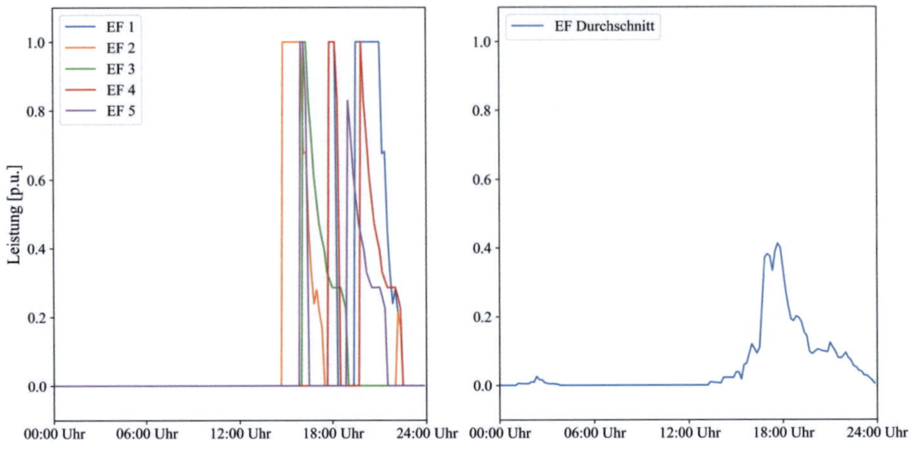


**Abb. 3.12:** a) Darstellung fünf einzelner EF-Lastprofile nach EFPG
b) Mittelwert von 60 EF-Lastprofile nach EFPG

### 3.4.2 Generierung Trainingsprofile der EF-Ladung

Um für die Ladeverläufe der EFs Spannungsdaten aus dem Modell des Niederspannungsnetzes als pseudo-historische Trainingsdaten zu erstellen, werden drei Zufallsalgorithmen betrachtet, die für jedes EF im elektrischen Netz individuelle Ladeverläufe generieren. Für den ersten EF-Zufallsalgorithmus (EF-ZFA) $S_{EF,Z1}(t_s)$ wird die normierte Leistung $s_{EF,Mess,Z1}$ aus dem Ladeverlauf eines EFs nach den Messdaten $s_{EF,Mess}(t)$ pro Simulationsschritt $t_s$ gewählt, die zwischen 1 p.u. und 0,23 p.u. liegt. Diese werden mit Zufallszahlen $\varepsilon_{ts,6}$, die 0 oder 1 betragen können, und mit einer Chance $R(A)$ von 50 % multipliziert, die mindestens für sechs Simulationsschritte besteht. Der normierte Verlauf wird mit einer Ladeleistung $S_{LL}$ von 11 kW multipliziert. Demnach ist der Ladeverlauf der EFs nach (3.18) definiert als:

$$\begin{gathered} S_{EF,Z1}(t_s) = s_{EF,Mess,Z1} \cdot S_{LL} \cdot \varepsilon_{ts,6} \\ s_{EF,Mess,Z1} = \{ s_{EF,Mess}(t) \epsilon \mathbf{R} | 0{,}23 \leq s_{EF,Mess}(t) \leq 1 \} \\ \varepsilon_{ts,6} = \{0 \vee 1\} \text{mit } R(A)=0{,}5 \end{gathered} \tag{3.18}$$

Der zweite EF-ZFA $S_{EF,Z2}(t_s)$ koppelt ein gesamtes normiertes Ladeprofil eines EF $s_{EF,Mess}(t)$ vom Beginn des Ladevorgangs bis zum Ende von SoC 0 % bis 100 %. Dieses wird mit Zufallsvariablen $\varepsilon_{ts,6}$ multipliziert, die 0 oder 1 sein können, wobei die Chance *R(A)*, dass eine 1 ausgegeben wird, auf 12,5 % reduziert wird. In der Simulation wird diese Zufallsvariable für sechs Simulationsschritte $t_s$ gehalten. Weiter wird das Profil mit einem

Verlauf $L_{EF}(t_s)$ multipliziert, der ebenfalls 0 oder 1 sein kann, jedoch nicht als Zufallsvariable. $L_{EF}(t_s)$ gilt als 1 bei üblichen Zeiten, in denen EFs an privaten Ladepunkten geladen werden (Nachmittags- und Abendstunden), und 0 bei untypischen Zeiten wie spät nachts oder in den frühen Morgenstunden. So werden Profile generiert, die einen typischen Lastverlauf eines EFs über einen Tag mit seltenen kurzen Ladezeiten bevorzugt in den Abendstunden repräsentieren. Abschließend werden die so erstellen normierten Lastverläufe mit der Ladeleistung $S_{LL}$ von 11 kW multipliziert. Folgende Formel (3.19) beschreibt den zweiten Zufallsalgorithmus zur Generierung der Profile für EFs für die Trainingsdaten:

$$\begin{gathered} S_{EF,Z2}(t_s) = s_{EF,Mess}(t) \cdot S_{LL} \cdot \varepsilon_{ts,6} \cdot L_{EF}(t_s) \\ \varepsilon_{ts,6} = \{0 \vee 1\} \text{ mit } R(A)=0{,}125 \end{gathered} \tag{3.19}$$

Der dritte definierte EF-ZFA $S_{EF,Z3}(t_s)$ basiert auf zufälligen Ladeprofilem $s_{EFPG,n}(t_s)$, die nach dem EFPG laut Kapitel 3.4 erstellt werden. Bei 144 Simulationsschritten pro Tag werden insgesamt 144 Zufallszahlen $\varepsilon_{ts,144}$ zwischen 0 und 144 mit gleichmäßiger Chance $R(A)$ pro EF und pro Simulationszeitschritt im Modell generiert. Bei einer 0 wird ein zufälliges Ladeprofil des EFPG für einen kompletten Ladeverlauf $s_{EFPG,n}(t_s)$ in der Simulation gewählt und mit der Ladeleistung $S_{LL}$ von 11 kW multipliziert. Dadurch besteht eine hohe Chance, dass im Verlauf des Tages ein zufälliges Ladeprofil gewählt wird. Die Generierung der Ladeprofile ist nach (3.20) beschrieben.

$$\begin{gathered} \varepsilon_{ts,144} = \left\{\varepsilon_{ts,144} \epsilon \mathbf{R} \middle| 0 \leq \varepsilon_{ts,144} \leq 144\right\} \\ S_{EF,Z3}(t_s) = \begin{cases} \varepsilon_{ts,144}=0: \rightarrow s_{EFPG,n}(t_s) \cdot S_{LL} \\ \varepsilon_{ts,144} \neq 0: \rightarrow 0 \end{cases} \end{gathered} \tag{3.20}$$

Beispielhafte Verläufe der drei beschriebenen Zufallsalgorithmen zur Generierung der Lastverläufe von EFs, um pseudo-historische Trainingsdaten zu erstellen, sind in Abb. 3.13 dargestellt.

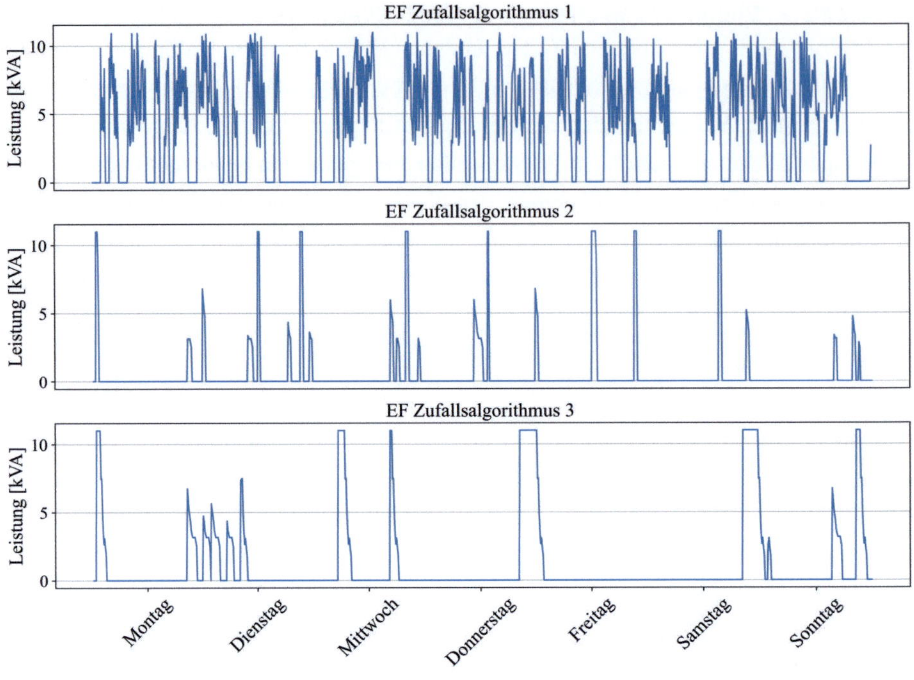


**Abb. 3.13:** Beispielhafte Lastverläufe EFs für Trainingsdaten nach beschriebenen Algorithmen

### 3.4.3 RL-Modell der EF-Ladung

Das Modell zur Ladung der EFs bei der RL-Methodik im MA-Ansatz basiert auf den Ladeprofilen, die vom beschriebenen EFPG erstellt werden. Wegen der Interaktionsmöglichkeit über den Ladecontroller der Agenten im Rahmen des Offline-Trainings und wegen der Evaluierung der Steuerung mit den EFs in der Simulation besteht jedoch ein differenziertes Modell der EFs für die RL-Methodik. Den HSHs wird ein Typ-Mensch mit EF zugewiesen, wobei die Wegstrecke zur Arbeit $w_{ort}$, die Arbeitszeit $w_{dauer}$, die Arbeitstage $w_{Tage}$, die Freizeitaktivität, der Fahrzeugtyp mit Verbrauch und die Batteriekapazität beschrieben werden. Die Ankunftszeit $t_{Ankunft}$ des EFs am privaten Ladepunkt variiert täglich um den Faktor $v_t \pm 1\ h$ zu $t_{Ankunft,RL}$ nach (3.21)

$$t_{Ankunft,RL} = t_{Ankunft} \cdot \{\forall v_t \epsilon \mathbf{R} | -1 \leq v_t \leq 1\} \tag{3.21}$$

Auch die gefahrene Strecke variiert täglich um den Faktor $v_x$ 0,9 und 1,1 zu $w_{ort,RL}$ und ist nach (3.22) beschrieben.

$$w_{ort,\mathrm{RL}} = w_{\mathrm{ort}} \cdot \{\forall v_x \epsilon \mathbf{R} | 0{,}9 \leq v_t \leq 1{,}1\} \tag{3.22}$$

Dadurch variieren der Verbrauch des EF und der resultierende SoC bei der Ankunft am privaten Ladepunkt. Auch die Freizeitaktivität $f_A$ ist durch den im EFPG bestimmten Grad an Freizeitaktivität mit unterschiedlicher Chance, an einem Tag eine Freizeitaktivität *R(A)* wahrzunehmen, mit unterschiedlichen Fahrtstrecken zum Ort der Freizeitaktivität nach der zuvor dargestellten Tab. 3.4 bestimmt.

Der Agent des entsprechenden HSHs interagiert im Modell steuernd über den Ladecontroller des Ladepunkts mit der Ladeleistung des EFs, wodurch der Gradient des SoCs beim Laden des Fahrzeugs variiert. Das Modell, das zum Offline-Training der RL-Agenten in MATLAB/Simulink verwendet wird, ist in Abb. 3.14 schematisch dargestellt.

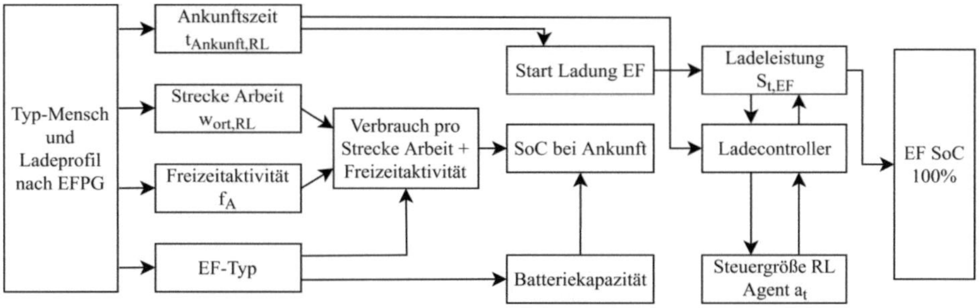


Abb. 3.14: Aufbau EF-Modell für RL-Methodik Offline Training in MATLAB/Simulink

## 3.5 Zusammenfassung

Das in der Arbeit verwendete Modell eines Niederspannungsnetzes zur Generierung der pseudo-historischen Trainingsdaten für das ANN, das das MA-Systems mit DDQL trainieren und beide Systeme validieren soll, basiert auf MATLAB/Simulink. In Kapitel 3 wurde der Aufbau des Modells beschrieben. Dazu wurden in Abschnitt 3.1 die Parameter und die Definition der Niederspannungskabel und des Ortsnetztransformators erläutert. Weiter wurden die Modelle der HSH-Lasten, der PV-Anlagen und der EF-Ladung dargelegt. Hierbei wurden die Definition der Spitzenlasten der HSHs, der PV-Anlagen und der EF-Ladung, die Generierung der Validierungs- und der Testverläufe sowie die Methoden der Generierung der pseudo-historischen Trainingsdaten vermittelt. Bezüglich der Trainingsdaten wurden mit unterschiedlichen Methoden zufällige HSH- und EF-Ladeprofile erstellt und die Spannungsdaten im Simulationsmodell generiert. Abschnitt 3.2 bezog sich dabei auf die HSHs. Die Spitzenleistungen wurden anhand der von Netzbetreibern verwendeten Leistung für HSHs nach DIN 18015-1 mit einer gaußschen Normalverteilung und der statistischen Verteilung der HSH-Größen in Deutschland bestimmt. Die Validierungs- und die Testverläufe der HSHs wurden basierend auf einem Referenz-HSH-Profil nach VDI-Norm 4655 und drei unterschiedlichen Zufallsalgorithmen individuell pro HSH generiert. Weiter wurden die Methoden erläutert, mit denen die HSH-Lasten zur Generierung der Trainingsdaten erstellt werden. Diese unterteilen sich in vollständig zufällige Verläufen, die Verwendung des Referenzprofils für HSHs nach der CIGRE und einer auf dem H0 SLP basierenden MC-Simulation sowie eine gaußsche Normalverteilung. Die Spitzenleistungen der Modelle der PV-Anlagen nach Abschnitt 3.3 beziehen sich auf die HSH-Lasten. Für die Verläufe der Anlagen liegen historische Daten vor, die sowohl für das Training als auch für die Validierung und die Tests des ANN und des RL verwendet werden. Laut Abschnitt 3.4 wurden für die Ladung der EFs an den HSHs wu11 kW angenommen. Die Validierungs- und die Testverläufe wurden anhand unterschiedlicher Typ-Menschen mittels EFPG generiert. Anhand statistischer Wahrscheinlichkeiten, zum Beispiel zu Alter, Geschlecht, Arbeitszeit und Arbeitsweg, wurde das Verhalten der Typ-Menschen beschrieben. Dieses wurde mit den Messdaten von Ladeverläufen gekoppelt, um so die Ladeverläufe der EFs pro HSH zu generieren. Die Methoden zur Erstellung der EF-Ladeverläufe zur Generierung der Trainingsdaten wurden in Abschnitt 3.4.2 erläutert. Es wurden drei EF-ZFAs definiert, wonach die Ladeverläufe erstellt wurden. Abschließend wurde ein gesondertes Modell der EFs zur Interaktionsmöglichkeit der Agenten im Offline-Training und zur Evaluierung des RL-Systems mit der Ladeleistung der EFs beschrieben.

# 4 Parametrierung und Definition verwendeter MLs

Um verteilte private Ladeanlagen von EFs autonom steuern zu können und so Netzüberlastung zu vermeiden oder zu reduzieren, während schnellstmögliche Ladezeiten beibehalten werden, werden zwei MLs betrachtet. Da die Niederspannungsnetze vornehmlich unbeobachtet und historisch bedingt ohne Messtechnik betrieben werden, wird im ersten Schritt ein ANN zur SE untersucht, das die Eingangsdaten für die autonome Steuerung in einem dezentralen MA-Ansatz mittels RL zur Lösung eines MDP generiert. Für die Eingangsdaten des ANN zur SE dienen µPMUs, die optimal im Niederspannungsnetz platziert werden. Folgend werden die einzelnen Komponenten und die verwendeten Methoden genauer beschrieben – beginnend mit dem Algorithmus zur optimalen Platzierung der Messtechnik, um die Eingangsdaten der SE mittels ANN bei zusätzlicher Betrachtung der Investitionskosten der µPMUs zu maximieren. Im Anschluss erfolgen die Definition des ANN zur SE und die Parametrierung der Hyperparameter. Abschließend wird die Untersuchung zur dezentralen Steuerung mittels MA-Ansatz und DDQN dargestellt, die als Inputdaten die Werte der ANN-SE erhalten.

## 4.1 Generierung des Zustands mittels ANN

Das als MDP betrachtete optimierte verteilte Laden privater EFs im Niederspannungsnetz benötigt entsprechende Zustände. Darauf basierend erhalten die Ladepunkte der EFs Steuersignale zur Anpassung der Ladeleistung. Hierfür eignen sich die Spannungsbeträge der unterschiedlichen Netzknoten in einem Niederspannungsnetz zum aktuellen Zeitpunkt. Da diese in der Regel nicht messtechnisch überwacht werden, ist der gewünschte Zustand zur Lösung des MDP unbekannt. Um den Zustand des Netzes als Matrix der Beträge der Knotenspannung zum aktuellen Zeitpunkt trotzdem zu verwenden, wird eine SE zur Abschätzung der Knotenspannung untersucht. Da historisch bedingt keine oder nur wenig Messtechnik auf den niederen Spanungsebenen der elektrischen Netze implementiert ist, diese aber im Verhältnis zum Hoch- oder zum Höchstspannungsnetz eine Vielzahl an Netzknoten besitzen, gestaltet sich die Anwendung von klassischen Methoden der SE, zum Beispiel WLS, auf den niederen Spannungsebenen als schwierig. Dementsprechend wird folgend eine neuartige Methode der SE mittels ANN von Niederspannungsnetzen vorgestellt, für die keine historischen Messdaten zum Trainieren des ANN notwendig sind und mit der dennoch eine hohe Genauigkeit bei der Abschätzung der Knotenspannungen erreicht werden kann. Die SE ist in einem dezentralen Ansatz beschrieben. Das bedeutet, dass ein übergeordnetes System zur SE mittels ANN pro zu betrachtendem Niederspannungsnetz und nicht wie bei einem zentralistischen Ansatz die SE für alle Niederspannungsnetze von einem übergeordneten System definiert ist. Die Struktur des ANN zur SE und zur Abschätzung des Betrags der Knotenspannung in Niederspannungsnetzen in drei Phasen ist in Abb. 4.1 dargestellt.

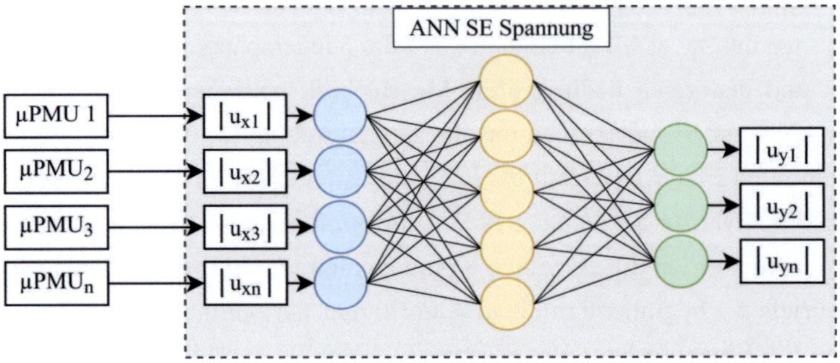


**Abb. 4.1:** Schematische Darstellung Aufbau der ANN SE, Spannungsbetrag

Als Eingabedaten werden die Messdaten von µPMUs verwendet. Diese beschränken sich auf den Betrag der Spannung aller messtechnisch erfassten Netzknoten in drei Phasen. Mittels Optimierungsalgorithmen werden die Hyperparameter des ANN bestimmt. Die Ausgabewerte des ANN entsprechen den Beträgen der Knotenspannung aller nicht messtechnisch erfassten Netzknoten im zu betrachtenden Teilnetzgebiet in drei Phasen.

In Abb. 4.2 werden das Training und die Implementierung des ANN an einem beispielhaften Niederspannungsstrang dargestellt.

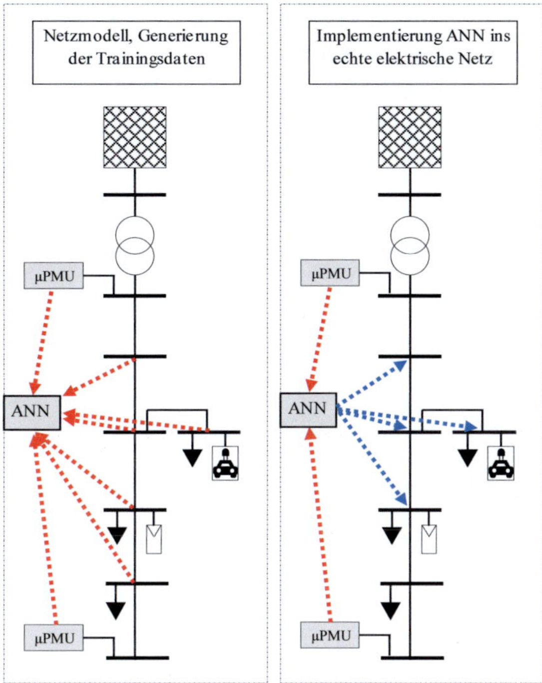


**Abb. 4.2:** Darstellung Training und Implementierung ANN zur SE in Niederspannungsnetzen

Im Netzmodell werden die Trainingsdaten generiert. Nach der Messtechnikplatzierung werden die Eingabe- und die Ausgabedaten des ANN definiert und nach erfolgreichem Training wird das ANN mit gewählter µPMU-Platzierung in das reale Netz implementiert. Hierbei beschreiben die roten Pfeile die Eingabewerte und die blauen Pfeile die Ausgabewerte des ANN.

### 4.1.1 Optimale µPMU Platzierung

Die gewählte Messtechnik, die für die ANN-SE verwendet wird, um die Eingangsdaten bereitzustellen, sind µPMUs. Diese messen zeitsynchronisiert mit anderen µPMUs im gewählten Teilnetzgebiet sowohl den Spannungs- als auch den Stromzeiger und können die Messdaten in Echtzeit übertragen. Um eine hohe Genauigkeit der abgeschätzten Knotenspannungen des ANN zu erlangen, gilt es, dem ANN eine hohe Anzahl an Eingabedaten bereitzustellen. Dabei müssen jedoch wirtschaftliche Aspekte beachtet werden, sodass die Anzahl an µPMUs für ein Teilnetzgebiet so gering wie möglich gehalten werden sollte. Daher wird ein Optimum zwischen beobachtbaren Knoten und Kosten der zu integrierenden µPMUs gesucht.

Die µPMUs messen sowohl die Knotenspannung als auch die Zweigströme der am Netzknoten angeschlossenen Leitungen nach Abb. 4.3.

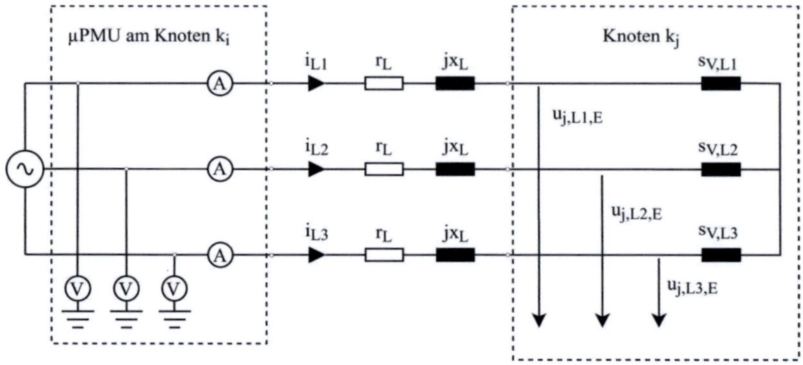


**Abb. 4.3:** Dreiphasiges Ersatzschaltbild Messaufbau µPMU im elektrischen Netz

Bei bekannten Leitungsdaten wird die dreiphasige Spannung der mit µPMU implementierten benachbarten Netzknoten $k_j$ und der direkt verbundenen Netzknoten $k_i$ nach Formel (4.1) bestimmt:

$$\begin{pmatrix} \underline{u}_{j,L1,E} \\ \underline{u}_{j,L2,E} \\ \underline{u}_{j,L1,E} \end{pmatrix} = \begin{pmatrix} \underline{u}_{i,L1,LE} \\ \underline{u}_{i,L2,E} \\ \underline{u}_{i,L1,E} \end{pmatrix} - \begin{pmatrix} \underline{i}_{L1} \cdot (r_L + jx_L) \\ \underline{i}_{L2} \cdot (r_L + jx_L) \\ \underline{i}_{L3} \cdot (r_L + jx_L) \end{pmatrix} \tag{4.1}$$

Bei einer ausreichend großen Anzahl an Messkanälen der µPMU ergibt sich dadurch in einem beispielhaften elektrischen Netz nach Abb. 4.4 beim Einsatz von zwei µPMUs an den Netzknoten $k_1$ und $k_{10}$ die Beobachtbarkeit der grün dargestellten Netzknoten. Die als Balken dargestellten Netzknoten sind Ortsnetzstation oder Kabelverteilerkästen, bei denen eine technische Anbindung der Messtechnik möglich ist. Die rot dargestellten Knoten werden nach der beispielhaften Konfiguration der Einbindung der Messtechnik nicht messtechnisch erfasst und die Spannung ist unbekannt.

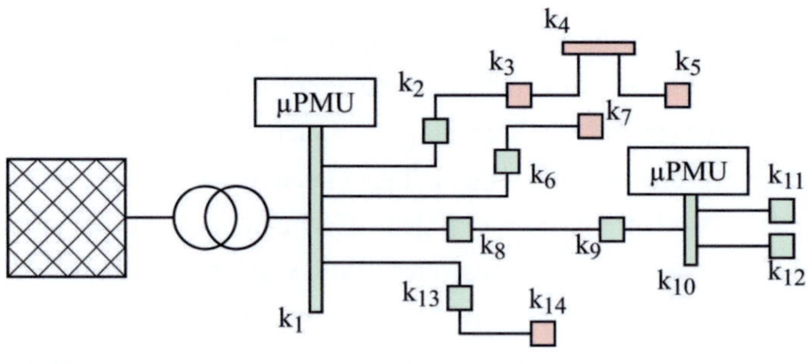


**Abb. 4.4:** Darstellung messtechnische Erfassung im elektrischen Netz durch µPMUs

Die Platzierung der µPMUs an den Netzknoten eines gewählten Niederspannungsnetzes wird nach [113, 114] so optimiert, dass die prozentuelle Beobachtbarkeit $X_{k\%}$ mit dem Quotienten aus der Anzahl an gemessenen Knoten $k_{mess}$ und der gesamten Knotenanzahl $k_n$ des gesamten betrachteten Netzes nach (4.2) maximal ist:

$$X_{k\%}=\frac{k_{mess}}{k_n}\cdot 100\% \tag{4.2}$$

Der entwickelte Algorithmus ist als iterativer Prozess ausgelegt und lässt sich in mehrere Schritte aufteilen. Zuerst wird zu einem elektrischen Netz mit $k$ Knoten eine Matrix $(\zeta)_p$ mit $k \times k$ Dimensionen gebildet, die die Topologie der Knoten-Zweig-Matrix als Adjazenzmatrix nach (4.3) beschreibt.

$$(\zeta)_p=\begin{pmatrix} k_{i,i} & \cdots & k_{i,j} \\ \vdots & \ddots & \vdots \\ k_{j,i} & \cdots & k_{j,j} \end{pmatrix} \tag{4.3}$$

In $(\zeta)_p$ wird ein Wert gleich 1 gesetzt, wenn eine Verbindung zwischen den Knoten $i$ und $j$ besteht, und 0, wenn dies nicht der Fall ist, was in (4.4) beschrieben ist.

$$k_{i,j} = \begin{cases} 1: \rightarrow \left[(k_i = k_j) \vee (k_i \wedge k_j \text{ verbunden})\right] \\ 0: \rightarrow \left[\neg\left((k_i = k_j) \vee (k_i \wedge k_j \text{ verbunden})\right)\right] \end{cases} \tag{4.4}$$

Anschließend erfolgen insgesamt $n\text{-}1$ Iterationsschritte entsprechend der Anzahl $n$ gewählten µPMUs, die im elektrischen Netz eingesetzt werden.

Im ersten Iterationsschritt p = 0 werden die Werte der Spalten über die Dimension der Spalten $m$ und die Dimension der Zeilen $w$ der Adjazenzmatrix aufsummiert, sodass eine Matrix $(\sigma)_p$ mit 1×(k-p) Dimensionen entsteht. $(\sigma)_p$ beschreibt pro Netzknoten die Anzahl an benachbarten Netzknoten im zu betrachtenden Niederspannungsnetz nach (4.5).

$$(\boldsymbol{\sigma})_p=(k_{i,i}+\ldots+k_{j,i} \quad \cdots \quad k_{i,j}+\ldots+k_{j,j}) \tag{4.5}$$

Nun wird der Knoten mit der höchsten Anzahl an benachbarten Knoten $k_{max}$ nach (4.6) bestimmt.

$$k_{max} = \max(\boldsymbol{\sigma})_p \tag{4.6}$$

An diesem Knoten wird die erste µPMU platziert. Da über den Stromzeiger und die Leitungsdaten die Spannungen der benachbarten Knoten bestimmt werden können und mit Einsatz der ersten µPMU messtechnisch erfasst werden, werden die Zeile und die Spalte des Knoten $k_{max,p}$ in $(\zeta)_p$ zum nächsten Iterationsschritt $p+1$ gelöscht, sodass die

Dimension von $(\zeta)_p$ nun $(k\text{-}(p+1))\times(k\text{-}(p+1))$ beträgt. Im nächsten Iterationsschritt wird die neue Adjazenzmatrix $(\zeta)_{p+1}$ mit reduzierter Dimension gebildet, sodass eine neue Matrix $(\zeta)_{p+1}$ entsteht. Nach den Formeln (4.5) und (4.6) wird der Netzknoten mit der maximalen Anzahl an benachbarten Knoten $k_{max,p+1}$ definiert, an dem die nächste µPMU im zu betrachtenden Niederspannungsnetz platziert wird. Dieser iterative Prozess wird entweder für die Anzahl an Netzknoten wiederholt, an denen Messtechnik implementiert werden kann, zum Beispiel in der Niederspannung in Kabelverteilerkästen oder in Ortsnetzstationen, oder für eine gewählte Anzahl an µPMUs, die platziert werden soll. Im beispielhaften Netz nach Abb. 4.4 für den Einsatz von zwei µPMUs läuft der iterative Prozess nach Abb. 4.5 ab.

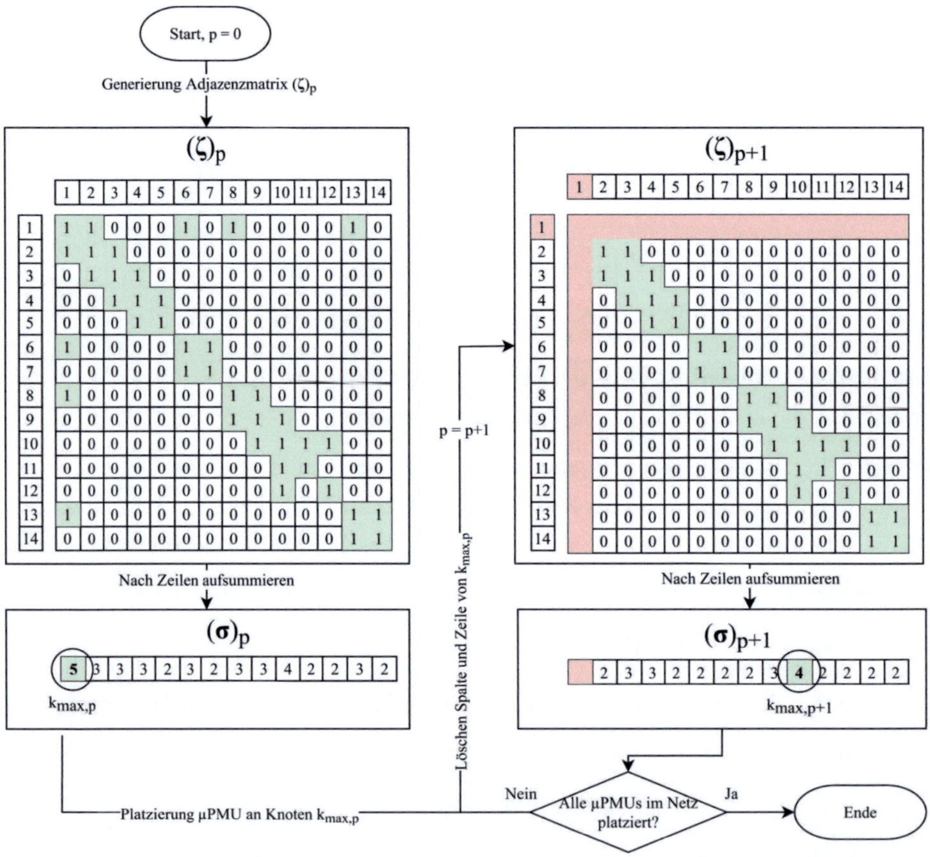


**Abb. 4.5:** Iterativer Prozess der optimalen µPMU Platzierung am beispielhaften Netz

Bei zwei eingesetzten µPMUs ergibt sich die optimale Platzierung nach beschriebener Methodik an den Netzknoten $k_1$ und $k_{10}$ des beispielhaften und nach Abb. 4.4 dargestellten

Niederspannungsnetzes. Dadurch zeigt sich das Maximum an Beobachtbarkeit im beispielhaften elektrischen Netz. Bei Betrachtung des Einsatzes einer dritten µPMU ergibt sich der Knoten $k_4$. Dieser wäre im betrachteten Netz der letzte mögliche Knoten, an dem technisch die Messtechnik implementiert werden könnte. Weiter gilt es zu betrachten, wann ein geeignetes Verhältnis zwischen prozentualer Beobachtbarkeit des Netzes und wirtschaftlicher Ausnutzung der platzierten Messtechnik entsteht. Hierbei werden die Kosten der µPMUs in Korrelation mit der prozentualen Beobachtbarkeit gesetzt und als Funktion des Verhältnisses von Kosten und prozentueller Beobachtbarkeit und Anzahl eingesetzter µPMUs betrachtet.

Tab. 4.1 stellt für das beispielhafte in Abb. 4.4 gezeigte Netz die prozentuale Beobachtbarkeit bei unterschiedlicher Anzahl an eingesetzten µPMUs, die angenommenen Kosten pro µPMU von 500 € und die fixen Kosten wie für Aufbau einer Serverstruktur von angenommen insgesamt 150 € pro Variante dar.

**Tab. 4.1:** Übersicht der µPMU Platzierung im beispielhaften elektrischen Netz

| Anzahl µPMUs | Gemessene Netzknoten | Beobachtbarkeit $X_{k\%}$ [%] | Kosten µPMUs [€] | Beobachtbarkeit zu Kosten [€/%] |
|---|---|---|---|---|
| 1 | 5 | 35,7 | 650 | 18,2 |
| 2 | 9 | 64,3 | 1150 | 17,9 |
| 3 | 12 | 85,7 | 1650 | 19,3 |

Bei dem betrachteten Beispiel besteht das Optimum daher beim Einsatz von zwei µPMUs mit 17,9 €/%, womit eine Beobachtbarkeit des Netzes von 64,3 % erreicht wird. Das hier betrachtete Beispiel stellt eine einfache und kleine Netzstruktur dar.

In komplexeren und größeren Strukturen des elektrischen Netzes ist die Auswahl des Netzknotens für die µPMU des jeweiligen Iterationsschrittes häufig nicht eindeutig, da mehrere Knoten dieselbe Anzahl an benachbarten Knoten aufweisen können. Wenn mehrere Knoten $k_{max,p}$ die höchste Anzahl an benachbarten Netzknoten aufweisen, werden nach dem Algorithmus entsprechend viele Varianten gebildet. Es werden die Knoten mit der maximalen Anzahl an benachbarten Knoten $k_{max,p}$ pro Iterationsschritt definiert. Über verschiedene Schleifen werden in mehreren Iterationsschritten alle Platzierungsvarianten mit der gewählten Anzahl an geplanter Messtechnik bestimmt, bei denen ein Optimum zwischen den Verhältnis gemessener zur gesamten Anzahl an Netzknoten besteht. Dies ist in Abb. 4.6 schematisch dargestellt, wobei $x$ und $y$ als Zahl zwischen 1 und der Anzahl an Netzknoten mit der gleichen Anzahl an maximal messtechnisch zu erfassenden Netzknoten beim Einsatz einer µPMU an den Netzknoten im ersten Iterationsschritt $k_{max,p}$ und weiteren Iterationsschritten $k_{max,p+1}$ definiert sind.

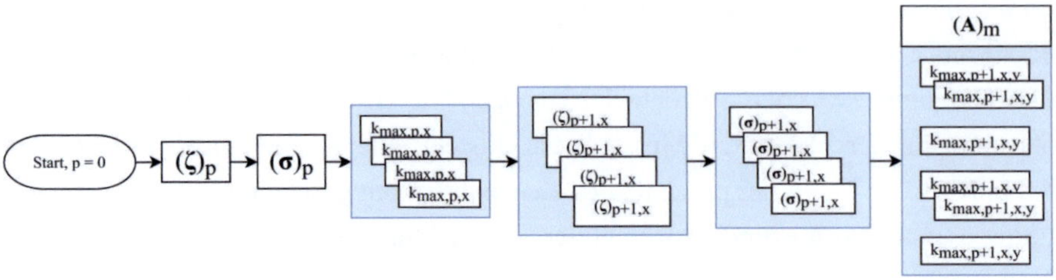

**Abb. 4.6:** Darstellung Generierung Matrix aller Auslegungsvarianten

Die Iterationen wiederholen sich ebenfalls um $n$-$1$ Schritte. Nach Durchlauf aller Iterationen bestehen verschiedene Auslegungsmatrizen $(\boldsymbol{A})_m$ mit einer Dimension von $1 \times n$. Da die Messdaten der µPMUs lediglich als Eingangswerte für das ANN zur SE dienen, gilt es, mit der SE zu prüfen, mit welcher Auslegungsvariante bei gewähltem gutem wirtschaftlichem Verhältnis die höchste Genauigkeit aller abgeschätzten Spannungen erreicht wird. Auch besteht die Möglichkeit, Netzknoten zu präferieren, zum Beispiel den Netzknoten bei der Ortsnetzstation. Durch den Platzierungsalgorithmus werden dann zuerst die präferierten Netzknoten für die Platzierung einer µPMU im ersten Iterationsschritt ausgewählt.

### 4.1.2 Definition der ANN-Parameter

Das ANN für die SE wurde mittels der Programmiersprache Python geschrieben, wobei die Bibliotheken von Keras und Tensorflow verwendet wurden. Über die optimale µPMU-Platzierung werden die Spannungsdaten als pseudo-historische Daten für das Training des ANN und der einzelnen Netzknoten eines Niederspannungs-Teilnetzgebietes nach Eingangs- und Ausgangsdaten für das ANN aufgeteilt. Die pseudo-historischen Spannungsdaten als Trainings- sowie die Validierungs- und die Testdaten werden mittels des beschriebenen Modells eines elektrischen Netzes in MATLAB/Simulink und anhand der Erzeugungs- und Generierungsverläufe für HSHs, EF-Ladung und PV-Anlagen erzeugt.

Vor dem iterativen Trainingsprozess werden sowohl Eingabe- als auch Ausgabedaten des Betrags der Knotenspannungen des ANN normiert. Der Grund dafür ist der Verlauf der Aktivierungsfunktionen. Bei einer Sigmoid-Aktivierungsfunktion sinkt zum Beispiel die Steigung bei großen Wertebereichen stark ab, weshalb es sich empfiehlt, sowohl Eingabe- als auch Ausgabedaten in kleineren Wertebereichen zu halten, was die Effektivität eines ANN erhöht [115]. Auch ist die Verarbeitung von extrem großen oder kleinen Werten durch das ANN ein Problem, da das ANN im Trainingsprozess auf Grund solcher

Wertebereiche empfindlich reagieren kann und die Gewichte im iterativen Prozess falsch parametriert [18].

In der Literatur nach [18] erweist sich eine Z-Transformation der Daten, auch Standardisierung genannt, als wirksam hinsichtlich der Genauigkeit der ausgegebenen Daten des ANN. Die Matrizen des standardisierten Betrags der Knotenspannungen $\boldsymbol{U}_Z$ der Spannungsdaten $\boldsymbol{U}_{t,i}$ der Netzsimulation werden nach (4.7) bestimmt.

$$(\boldsymbol{U})_Z = \frac{(\boldsymbol{U})_{t,k} - \mu_{t,k}}{\sigma_t} \tag{4.7}$$

Der Mittelwert $\mu_{t,i}$ wird über den zeitlichen Verlauf und über die dreiphasigen Messwerte über alle Knoten $k$ bestimmt und so die Differenz vom Betrag des Spannungswertes gebildet. Diese Differenz wird durch die Standardabweichung $\sigma_t$ über den zeitlichen Verlauf der Daten des jeweiligen Netzknotens kalkuliert und durch die zuvor beschriebene Differenz dividiert. Die Eingangs- und die dazugehörigen Ausgangsdaten werden dem ANN pro Lerniteration nicht als kompletter Datensatz zugeführt, sondern sind in kleinere Datenabschnitte (*engl.: Batches*) aufgeteilt. Diese Batches werden pro Trainingsiteration zufällig aus dem gesamten Datensatz gebildet.

Der Parameter, nach dem die Gewichte des ANN nach durchgeführter Lerniteration angepasst werden, ist die mittlere quadratische Abweichung (*engl.: Mean Squared Error* [MSE]). Der MSE wird nach (4.8) bestimmt.

$$\mathrm{MSE} = \frac{1}{n}\sum_{i=1}^{n}(y_i - o_i)^2 \tag{4.8}$$

Der MSE wird als Summe der quadratischen Differenz der Ausgabewerte des ANN $y_i$ von den tatsächlichen Ausgabewerten $o_i$ bei zugehörigen Eingangsdaten gebildet und durch die Anzahl an Daten dividiert. Der MSE als Parameter, um die Gewichte im Training des ANN anzupassen, eignet sich besonders bei stark schwankenden Daten. Wegen der Quadrierung entstehen größere Differenzen zwischen dem Ausgabewert des ANN und dem tatsächlichen Wert der dazugehörigen Ausgabedaten. Sie werden vom ANN im Training stärker gewichtet und erhöhen die Chance auf einen erfolgreichen Lernprozess des ANN. Diese Schwankungen treten im elektrischen Niederspannungsnetz bei den Spannungsdaten durch kurzzeitig hohe Laständerungen, zum Beispiel bei der Ladung der EFs, häufig auf und müssen vom ANN nach erfolgreichem Training erkannt und effektiv abgeschätzt werden.

Ein wesentlicher Aspekt für die effektive Applikation von ANNs sind die für das ANN verwendeten Hyperparameter. Auf Grund des sogenannten ‚Black-Box'-Charakters von ‚Deep'-MLs wie dem hier verwendeten ANN mit mehreren versteckten Schichten ist in der Regel nicht nachzuvollziehen, welche Hyperparameter welchen Einfluss auf die Genauigkeit der Ausgabedaten des ANN haben. Bei manchen Hyperparametern ist grundlegend bekannt, wie der Einfluss auf die Ergebnisse eines ANN ausfallen könnte. Zum Beispiel kann durch die Implementierung sogenannter Drop-out-Schichten das Auswendiglernen von ANNs unterbunden oder durch das Einbinden von Noise-Schichten, die mittels gaußscher Normalverteilung die Ein- und die Ausgabedaten verzerren, die Allgemeingültigkeit des ANN verbessert werden. Da jeder Hyperparameter jedoch wieder abhängig von jedem anderen Hyperparameter und dessen definierter Größe ist, erweist sich ihre korrekte Einstellung als komplexe Aufgabe. Die genaue Parametrierung der einzelnen Hyperparameter wird häufig in aufwändigen Prozessen mittels Trial and Error definiert, zum Beispiel die Anzahl an Schichten, die Anzahl der Neuronen, die Wahl der Aktivierungsfunktion oder die Höhe der Lernrate. Unter anderem ist es ein gängiger Prozess bei der Definition der Hyperparameter, andere ANNs zu recherchieren, die für ähnliche Prozesse verwendet werden und gute Ergebnisse geliefert haben. Diese werden dann als Basis für den eigenen Prozess verwendet [15]. Um diesen aufwändigen und häufig nicht zum Optimum der Genauigkeit des ANN führenden Prozess zu vermeiden, wird ein automatisierter Ansatz zur Definition der Hyperparameter des ANN zur SE gewählt. Der dafür verwendete automatisierte Optimierungsansatz wird bayessche Optimierung genannt, die auf einem bayesschen Regressionsmodell basiert [116] und in Abb. 4.7 dargestellt ist.

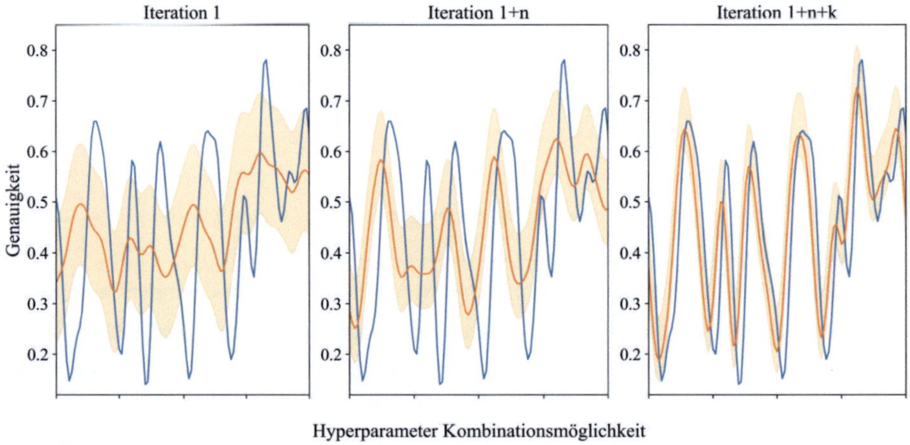


**Abb. 4.7:** Optimierte Hyperparameterauslegung nach bayesschem Regressionsmodell in drei Iterationsstufen, 1, 1+n und 1+n+k

Dieser Ansatz beschreibt ein iteratives Verfahren, mit dem die Genauigkeit des ANN bei einer gewählten Anordnung an Hyperparametern bestimmt wird. Im gewählten Rahmen der möglichen Änderungen bestimmter Hyperparameter und ihrer Größenordnung werden diese Hyperparameter zufällig mit dem Fokus auf die beste Kombination für die höchste Genauigkeit der Ausgabedaten des ANN festgelegt [15]. Dabei werden im bayesschen Regressionsmodell Wahrscheinlichkeiten betrachtet [117] und mögliche Genauigkeiten bei der Wahl der Hyperparameter prognostiziert. Nachdem die Genauigkeit der Ausgabewerte des ANN betrachtet wurde, werden die Werte der Hyperparameter im nächsten Iterationsschritt bei der Auswahl der Hyperparameter neu abgeschätzt. Das Optimierungsproblem gilt als gelöst, sobald die gewählten Hyperparameter die höchste Genauigkeit der Ausgabewerte des ANN erreicht haben [15, 116]. Die zu optimierenden Hyperparameter und die Grenzen dieser Hyperparametergrößen werden bei der bayesschen Optimierung im Vorfeld definiert. Dabei werden nach Tab. 4.2 folgende Hyperparameter und Grenzen für das ANN zur Abschätzung des Betrags der Spannung gewählt.

**Tab. 4.2:** Verwendete Hyperparameter und Größenordnung der ANN Optimierung zur Abschätzung des Betrags der Spannung pro Knoten und Phase

| Hyperparameter | | Optimierungsbereich | Änderungsschritt pro Iteration |
|---|---|---|---|
| Anzahl versteckter Schichten | | 1 bis 4 | 1 |
| Anzahl Neuronen | Versteckte Schicht 1 | 500 bis 5000 | 100 |
| | Versteckte Schicht 2 | 500 bis 3000 | 100 |
| | Versteckte Schicht 3 | 300 bis 1500 | 100 |
| | Versteckte Schicht 4 | 200 bis 1000 | 100 |
| Drop-out-Schicht, Drop-out-Rate | | 0,0 bis 0,5 | 0,1 |
| Aktivierungsfunktion | | Relu, Sigmoid, Linear | 0 oder 1 |
| Lernrate | | $1 \cdot 10^{-4}$ bis $1 \cdot 10^{-3}$ | $2 \cdot 10^{-4}$ |

Die Auswahl der definierten Grenzen der Hyperparameter basiert auf einer vorläufigen händischen Hyperparameter-Optimierung, bei der die beschriebenen Grenzen zu hohen Genauigkeiten des ANN geführt haben. Je nach Komplexität der Aufgabe der ANNs ist es sinnvoll, mehrere versteckte Schichten zu verwenden. Da die Anzahl an Ein- und Ausgabedaten bei großen Niederspannungsnetzen (> 200 Knoten) und bei Betrachtung eines dreiphasigen Systems zunimmt, bietet es sich an, eine verhältnismäßig hohe Anzahl an Neuronen zu verwenden. Die Drop-out-Schicht und die zugehörige Drop-out-Rate sind zu jeder versteckten Schicht des ANN implementiert. Der dazu vorgesehene Optimierungsbereich zwischen 0,0 und 0,5 beschreibt das Verhältnis der zufälligen Abschaltung von Neuronen in der vorangegangenen versteckten Schicht. Diese Abschaltung wird verwendet, um das Auswendiglernen der Ein- und dazugehörigen Ausgabedaten, das Overfitting, beim ANN zu verhindern. Neuronen in versteckten Schichten, die im Rahmen des

Lernprozesses falsche Verhalten erlernt haben, werden so teilweise abgeschaltet. So kann ein verbessertes Gesamtergebnis des ANN erreicht und dessen Allgemeingültigkeit auch in der Validierung mit Testdatensätzen gewährleistet werden. Die unterschiedlichen Aktivierungsfunktionen werden pro Durchlauf des bayesschen Optimierungsansatzes und pro Schicht gewechselt und bei einer 1 oder bei einer 0 beibehalten. Zusätzlich zum gewählten Größenbereich der Lernrate wird ein Gradient von 10e-6 gewählt, mit dem die Lernrate pro Lerniteration des ANN sinkt.

Es wurde eine Vielzahl an weiteren Hyperparametern geprüft, die jedoch keinen signifikanten Einfluss auf die Genauigkeit der Ausgabedaten des ANN zeigten und deshalb nicht weiter betrachtet werden. Es ist notwendig, suboptimale Hyperparameter in der bayesschen Optimierung zu vermeiden, da ansonsten eine zu große Anzahl an Kombinationsmöglichkeiten der Hyperparameter besteht und die Zeit sowie die benötigte Computer-Rechenleistung exponentiell steigen, bis die bayessche Regression zu einem Optimum konvergiert. Im Rahmen des verwendeten Optimierungsalgorithmus zur Bestimmung der Hyperparameter ist es jedoch möglich, dass in dessen Prognose zur optimalen Genauigkeit des ANN Parameter außerhalb der gewählten Hyperparametergrenzen bestehen. In diesem Fall werden diese in die Grenzen und in die Auswahl der Hyperparameter eingeschlossen und gewährleisten so die bestmögliche Genauigkeit der Ausgabedaten des ANN sowie die optimale Parametrierung der Hyperparameter.

## 4.2 MA RL Steuerung zum optimierten Laden von EFs als DDQN

Der Zustand als Matrix des Betrags der Knotenspannungen aller Netzknoten eines betrachteten Niederspannungsnetzes des zu lösenden MDP wird durch eine SE mittels ANN generiert und nach Kapitel 4.1 bestimmt. Es wird ein RL-Ansatz betrachtet, um das MDP zur optimalen Ladung von EFs zu lösen. Konkret wird ein DDQN in einem MA-Ansatz pro Agent genutzt. Als Optimum wird die Vermeidung von Überlastung von BMs bei gleichzeitiger Beibehaltung einer kurzen Ladezeit der EFs an den privaten HSHs definiert. Dies wird als dezentraler Ansatz beschrieben. Das System agiert pro Niederspannungsnetz eigenständig und ist nicht mit einer weiteren zentralen Stelle verbunden. Entsprechend eines MDP besteht die RL-Methodik zur Lösung aus zwei Komponenten: dem Agenten und der Umgebung, mit der die Agenten interagieren. Die Umgebung ist das elektrische Niederspannungsnetz und die Interaktion findet über den Ladecontroller mit der Ladeleistung der EFs statt. Jedem Ladepunkt wird in einem MA-Ansatz ein Agent zugewiesen. Ähnlich wie in einem kooperativen Spiel arbeiten die Agenten zusammen, um das definierte Optimum zu erreichen. In Abb. 4.8 ist das dezentrale System als MA-Ansatz anhand beispielhafter

Niederspannungsnetze N1, N2 und N3 dargestellt, wobei jedem Netzknoten und jedem HSH mit Ladepunkt für EFs im Niederspannungsnetz ein Agenten zugewiesen wird.

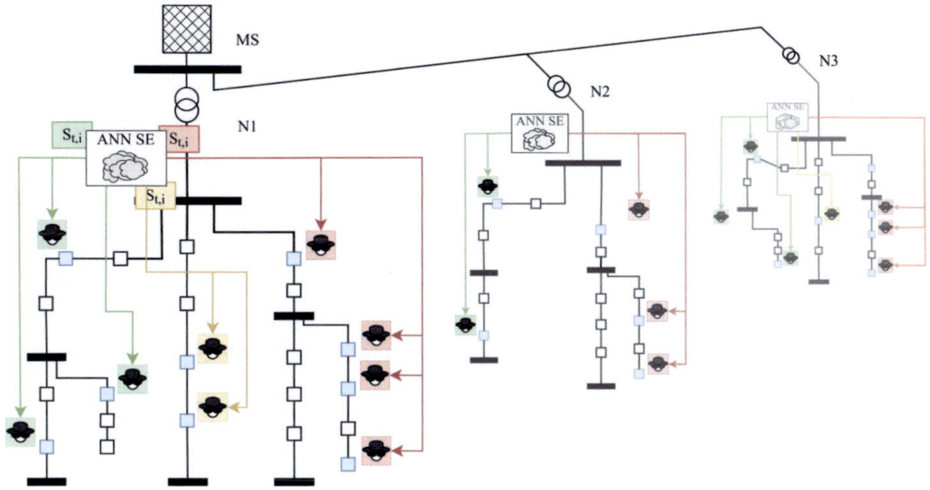


**Abb. 4.8:** Beispielhafte Darstellung des dezentrale MA-Ansatzes mit RL

Die Netzknoten mit EF-Ladepunkt sind in Blau und die Agenten symbolisch als Piktogramm abgebildet. Im gezeigten Beispiel sind mehrere MA-Systeme dargestellt. Es wird jeweils ein MA-System pro Strang eines Niederspannungsnetzes und Zuleitung zum Transformator betrachtet. Die zusammengehörigen MA-Systeme pro dargestelltem Niederspannungsnetz sind farblich zugehörig in der Abbildung gekennzeichnet. Sie kommunizieren mit einem Computer, der beispielsweise in der Ortsnetzstation steht und die SE für jedes Niederspannungsnetz separat durchführt und den Agenten den Zustand pro Netzstrang übermittelt.

Durch den MA-Ansatz wird jedem Ladepunkt eine individuelle Steuergröße pro Zeitschritt zugewiesen. Diese möglichen Steuergrößen sind bei den Agenten als eine Menge an möglichen Aktionen $a_t$ pro Zeitschritt $t$ nach (4.9) beschrieben.

$$\forall a_t \epsilon \mathbf{R} \left\{ \frac{1{,}4}{11}; \frac{2{,}3}{11}; \frac{3{,}7}{11}; \frac{7{,}4}{11}; \frac{11}{11} \right\} \cdot S_{EF,max} \tag{4.9}$$

Die diskreten Steuergrößen und Aktionen der einzelnen Agenten pro Zeitschritt $a_t$ reichen von der minimalen Ladeleistung eines EF mit 1,4 kW über eine ein- und zweiphasige Ladung bis zur maximalen Ladeleistung einer typischen Wallbox mit 11 kW.

Der Zustand $\boldsymbol{S}_{i,t}$ zum Zeitpunkt t ist pro Netzstrang $i$ als folgende Matrix nach (4.10) aufgebaut:

$$\mathbf{S}_{i,t} = [U_{t,j,L1} \quad U_{t,j,L2} \quad U_{t,j,L3} \quad \cdots \quad U_{t,k,L1} \quad U_{t,k,L2} \quad U_{t,k,L3} \quad t \quad d] \tag{4.10}$$

Der Zustand $\boldsymbol{S}_{i,t}$ enthält den Betrag der Knotenspannung $U_t$ jedes Knoten eines Stranges $j$ bis $k$ in drei Phasen L1, L2 und L3 eines Niederspannungsnetzes, zugeordnet zum jeweiligen Niederspannungsstrang, sowie die Uhrzeit $t$ und den Wochentag $d$.

Als spezifische Methodik des RL wird ein DDQN pro Agent definiert. Der beschriebene Zustand $\boldsymbol{S}_{i,t}$ und die Aktion $a_t$ bilden dazu den Q-Wert $Q_t$. Der Q-Wert $Q_{t+1}$ zum nächsten Zeitschritt $t+1$ wird anhand des aktuellen Status $\boldsymbol{S}_{i,t}$ durch ein ANN geschätzt. Das DDQN wird auf Grund der komplexen Struktur der elektrischen Netze und des daraus resultierende komplexe zu lösende MDP gewählt. Die Komplexität ergibt sich aus der Vielzahl an möglichen Zuständen und daraus resultierende Q-Werte als Zustands-Aktions-Paar, die in so einer Umgebung entstehen. Selbst bei kleinen Niederspannungsnetzen mit wenigen EFs wird es unmöglich, die Q-Werte händisch zu definieren und als Q-Table zu speichern, was bei einem DQN ein ANN übernimmt. Der Ansatz des DDQN wird durch ein weiteres sogenanntes Ziel-ANN beschrieben und dient der Erhöhung des Trainingserfolgs und der Verbesserung der Ergebnisse des DDQN. Die Änderung der Gewichte im ANN des DDQN wird anhand der Belohnung pro Trainingsiterationsschritt angepasst.

Die Belohnungsfunktion beschreibt die zu optimierende Größe im MDP. Die Definition geeigneter Belohnungsfunktionen hat großen Einfluss auf die Effektivität der mittels RL trainierten Agenten. Vor allem bei der Betrachtung mehrerer zu optimierender Hyperparameter und bei Verwendung multipler Belohnungsfunktionen müssen neben den geeigneten Belohnungsfunktionen der jeweils zu optimierenden Hyperparamater auch die multiplen Belohnungsfunktionen aufeinander abgestimmt werden. Auf Grund des ‚Black-Box'-Charakters der verwendeten tiefen MLs ist die Feinabstimmung der Funktionen aufeinander jedoch komplex und lässt sich nur mittels Trial and Error für die besten Belohnungsfunktionen ermitteln. Alle Agenten erhalten dieselbe Belohnung, sodass sie in Kooperation versuchen, das Optimum in jedem Zeitschritt zu erreichen. Als Belohnung $r_{ts}$ zum aktuellen Zeitschritt $t_s$ wird die Auslastung des Niederspannungs-Kabels der Zuleitung zum Transformator als normierte Auslastung des Quotienten der aktuellen Belastung $I_{ts,T}$ und der maximalen Auslastung des Kabels $I_{T,max}$ betrachtet. Die Belohnung bezüglich der Auslastung des BM $r_{ts,T}$ ist nach (4.11) definiert.

$$r_{ts,T} = \begin{cases} \text{wenn: } \frac{I_{ts,T}}{I_{T,max}} \geq 1{,}00 \text{ p.u.} = -250 \\ \text{wenn: } 1{,}00 \text{ p.u.} \geq \frac{I_{ts,T}}{I_{T,max}} \geq 0.75 \text{ p.u.} = -\left(\frac{I_{ts,T} - I_{T,max} \cdot 0{,}75}{I_{T,max} \cdot 0{,}75}\right)^2 \cdot 10 \\ \text{wenn:} 0{,}75 \text{ p.u.} \geq \frac{I_{ts,T}}{I_{T,max}} = \frac{I_{ts,T} - I_{T,max} \cdot 0{,}75}{I_{T,max}} \end{cases} \quad (4.11)$$

Die Formel, um die Belohnung zur BM-Auslastung $r_{ts,T}$ zu beschreiben, ist so definiert, dass es bis zu einer Auslastungsgrenze der Niederspannungszuleitung von 0,75 p.u. zum Transformator möglich ist, die Ladeleistung der EFs zu erhöhen. Je niedriger die Auslastung der Zuleitung ist, desto besser ist es, die Ladeleistung der EFs zu erhöhen. Bei einer Auslastung zwischen 0,75 p.u. und 1,00 p.u. sinkt die Belohnung, die die Agenten erhalten, exponentiell ab, sodass die Agenten die Ladeleistung exponentiell stärker reduzieren, je näher die Zuleitung der Überlastungsgrenze kommt. Wenn die Auslastung der Zuleitung 1,00 p.u. überschreitet, erhalten die Agenten pro Zeitschritt der Überlastung eine vergleichsweise niedrige Belohnung, sodass sie die Ladeleistung des jeweiligen EFs augenblicklich auf ein Minimum reduzieren sollen, solange diese Überlastung besteht. In Abb. 4.9 ist der graphische Verlauf der Belohnung über die Auslastung der Niederspannungszuleitung zum Transformator dargestellt.

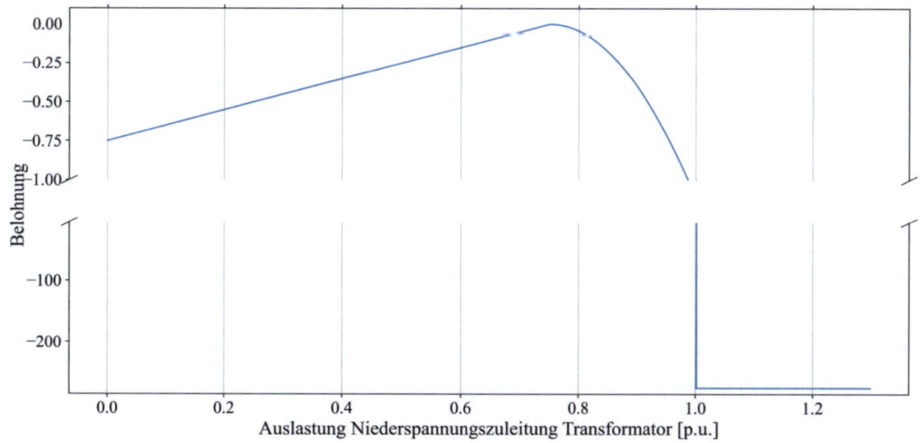


**Abb. 4.9:** Verlauf Belohnungsfunktion Auslastung Zuleitung Transformator

Die Belohnung bezüglich der Ladezeit der EFs $r_{ts,EF}$ wird nach (4.12) beschrieben.

$$r_{ts,EF} = -\left(\frac{\sum t_{s,EF,n} \cdot 10}{n_{EF}}\right) \quad (4.12)$$

Die Belohnung zur Reduzierung der Ladezeit der EFs $r_{ts,EF}$ ist durch die Summe an Ladezeit der EFs als lineare Funktion definiert. Die Ladezeit jedes Autos wird durch den Wechsel ihrer Ladestatus bestimmt. Die Ladezeit $t_{s,EF,n}$ aller EFs $n_{EF}$ wird aufsummiert und durch die Anzahl an EFs geteilt. Der Faktor 10 hat sich zur Gewichtung der Ladezeit der EFs im Verhältnis zur Auslastung der BMs im Niederspannungsstrang als am effektivsten erwiesen. Je größer die Ladezeit aller EFs im Netz ist, desto niedriger ist die Belohnung. Die Agenten lernen somit, die Ladezeiten kurz zu halten. Der graphische Verlauf der linearen Funktion der Belohnung zur EF-Ladezeit ist in Abb. 4.10 dargestellt.

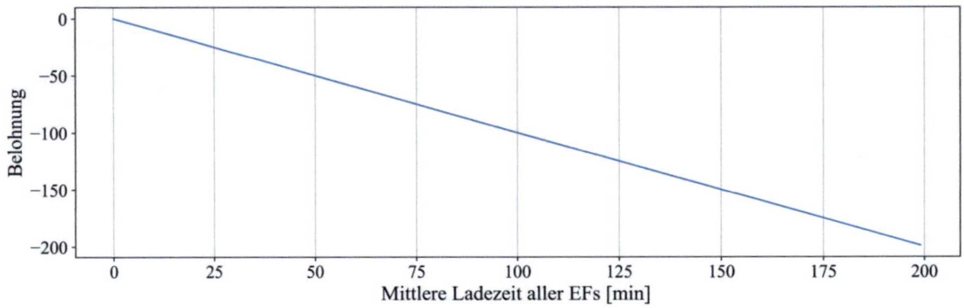


**Abb. 4.10:** Verlauf Belohnungsfunktion Ladezeit EFs

Die gesamte Belohnung $r_{ts,ges}$, die die Agenten pro Zeitschritt basierend auf ihrer Aktion erhalten, die nach dem Zustand des aktuellen Zeitschritts ausgeführt wird, ist die Summe aus der Belohnung zur Vermeidung von Überlastungen von BMs $r_{ts,T}$ im Niederspannungsnetz und der zur Reduzierung der Ladezeit der EFs $r_{ts,EF}$. Sie wird mit (4.13) beschrieben.

$$r_{ts,ges} = r_{ts,T} + r_{ts,EF} \tag{4.13}$$

Die Summanden der Belohnungen, die alle Agenten pro Zeitschritt erhalten, sind gegensätzlich zueinander. Für eine kurze Ladezeit muss die Ladeleistung hoch und für eine Vermeidung der Überlastung von BMs niedrig sein. Die Belohnungsfunktionen sind so definiert, dass die Überlastung der BMs stärker gewichtet wird als die schnelle Ladung der EFs, damit im Notfall bei hoher Auslastung der Zuleitung zum Transformator diese nicht zerstört wird und ein sicherer Netzbetrieb weiterhin gewährleistet wird.

Der sichere Netzbetrieb beim direkten Training des MA-Systems am elektrischen Netz kann gefährdet sein, da besonders zu Beginn der Trainingsphase die Aktionen zufällig gewählt werden und von den Agenten noch kein Zusammenhang zwischen Aktion, Zustand und Belohnung erlernt wurde. Deshalb wird das Training offline an einem Modell des zu betrachtenden Niederspannungsnetz durchgeführt. Die Umgebung ist als Simulation eines elektrischen Niederspannungsnetzes wie in Kapitel 3 beschrieben. Die Agenten werden in

Python programmiert und interagieren mit der in MATLAB/Simulink definierten Umgebung über den pro Ladepunkt implementierten Ladecontroller und steuern die Ladeleistung der einzelnen EFs. Das MA-System mit DDQN-Methodik wird immer über einen Tag trainiert. Es wird angenommen, dass für die Implementierung der µPMUs und die durchgeführte SE reale historische Daten aus dem Netz vorhanden sind, nachdem die SE für eine spezifische Zeit Daten generiert hat. Daher werden zum Training keine pseudo-historischen Spannungsdaten über zufällig generierte Lastprofile der HSHs und der EF-Ladung und mittels simulativ generierter Knotenspannungen wie für das Training des ANN zur SE verwendet.

Die verwendeten Hyperparameter müssen bei einem DDQN-Ansatz des RL in zwei Kategorien aufgeteilt werden, da bei dieser Methodik zwei verschiedene MLs gekoppelt werden: die Hyperparameter für das ANN zur Abschätzung der Q-Werte und das DDQN selbst. Beide Kategorien an Hyperparametern werden mittels des Trial-and Error-Verfahrens dimensioniert. Indem der Verlauf der Belohnung in Summe aller Agenten über die Lerniterationsschritte und der Test der Steuerung sowie deren Effektivität nach bestimmten Optimierungsparametern analysiert werden, werden die Hyperparameter iterativ optimiert. Der Grund dafür, dass hier nicht das zuvor beschriebene bayessche Optimierungsverfahren für Hyperparameter verwendet wird, liegt in der langen Rechendauer des Trainingsprozesses, der für gute Ergebnisse selbst bei einer hohen und optimierten Rechenleistung für künstliche Intelligenzen bis zu zwei Wochen in Anspruch nimmt. Wenn dazu zehn Einstellungsmöglichkeiten mittels bayesscher Regression betrachtet werden, würde die Rechenzeit mehrere Wochen betragen, bis die Agenten durch das Offline-Training fertig trainiert sind. Die finalen Hyperparameter für das ANN sind in Tab. 4.3 dargestellt.

**Tab. 4.3:** ANN Hyperparameter in DDQN Ansatz

| Hyperparameter | | Optimierungsbereich |
|---|---|---|
| Anzahl versteckter Schichten | | 2 |
| Anzahl Neuronen | Versteckte Schicht 1 | 300 |
| | Versteckte Schicht 2 | 300 |
| Aktivierungsfunktion | Versteckte Schicht | Sigmoid |
| | Ausgabeschicht | Linear |
| Lernrate | | $1 \cdot 10^{-3}$ |
| Batch Size | | 32 |

Die besten Ergebnisse werden mit den dargestellten Hyperparametern erzielt. Es wurden unter anderem auch komplexe Strukturen mit einer hohen Anzahl an Neuronen und versteckten Schichten geprüft, die nicht zu besseren Ergebnissen führen, jedoch die Rechenzeit des Trainingsprozesses erhöhten. Auch die Lernrate und die Aktivierungsfunktionen wurden in unterschiedlichen Anordnungen untersucht. Die Batchsize wurde mit 32 gewählt. Weitere Hyperparameter, zum Beispiel Drop-out-Schichten, wurden betrachtet, die die Ergebnisse des Trainingsprozesses der DDQN-Agenten jedoch nicht verbessert haben.

Die finale Parametrierung der Hyperparameter des DDQN ist in Tab. 4.4 dargestellt.

**Tab. 4.4:** DDQN Hyperparameter

| Hyperparameter | Optimierungsbereich |
|---|---|
| Aktualisierungsfrequenz Zielnetzwerk | 10 |
| Lernrate | 0,001 |
| Diskontfaktor | 0,99 |

Entsprechend der mathematischen Theorie von DDQNs ergeben sich zwei zentrale Hyperparameter, die den Lernerfolg des DDQN im Training beeinflussen: die Lernrate, ähnlich wie zuvor für das ANN beschrieben, und der Diskontfaktor, der beschreibt, ob ein DDQN ‚gierig' oder ‚nichtgierig' ist. Bei einem gierigen Ansatz, wenn der Diskontfaktor niedrig gewählt wurde, wird lediglich die möglichen Belohnungen zum unmittelbar nächsten Zeitschritt betrachtet. Bei einem hohen Diskontfaktor werden perspektivisch in der Zukunft liegende hohe Belohnungen ebenfalls berücksichtigt. Hier wird ein nichtgieriger Ansatz mit einem Diskontfaktor von 0,99 gewählt. Zusätzlich wird beim DDQN die Aktualisierungsfrequenz des Zielnetzwerkes betrachtet, mit der die Gewichte vom permanent trainierten Netzwerk zum Zielnetzwerk des DQN übertragen werden. Dabei wird eine Aktualisierungsfrequenz von 10 gewählt, was bedeutet, dass im Training das Zielnetzwerk nach zehn Lerniterationen aktualisiert wird.

## 4.3 Zusammenfassung

Die verwendete Methodik der SE mittels ANN, die auf pseudo-historischen Daten basiert, und die Methodik des DDQL-MA-Systems zur optimalen und autonomen Steuerung von EFs in einem Niederspannungsnetz wurden in Kapitel 4 beschrieben. In Abschnitt 4.1 wurde die SE mittels ANN im Detail vorgestellt und in Abschnitt 4.1.1 wurde vertieft, mit welcher Methode die Messeinheiten optimal im Niederspannungsnetz platziert werden, um für eine gewählte Anzahl an µPMUs das Maximum an Eingangsdaten für das ANN bereitzustellen. Die Wahl der Hyperparameter des ANN zur SE wurde in Abschnitt 4.1.2 geschildert. Dies erfolgte mittels eines bayesschen Regressionsmodells, mit dem in einem iterativen Prozess mit vorgegebenen Grenzen der Hyperparameter deren Optimum bestimmt wird. Die verwendete Methodik der MA-RL-Steuerung wurde in Abschnitt 4.2 wiedergegeben. Der Zustand ist als Menge der durch das ANN abgeschätzten Knotenspannungen aller Netzknoten zum aktuellen Zeitpunkt, der Zeit und des Wochentages definiert.

Die Aktionen jedes Agenten beziehen sich auf die Steuermöglichkeiten des jeweiligen Ladepunktes, dem er zugeordnet ist, und reichen von der minimalen Ladeleistung von 1,4 kW bis zur maximalen Ladeleistung von 11 kW. Die beiden Belohnungsfunktionen, nach denen im Training die Wahl der Aktionen – basierend auf dem aktuellen Zustand – durch die einzelnen Agenten erlernt wird, beziehen sich zum einem auf die Auslastung der Zuleitung zum Transformator und zum anderen auf die Ladezeit der EFs. Weiter wurden die Hyperparameter des ANN innerhalb des DDQNs und die Hyperparameter des DQNs selbst beschrieben

# 5 Optimierte Steuerung von EFs als MDP mittels MLs

Entsprechend der zuvor beschriebenen Methodik des MDP mit zuerst unbekanntem Zustand zur optimierten Ladung von EFs an privaten HSHs in einem Niederspannungsnetz, um Überlastungen von BMs zu reduzieren und zu vermeiden und gleichzeitig hohe Ladegeschwindigkeiten beizubehalten, wird diese Methodik folgend anhand eines beispielhaften Niederspannungsnetzes mit unterschiedlichen Szenarien untersucht. Beginnend wird das Niederspannungsnetz beschrieben. Anschließend wird die Platzierung der µPMUs in diesem Netz erläutert. Im nächsten Abschnitt werden die verschiedenen Verfahren zur Generierung der pseudo-historischen Trainingsdaten und darauf basierend die Genauigkeit der ANN-SE analysiert und verschiedene Anzahlen verwendeter µPMUs in den Szenarien untersucht. Abschließend wird die Effektivität der DDQN-Steuerung als MA-Ansatz geprüft und der Einfluss der Ungenauigkeit der Zustandsgenerierung durch das ANN auf diese evaluiert.

## 5.1 Modifiziertes Modell des CIGRE-Niederspannungsnetzes

Für die Lösung des MDP an einem beispielhaften Niederspannungsnetz wird als Basis das CIGRE-Referenznetz nach [109] verwendet und modifiziert. Der schematische Aufbau des Netzes ist in Abb. 5.1 dargestellt.

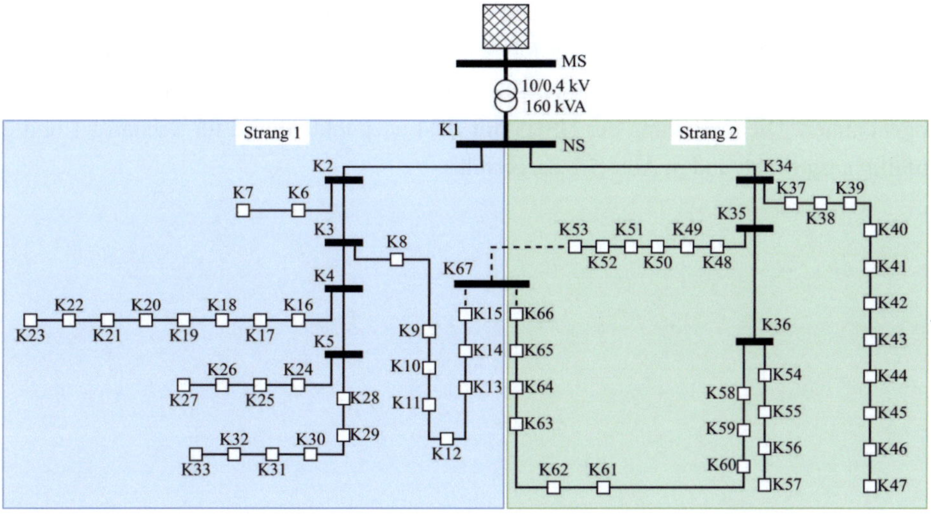


**Abb. 5.1:** Schematische Darstellung des betrachteten Niederspannungsnetzes

Das modifizierte CIGRE-Niederspannungsnetz besteht aus insgesamt 67 Knoten und 58 HSHs. Das Netz ist in zwei Niederspannungsstränge aufgeteilt. Der Knoten K1 beschreibt die Niederspannungssammelschiene in der Ortsnetzstation. Die Knoten K2, K3, K4, K5, K34, K35 und K36 sind als Kabelverteilerkästen definiert.

Die Nennscheinleistung des Transformators beträgt 160 kVA. Die Zuleitungen der beiden Stränge zum Transformator sind als NAYY 50 mm² mit einem thermischen Grenzstrom von 151 A ausgelegt. Sowohl die Zuleitungen als auch die Transformatorleistung sind nach der VDE-DIN 18015-1 dimensioniert, wonach eine Spitzenleistung pro HSH von 2,86 kVA für die Zuleitung zum Transformator und für den Transformator 1,76 kVA pro HSH angenommen werden. Die nicht durchgängige Verbindung von den Knoten K53, K15 und K66 zu K67 zeigt an, dass diese zwar an den Kabelverteilerkasten angeschlossen sind, aber die Verbindung freigeschaltet ist.

Die statistische Verteilung für HSHs mit PV-Anlagen für Deutschland von 11 % wird nach [118] angenommen und zufällig werden HSHs ausgewählt, die eine PV-Anlage besitzen. Die Spitzenleistungen der HSHs und der PV-Anlagen werden nach Kapitel 3.2 und 3.3 berechnet und ergeben Leistungen pro HSH, die für Strang 1 und Strang 2 im Anhang A.2 unter Tab. A. 8 aufgelistet sind.

Weiter werden drei Szenarien betrachtet, die sich durch den Anteil an HSHs mit EF-Ladeanlage von 11 kW unterscheiden. In Szenario 1 wird eine Durchdringung anhand der aktuellen Zulassungszahlen von PKWs und des Anteil an EFs nach Daten des Kraftfahrt-Bundesamtes (KBA) berechnet. Laut KBA beträgt der Anteil 13,3 % für das Jahr 2021. Für Szenario 2 wird eine Durchdringung mit EFs von 50 % und für Szenario 3 von 100 % angenommen. Die Verteilung der HSHs mit EF-Ladepunkten wird für Szenario 1 und 2 zufällig ausgewählt und in Abb. 5.2 dargestellt.

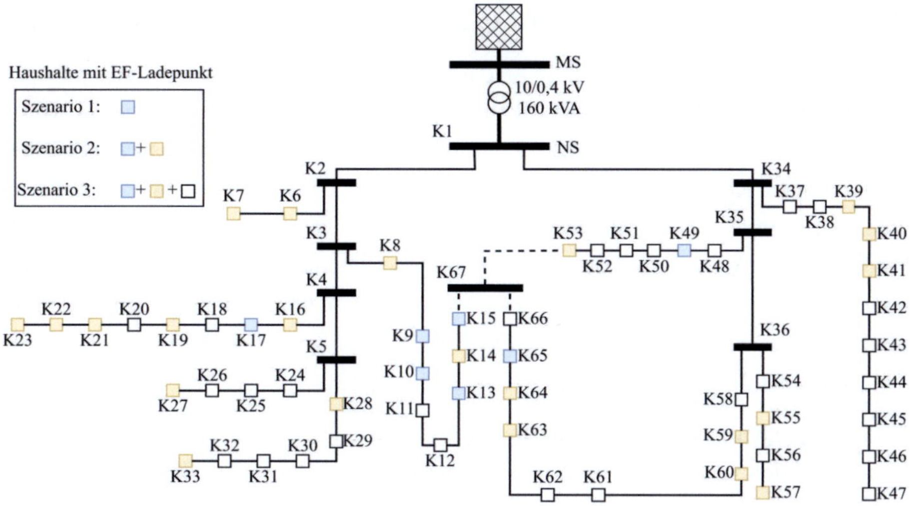


**Abb. 5.2:** Verteilung der HSHs mit EF für Szenario 1, Szenario 2 und Szenario 3

## 5.2 ANN-SE des CIGRE-Niederspannungsnetzes

Zur Lösung des MDPs zur optimalen Steuerung von privat ladenden EFs bei gleichzeitiger Vermeidung und Reduzierung von Überlastungen von BMs und unter Beibehaltung einer hohen Ladegeschwindigkeit ist der Zustand der Umgebung, in der die Agenten das MDP lösen, ein zentraler Bestandteil. Der Zustand als Menge aller Knotenspannungen eines beispielhaften Niederspannungsnetzes ist in der Regel unbekannt. Um diesen für das dargestellte modifizierte CIGRE-Niederspannungsnetz als Betrag der Knotenspannung aller Netzknoten zu erhalten, wird er nach beschriebener Methodik laut Kapitel 4.1 mittels ANN und µPMUs geschätzt. Im Folgenden wird analysiert, an welchen Netzknoten bei verschiedenen Anzahlen an µPMUs diese in das beispielhafte Netz platziert werden, um die höchste Anzahl an Eingabedaten für das ANN bereitzustellen. Weiter wird untersucht, mit welcher Methode der pseudo-historischen Messdatengenerierung sowie der nach bayesscher Regression optimal gewählten Hyperparameter des ANN die höchste Genauigkeit bei der Abschätzung des Betrags der Spannung erfolgt. Abschließend wird die Genauigkeit der Abschätzung der Knotenspannung durch das ANN bei den verschiedenen Anzahlen an µPMUs in den drei definierten Szenarien mit unterschiedlicher Durchdringung an EFs anhand des CIGRE-Niederspannungsnetzes erprobt.

### 5.2.1 Optimale µPMU Platzierung am CIGRE Niederspannungsnetz

Nach Kapitel 4.1.1 wird die optimale Platzierung von µPMUs am beispielhaften modifizierten CIGRE-Niederspannungsnetz betrachtet, um die maximale Anzahl an messtechnisch zu erfassenden Netzknoten mit einer möglichst wirtschaftlichen Auslegung im Verhältnis zwischen Kosten der Messtechnik gegenüber den beobachtbaren Netzknoten zu erhalten. Die so durch die µPMUs generierten Messdaten werden als Eingabedaten für die SE mittels eines ANN verwendet. Für die optimale Platzierung der Messtechnik an den Netzknoten in einem Niederspannungsnetz werden nur Netzknoten ausgewählt, an denen eine technische Implementierung ohne erhöhten Aufwand möglich ist. Das sind in erster Linie die Knoten K1, K2, K3, K4, K5, K34, K35 und K36.

Für das beispielhafte Niederspannungsnetz ergibt sich – beschrieben in Tab. 5.1 – folgende optimale Platzierung der µPMUs für ein bis vier Einheiten der verwendeten Messtechnik.

**Tab. 5.1:** Optimale µPMU-Platzierung für beispielhaftes Niederspannungsnetz

| Anzahl µPMUs | Netzknoten mit µPMUs | Messtechnisch erfasste Netzknoten | Beobachtbarkeit des Netzes |
|---|---|---|---|
| 1 | K1 | K1, K2, K34 | 4,55 % |
| 2 | K1, K4 | K1, K2, K3, K4, K5, K16, K34 | 10,61 % |
| | K1, K5 | K1, K2, K4, K5, K24, K28, K34 | |
| | K1, K36 | K1, K2, K34, K35, K36, K54, K58 | |
| 3 | K1, K4, K36 | K1, K2, K3, K4, K5, K16, K34, K35, K36, K54, K58 | 16,67 % |
| | K1, K5, K36 | K1, K2, K4, K5, K24, K28, K34, K35, K36, K54, K58 | |
| 4 | K1, K2, K4, K36 | K1, K2, K3, K4, K5, K6, K16, K34, K35, K36, K54, K58 | 18,18 % |
| | K1, K3, K4, K36 | K1, K2, K3, K4, K5, K8, K16, K34, K35, K36, K54, K58 | |
| | ... | ... | |
| | K1, K5, K34, K36 | K1, K2, K4, K5, K24, K28, K34, K35, K36, K37, K54, K58 | |

Ab dem Einsatz von vier µPMUs steigt die Beobachtbarkeit des beispielhaften Netzes lediglich um einen weiteren Knoten an und die möglichen Varianten steigen exponentiell.

Weiter wird nun betrachtet, bei welcher Anzahl an gewählter Messtechnik ein gutes Verhältnis zwischen der Menge an messtechnisch erfassten Knoten und eingesetzten µPMUs erreicht wird , sodass wirtschaftliche Faktoren für das beispielhafte Netz erfüllt werden. Dazu wird das Verhältnis zwischen Investitionskosten der Messtechnik und prozentualer

Beobachtbarkeit des Netzes bei gewählter Anzahl an µPMUs bestimmt, das in Abb. 5.3 dargestellt ist. Es werden Investitionskosten pro µPMU von 500 € und fixe Kosten pro Auslegungsvariante von 150 € angenommen, was ungefähr den Material- und den Hardwarekosten laut [119] entspricht.

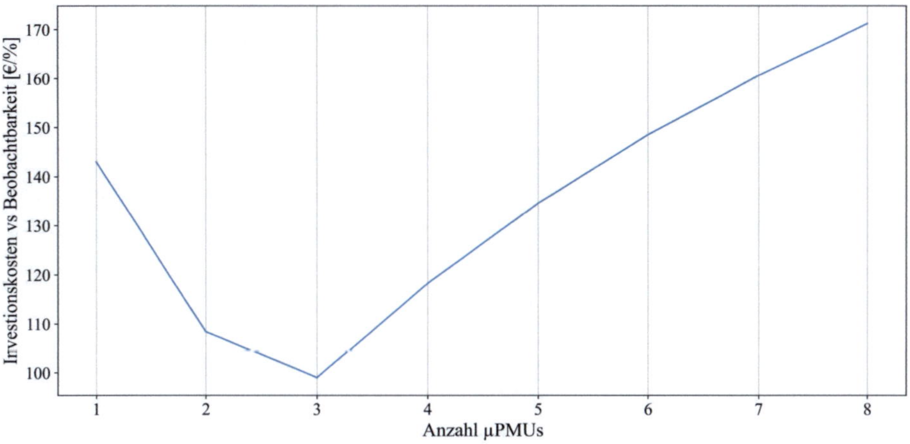


**Abb. 5.3:** Verhältnis zwischen Investitionskosten µPMUs und prozentualer Beobachtbarkeit des Netzes nach Anzahl an eingesetzten µPMUs

Ein gutes Verhältnis von prozentualer Beobachtbarkeit und Investitionskosten für das beispielhafte Niederspannungsnetz wird bei einer bis vier eingesetzten µPMUs erreicht. Das Optimum ist bei einer Anzahl von drei µPMUs gegeben, wobei die Investitionskosten im Verhältnis zur prozentualen Beobachtbarkeit bei 99 €/% liegen. Ab fünf µPMUs beträgt das Verhältnis 135 €/%. Da jedoch die Genauigkeit der SE mittels ANN und nicht nur das Maximum an gemessenen Netzknoten betrachtet wird, muss für die unterschiedlichen Mengen an µPMUs die Genauigkeit der SE untersucht werden, bevor eine finale µPMU-Platzierung im Netz erfolgt. Pro Anzahl an verwendeten µPMUs werden mögliche Platzierungsvarianten durch den Algorithmus generiert, bei denen die prozentuale Beobachtbarkeit des Netzes gleich ist. Daher gilt es zu untersuchen, welche Variante, die pro Anzahl an µPMUs durch den Platzierungsalgorithmus generiert wird, die höchste Genauigkeit bei der SE erreicht.

### 5.2.2 Analyse der Methoden zur Generierung pseudo-historischer Daten

Anhand des beschriebenen modifizierten CIGRE-Niederspannungsnetzes wird für die drei definierten Szenarien mit unterschiedlicher Durchdringung an EF-Ladepunkten untersucht, mit welchen nach Kapitel 3 definierten Verläufen und Algorithmen zur Generierung von pseudo-historischen Daten die höchste Genauigkeit einer SE mittels ANN im Softwaremodell des CIGRE-Referenznetzes erreicht wird. Die Generierung der HSH-Verläufe unterteilt sich in vollständig zufällige Verläufe, einen nach der CIGRE für HSHs definierten Referenzverlauf und die MC-Simulation. Die Ladeverläufe der EFs sind nach den Zufallsalgorithmen ZFA 1 bis ZFA 3 beschrieben, wobei der erste ein grundlegend zufälliger Ladeverlauf, der zweite ein nach typischen Ladezeiten gewichteter Zufallsalgorithmus und der dritte ein Verlauf ist, der auf den Profilen der generierten Typ-Menschen mit EFs basiert. Es wird die Genauigkeit bei einer, zwei, drei und vier µPMUs ermittelt. Zur Bestimmung der Algorithmenkombination der EF-Lade- und der HSH-Lastverläufe zur Generierung pseudo-historischer Spannungsdaten mittels Simulation wird jeweils eine der zuvor ermittelten Varianten zur Platzierung der µPMUs mit unterschiedlicher Anzahl ausgewählt.

Dazu werden die Hyperparameter des ANN nach der bayesschen Optimierung bestimmt. Dies erfolgt für jede Kombination der Methoden zur Generierung der Trainingsdaten für HSHs und EFs und jedes Szenario mit unterschiedlicher Anzahl an EFs. Die bayessche Optimierung der Hyperparameter stellt sicher, dass eine suboptimale Auswahl der Hyperparameter bei den ANNs ausgeschlossen wird. Als Maß dafür, ob die Auslegung der Hyperparameter und die Kombination der Lastverläufen von HSH und EFs zur Generierung der pseudo-historischen Trainingsdaten optimal sind, wird der MSE der Validierungsverläufe analysiert. Beim MSE werden lediglich die abgeschätzten Knotenspannungen und nicht die durch die µPMUs gemessenen fehlerfreien Spannungen betrachtet. Anders als bei den pseudo-historischen Trainingsdaten werden keine zufälligen HSH- und EF-Verläufe oder Referenzverläufe für die Validierung verwendet, sondern die nach den Kapiteln 3.2 und 3.4 beschriebenen individuell generierten Lastverläufe von HSHs und EF-Ladung, die einen zeitlichen Wochenlastgang repräsentieren. Für die PV-Anlagen werden keine pseudo-historischen Daten, sondern historische Messdaten herangezogen. Dies gilt sowohl für die Trainings als auch für die Validierungsverläufe. Es wird der Betrag der Leiter-Leiter-Spannung im Niederspannungsnetz mit einer Nominalspannung von 400 V in drei Phasen betrachtet.

Beginnend wird ein vollständig zufälliger Verlauf der HSH-Lasten in Kombination mit unterschiedlichen EF-ZFAs, unterschiedlicher Anzahl an µPMUs und Szenarien mit verschiedenen Anteilen an EFs im beschriebenen Niederspannungsnetz hinsichtlich der Genauigkeit des abgeschätzten Betrags der Knotenspannung mittels ANN untersucht. Abb. 5.4 stellt den Vergleich der Genauigkeit der Spannung als MSE in $V^2$ dar.

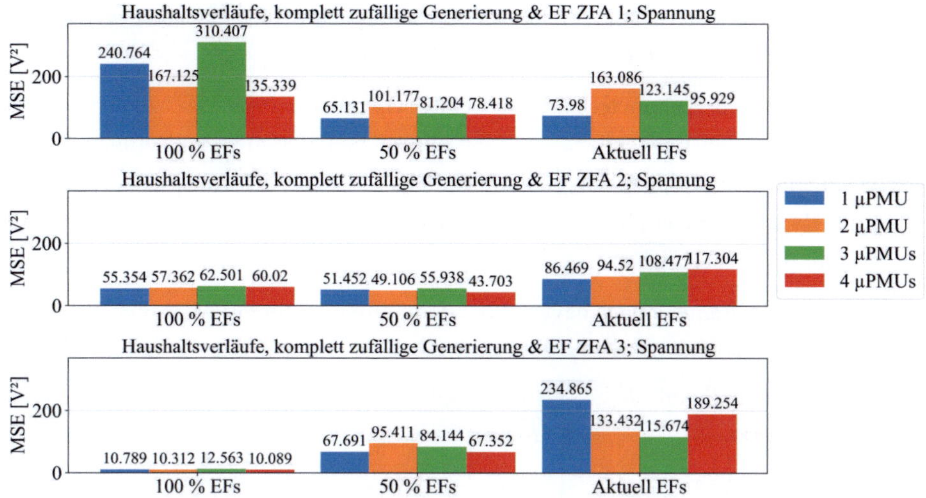


**Abb. 5.4:** Vergleich MSE Knotenspannung, zufällig generierten HSH-Verläufe, verschiedene EF ZFAs, Anteile an EFs und Anzahl an µPMUs

Durch die Kombination von vollständig zufällig generierten HSH-Lasten mit den drei Zufallsalgorithmen zur Erstellung der Verläufe der Trainingsdaten der EF-Ladung entstehen als MSE hohe Abweichungen im Mittel der Abschätzung der Knotenspannung. Die Anzahl an verwendeten µPMUs beeinflusst die Genauigkeit der Abschätzung in der Regel nicht. Der Grund dafür ist der zufällige Verlauf der HSH-Lasten, wodurch das ANN im Training keinen Zusammenhang zwischen den Eingangsdaten als Messung der µPMUs und den Ausgangsdaten der abzuschätzenden Knotenspannungen im Niederspannungsnetz herstellen kann. Die Daten sind zusammenhangslos zufällig, sodass das ANN keine Korrelation zwischen Eingangs- und Ausgangsdaten herstellen kann. Beim Szenario mit 100 % EFs und unter Verwendung des ZFA 1, der ebenfalls durch zufällige Ladeverläufe der EFs beschrieben wird, liegt die quadratische Abweichung zwischen 135,339 $V^2$ und 310,407 $V^2$, was einer mittleren Spannungsabweichung von mehr als 11 V bis 17 V entspricht. Durch den zufälligen Verlauf beim ZFA 1 steigt die Genauigkeit bei einem sinkenden Anteil an EFs. Bei der Verwendung des ZFA 2 und des ZFA 3 sinkt hingegen die Genauigkeit bei einer geringeren Anzahl an EFs im betrachteten Niederspannungsnetz. Bei Verwendung eines vollständig zufälligen HSH-Lastverlaufs wird die höchste Genauigkeit hier mit der Kombination aus ZFA 3, vier µPMUs und einem Anteil von 100 % EFs mit einem MSE von 10,089 $V^2$ erreicht, was einer mittleren Spannungsabweichung von 3,176 V entspricht. Vor allem beim ZFA 3 der EFs verringert sich die Genauigkeit bei sinkendem Anteil an EFs im Niederspannungsnetz deutlich. Mit dieser Art, pseudo-historische Daten zu generieren, wird keine Allgemeingültigkeit bei verschiedenen Szenarien und Anteilen an EFs mit der SE mittels ANN erreicht.

Die Auswahl der Hyperparameter nach bayesscher Optimierung zur Abschätzung des Betrags der Spannung bei Verwendung eines zufälligen HSH-Verlaufes in Kombination mit unterschiedlichen Algorithmen der Verläufe der EFs ist in Tab. 5.2 beschrieben. Die Auslegung der Hyperparameter aller analysierten ANNs zur SE sind im Anhang A.3 in Tab. A. 9 bis Tab. A. 17 beschrieben.

**Tab. 5.2:** Hyperparameter nach bayesscher Optimierung bei vier µPMUs und HSH-Verläufe nach komplettem Zufall

| | HSH Zufall und EF ZFA 1 | | | HSH Zufall und EF ZFA 2 | | | HSH Zufall und EF ZFA 3 | | |
|---|---|---|---|---|---|---|---|---|---|
| | 100 % | 50 % | Aktuell | 100 % | 50 % | Aktuell | 100 % | 50 % | Aktuell |
| Schicht 1 | 5000 Linear 0,5 | 5000 Sigmoid 0,2 | 5000 Linear 0,5 | 5000 Relu 0,5 | 800 Sigmoid 0,5 | 5000 Relu 0,2 | 5000 Relu 0,2 | 3900 Sigmoid 0,3 | 5000 Relu 0,5 |
| Schicht 2 | 800 Linear 0,5 | 3000 Linear 0,0 | 2400 Linear 0,5 | 500 Sigmoid 0,5 | 3000 Linear 0,1 | 2600 Linear 0,5 | 500 Relu 0,0 | 1000 Relu 0,2 | 3000 Linear 0,5 |
| Schicht 3 | 1500 Relu 0,5 | 700 Linear 0,4 | 1500 Linear 0,5 | 1000 Linear 0,5 | 300 Linear 0,0 | 300 Linear 0,2 | 300 Linear 0,0 | 1400 Linear 0,2 | 1500 Linear 0,5 |
| Schicht 4 | 200 Linear 0,5 | 1000 Relu 0,5 | 1000 Linear 0,3 | 1000 Linear 0,4 | 1000 Linear 0,5 | 600 Relu 0,5 | 500 Linear 0,0 | 400 Linear 0,3 | 200 Linear 0,5 |
| Lernrate | 0,0009 | 0,0009 | 0,0009 | 0,0009 | 0,0009 | 0,0005 | 0,0009 | 0,0007 | 0,0009 |

Zusammenfassend sind die unterschiedlichen parametrierten Hyperparameter für die jeweiligen Schichten in Abb. 5.5 dargestellt. Aufgeteilt sind sie in versteckte Schichten, verwendete Neuronen, Aktivierungsfunktionen und Drop-out-Rate. Es wird beispielhaft eine Anzahl von vier µPMUs betrachtet.

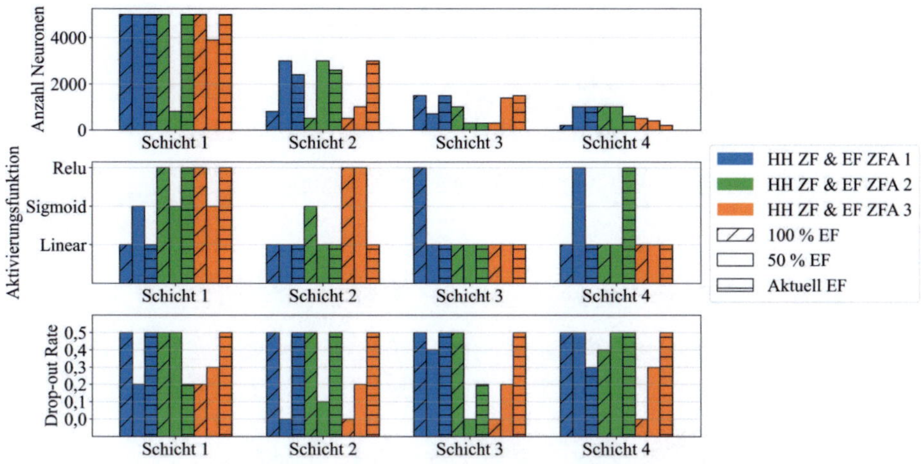


**Abb. 5.5:** Auswahl Hyperparameter Abschätzung Betrag der Spannung nach bayesscher Optimierung der ANN Schichten bei Verwendung zufälliger HSH-Verläufe, unterschiedliche EF ZFAs und Szenarien

Die Menge an gewählten versteckten Schichten durch den Algorithmus liegt immer beim Maximum von vier versteckten Schichten. Die Hyperparameter werden ähnlich für die Gruppe der Szenarien oder der verwendeten EF-Algorithmen parametriert. In der Regel wird das Maximum an Neuronen pro Schicht nach Tab. 4.2 verwendet. In Schicht eins werden vornehmlich Relu und Sigmoid und in den anderen Schichten Linear als Optimum der Aktivierungsfunktion durch den Algorithmus definiert. Die Drop-out-Rate variiert je nach Schicht, wird jedoch häufig mit der maximalen Rate von 0,5 beschrieben.

Folgend werden zur Generierung der pseudo-historischen Trainingsdaten die Kombinationen aus dem CIGRE-Referenzprofil für Lastverläufe von HSHs und die unterschiedlichen EF-ZFA betrachtet. Dazu wird erneut die Genauigkeit der Abschätzung durch das ANN des Betrags der Knotenspannung der einzelnen Phasen als MSE analysiert. Der MSE für unterschiedliche Mengen an verwendeten μPMUs und Szenarien mit unterschiedlichen Anteilen an EFs sind in Abb. 5.6 dargestellt.

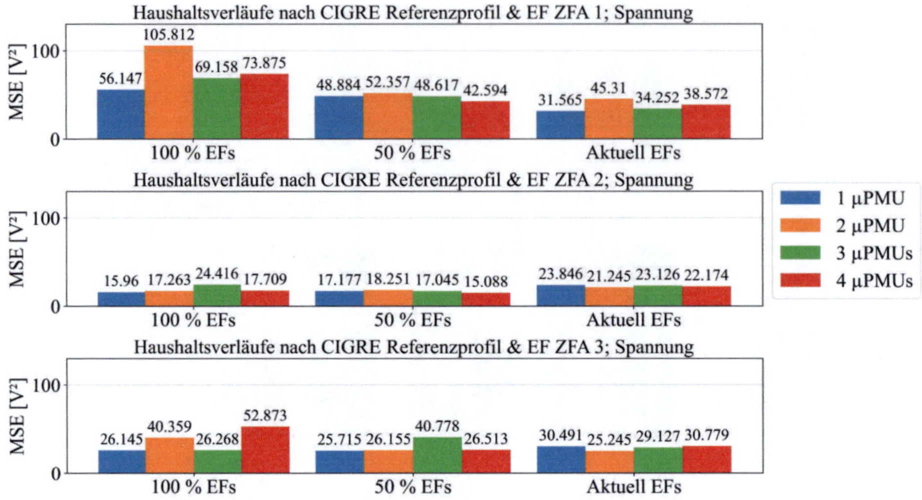


**Abb. 5.6:** Vergleich MSE Knotenspannung, HSH-Verläufe nach CIGRE-Referenzprofil, verschiedene EF ZFAs, Anteile an EFs und Anzahl an µPMUs

Anders als bei den zuvor betrachteten Genauigkeiten als MSE des Betrags der Knotenspannung hat der Anteil an EFs bei Verwendung des CIGRE-Referenzprofils für HSHs in Kombination mit verschiedenen EF-ZFAs keinen merklichen Einfluss auf die Genauigkeit, genauso wie die unterschiedliche Anzahl verwendeter µPMUs als Eingangsdaten des ANN. Lediglich bei Betrachtung des zufälligen EF-Verlaufes durch den ZFA 1 steigt die Genauigkeit bei einem geringeren Anteil an EFs. Dadurch wird eine bessere Allgemeingültigkeit zur Abschätzung des Betrags der Knotenspannung mittels ANN für verschiedene Anteile an EFs im betrachteten Niederspannungsnetz erreicht als beim zuvor analysierten zufälligen HSH-Verlauf-Algorithmus. Im Mittel ist die Genauigkeit der Abschätzung des Betrags der Spannung als MSE in allen Szenarien und mit allen EF-ZFA höher als bei der zuvor untersuchten Art zur Generierung der pseudo-historischen Trainingsdaten. Lediglich bei einem Anteil von 100 % EFs und unter Verwendung des ZFA 3 der EF-Lastverläufe ist die Genauigkeit geringer und liegt bei einer mittleren quadratischen Abweichung von 26,145 $V^2$ bis 52,873 $V^2$.

Die Definition der Hyperparameter mittels bayesscher Regression bei Betrachtung des CIGRE-Referenzprofils in Kombination mit unterschiedlichen EF-ZFAs ist in Tab. 5.3 aufgelistet.

**Tab. 5.3:** Hyperparameter nach bayesscher Optimierung bei vier µPMUs und HSH-Verläufe nach CIGRE Referenzlastprofil

| | HSH CIGRE Profil und EF ZFA 1 | | | HSH CIGRE Profil und EF ZFA 2 | | | HSH CIGRE Profil und EF ZFA 3 | | |
|---|---|---|---|---|---|---|---|---|---|
| | 100 % | 50 % | Aktu-ell | 100 % | 50 % | Aktu-ell | 100 % | 50 % | Aktu-ell |
| Schicht 1 | 2100<br>Linear<br>0,5 | 3500<br>Sigmoid<br>0,4 | 5000<br>Linear<br>0,2 | 2200<br>Sigmoid<br>0,1 | 500<br>Linear<br>0,0 | 1200<br>Sigmoid<br>0,1 | 5000<br>Relu<br>0,1 | 400<br>Linear<br>0,4 | 5000<br>Relu<br>0,0 |
| Schicht 2 | 3000<br>Relu<br>0,5 | 3000<br>Sigmoid<br>0,0 | 1700<br>Linear<br>0,0 | 2800<br>Relu<br>0,5 | 500<br>Relu<br>0,5 | 1000<br>Relu<br>0,2 | 2500<br>Linear<br>0,5 | 1500<br>Linear<br>0,5 | 3000<br>Linear<br>0,5 |
| Schicht 3 | 900<br>Linear<br>0,5 | 1500<br>Linear<br>0,5 | 1500<br>Linear<br>0,5 | 600<br>Relu<br>0,2 | 600<br>Relu<br>0,0 | 600<br>Relu<br>0,3 | 300<br>Linear<br>0,5 | 500<br>Linear<br>0,0 | 300<br>Linear<br>0,0 |
| Schicht 4 | 200<br>Linear<br>0,3 | 1000<br>Relu<br>0,5 | 1000<br>Relu<br>0,1 | 700<br>Linear<br>0,2 | 200<br>Linear<br>0,5 | 300<br>Relu<br>0,3 | 1000<br>Linear<br>0,0 | 900<br>Relu<br>0,2 | 1000<br>Relu<br>0,5 |
| Lernrate | 0,0009 | 0,0009 | 0,0003 | 0,0005 | 0,0009 | 0,0009 | 0,0001 | 0,0007 | 0,0009 |

Durch den Algorithmus werden immer vier versteckte Schichten für das ANN ausgewählt. Bei der Anzahl an Neuronen und der Drop-out-Rate pro Schicht sind teils klare Unterschiede in den verschiedenen Szenarien mit Anteilen an EFs und in den Kombinationen mit den unterschiedlichen EF-ZFAs durch den Optimierungsalgorithmus parametriert. Lediglich bei der Wahl der Aktivierungsfunktion sind Zusammenhänge bei der Wahl der Hyperparameter zu erkennen. Die Ergebnisse sind in Abb. 5.7 dargestellt.

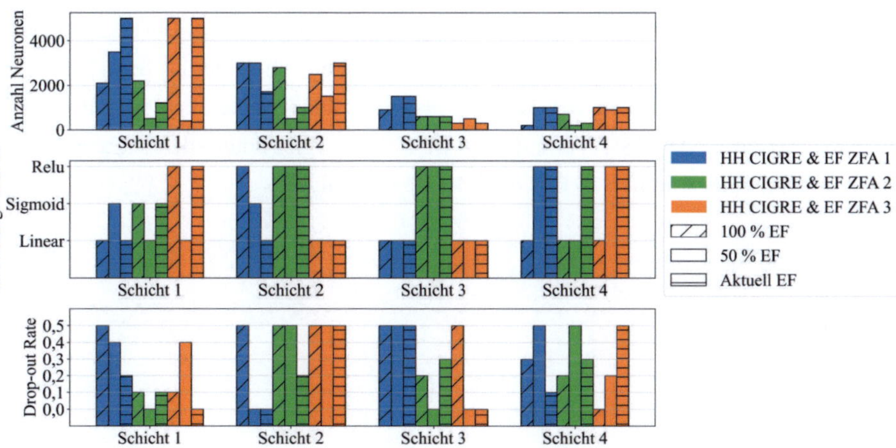


**Abb. 5.7:** Auswahl Hyperparameter Abschätzung Betrag der Spannung nach bayesscher Optimierung der ANN Schichten bei Verwendung CIGRE Referenzprofil für HSH, unterschiedliche EF ZFAs und Szenarien

In Abb. 5.8 wird der MSE der abgeschätzten Knotenspannung mit optimal ausgelegten Hyperparametern für eine unterschiedliche Anzahl an im Niederspannungsnetz implementierten µPMUs, den drei beschriebenen Szenarien mit unterschiedlichen Anteilen an EF-Ladepunkten unter den HSHs sowie den HSH-Verläufen mittels MC-Simulation in Kombination mit den drei unterschiedlichen Algorithmen zur Generierung der EF-Verläufe dargestellt. Bei der Verwendung des ZFA 1 für EFs ist zu erkennen, dass sich bei einer erhöhten Anzahl an Messpunkten im elektrischen Netz die Genauigkeit der Abschätzung der Knotenspannung nicht verbessert. Dies liegt an den zufälligen Ladeverläufen der EFs. Wie zu erkennen ist, steigt die Genauigkeit hier bei unterschiedlicher Anzahl an µPMUs mit den Szenarien an, je weniger EFs im elektrischen Netz implementiert sind. Das deutet darauf hin, dass die Ladung der EFs zu zufällig erfolgt, sodass das ANN keinen Zusammenhang in den generierten Trainingsdaten erkennen kann, und dass bei sich weniger zufällig verhaltenen EFs die Genauigkeit steigt. Die mittlere Spannungsabweichung liegt bei einem Anteil von 100 % EFs als Wurzel des MSE bei über 5 V. Bei Verwendung des ZFA 2 werden in Kombination mit der MC-Simulation für die HSH-Verläufe die besten Ergebnisse erzielt. Die Genauigkeit der abgeschätzten Knotenspannung steigt mit einer höheren Anzahl an µPMUs und der daraus resultierenden Menge an Eingabedaten. Anders als beim verwendeten ZFA 1 sinkt bei Verwendung des ZFA 2 und des ZFA 3 in Kombination mit der MC-Simulation für die HSH-Verläufe die Genauigkeit bei einer sinkenden Anzahl an EFs im elektrischen Niederspannungsnetz. Die maximale Genauigkeit wird beim ZFA 2 im Mittel von 1,631 $V^2$ als MSE und 1,277 V als mittlere Abweichung erreicht. Bei Verwendung des ZFA 3 ist die Genauigkeit bei 100 % und 50 % EFs niedriger als beim ZFA 1, jedoch höher als bei der aktuellen Durchdringung an EFs von 13 %. Bei allen Szenarien und verwendeten Anzahlen an µPMUs ist die Genauigkeit schlechter als beim ZFA 2 und erreicht einen maximalen Wert von 2,842 $V^2$ als MSE. Die Kombination aus MC-Simulation zur Generierung der HSH-Verläufe und EF-ZFA 2 ergibt unter allen betrachteten Varianten und bei allen Anteilen an EFs die höchste Genauigkeit.

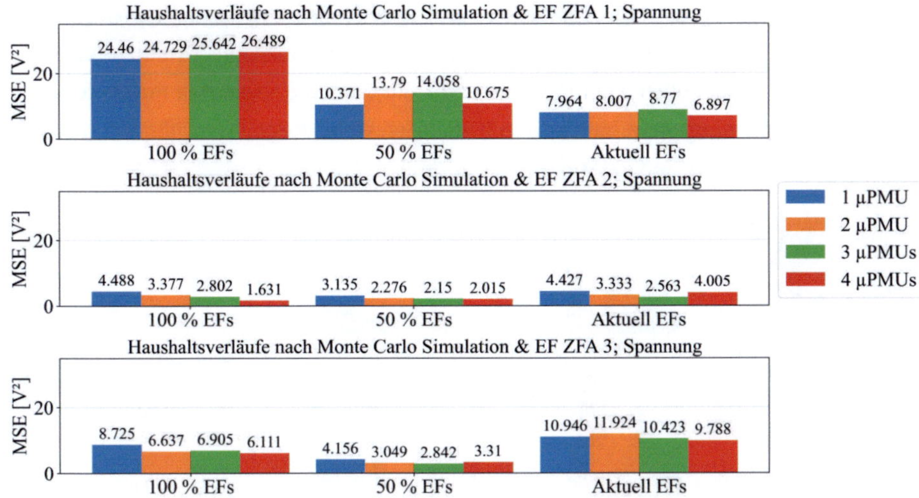


**Abb. 5.8:** Vergleich MSE Knotenspannung, HSH-Verläufe nach MC-Simulation, verschiedene EF ZFA, Anteile an EFs und Anzahl an µPMUs

Beispielhaft werden folgend die durch den bayesschen Optimierungsalgorithmus in Regression ermittelten Hyperparameter für die unterschiedlichen Szenarien und Kombinationen zwischen MC-Simulation und EF-Algorithmen für vier µPMUs in Tab. 5.4 beschrieben.

**Tab. 5.4:** Hyperparameter nach bayesscher Optimierung bei vier µPMUs und HSH-Verläufe nach MC-Simulation

| | HSH Monte Carlo und EF ZFA 1 | | | HSH Monte Carlo und EF ZFA 2 | | | HSH Monte Carlo und EF ZFA 3 | | |
|---|---|---|---|---|---|---|---|---|---|
| | 100 % | 50 % | Aktuell | 100 % | 50 % | Aktuell | 100 % | 50 % | Aktuell |
| Schicht 1 | 5000<br>Sigmoid<br>0,0 | 4600<br>Sigmoid<br>0,0 | 500<br>Linear<br>0,0 | 500<br>Linear<br>0,0 | 5000<br>Linear<br>0,0 | 500<br>Relu<br>0,0 | 5000<br>Relu<br>0,5 | 500<br>Linear<br>0,5 | 500<br>Linear<br>0,0 |
| Schicht 2 | 600<br>Linear<br>0,5 | 3000<br>Linear<br>0,5 | 500<br>Linear<br>0,0 | 2000<br>Relu<br>0,0 | 500<br>Relu<br>0,0 | 3000<br>Relu<br>0,5 | 3000<br>Sigmoid<br>0,2 | 500<br>Relu<br>0,0 | 3000<br>Linear<br>0,0 |
| Schicht 3 | 300<br>Relu<br>0,5 | 300<br>Relu<br>0,0 | 300<br>Linear<br>0,0 | 300<br>Relu<br>0,0 | 300<br>Linear<br>0,0 | 300<br>Linear<br>0,0 | 900<br>Relu<br>0,0 | 1500<br>Relu<br>0,0 | 1500<br>Linear<br>0,0 |
| Schicht 4 | 200<br>Linear<br>0,5 | 1000<br>Linear<br>0,0 | 1000<br>Linear<br>0,5 | 1000<br>Linear<br>0,0 | 1000<br>Linear<br>0,0 | 200<br>Relu<br>0,0 | 200<br>Linear<br>0,0 | 200<br>Relu<br>0,0 | 200<br>Relu<br>0,5 |
| Lernrate | 0,0001 | 0,0005 | 0,0009 | 0,0009 | 0,0009 | 0,0001 | 0,0007 | 0,0009 | 0,0009 |

Bei der Parametrierung der Hyperparameter gibt es teilweise Gemeinsamkeiten. So sind die Hyperparameter pro versteckter Schicht im ANN für gemeinsame Arten zur Generierung der pseudo-historischen Trainingsdaten oder für ähnliche Szenarien mit Anteilen an EFs im Niederspannungsnetz häufig durch die bayessche Regression ähnlich gewählt. Diese Gemeinsamkeiten sind in Abb. 5.9 dargestellt.

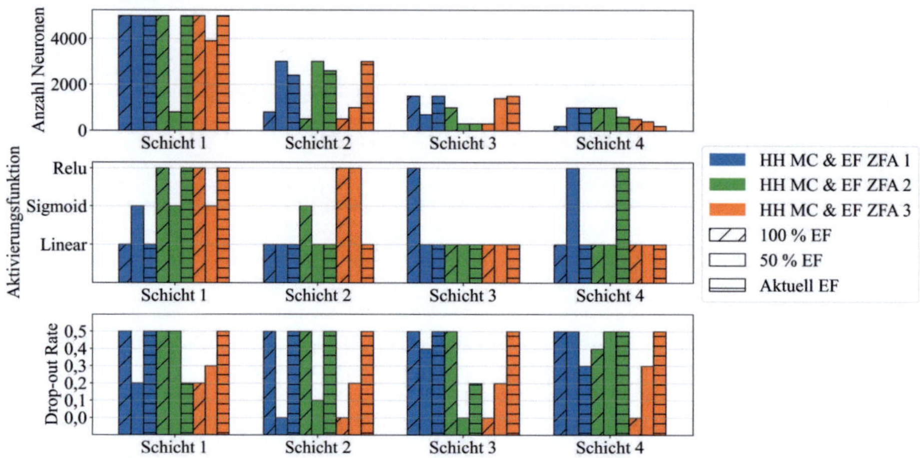


**Abb. 5.9:** Auswahl Hyperparameter Abschätzung Betrag der Spannung nach bayesscher Optimierung der ANN Schichten bei Verwendung MC-Simulation für HSH, unterschiedliche EF ZFA und Szenarien

Der Optimierungsalgorithmus definiert die nach Tab. 4.2 beschriebenen maximalen Grenzen der Anzahl an Neuronen. In der ersten Schicht wird die Aktivierungsfunktion in der Regel als Sigmoid oder als Relu und in den folgenden Schichten als linear betrachtet. Die Drop-out-Rate wird mit einer geringen Anzahl an EFs höher gesetzt.

Als beste Methode zur Generierung der pseudo-historischen Trainingsdaten ergibt sich die Kombination aus MC-Simulation für die HSH-Verläufe und für den Verlauf der Ladung der EFs mit ZFA 2. Folgend gilt es, aus der Vielzahl an Platzierungsvarianten bei unterschiedlicher Anzahl an verwendeten µPMUs die Variante herauszufiltern, bei der die höchste Genauigkeit der SE mittels ANN erreicht wird.

### 5.2.3 Analyse ANN SE bei unterschiedlichen Anteilen an EFs

Die Genauigkeit des ANN bei der Abschätzung des Betrags der Knotenspannung wird analysiert, um die generelle Effektivität und die Genauigkeit der beschriebenen Methodik zu beurteilen. Dazu wird ein ANN pro Platzierungsvariante und pro Anzahl an µPMUs für das Szenario 1, das die aktuelle prozentuale Verteilung an HSHs mit EFs beschreibt, für das beispielhafte Niederspannungsnetz trainiert. Anschließend wird die beste Kombination aus der Anzahl an µPMUs und der dazugehörigen Platzierungsvariante bestimmt. Für die Szenarien 2 und 3, mit höheren Anteilen an EFs, wird ebenfalls die Anzahl an µPMUs und eine entsprechende Platzierungsvariante gewählt, die sich bei der aktuellen Durchdringung an EFs ergibt. Dadurch ist eine Skalierbarkeit des Systems bei perspektivisch steigendem Anteil an EFs gegeben. Da der Trainingsprozess zur Definition der einzelnen Gewichte zwischen den Verbindungen der Neuronen zufallsbehaftet ist, werden alle Platzierungsvarianten mehrfach trainiert. Der Trainingsprozess einer Platzierungsvariante eines ANN zur Abschätzung des Betrags der Knotenspannung bei Verwendung von vier µPMUs für die aktuelle Verteilung an EFs ist in Abb. 5.10 dargestellt.

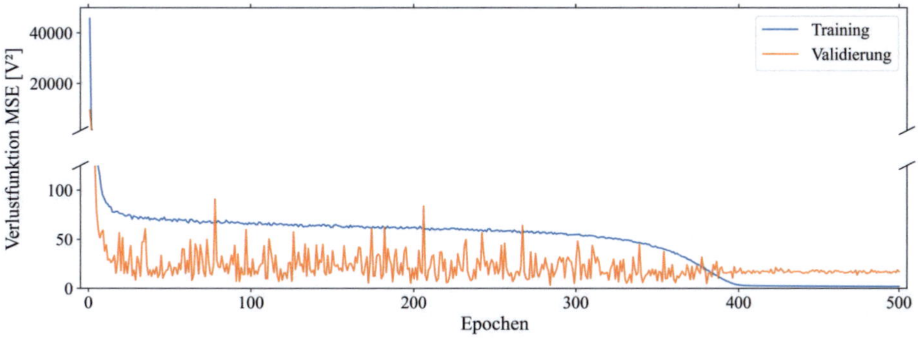


**Abb. 5.10:** Trainingsprozess eines ANN zur Abschätzung des Betrags der Knotenspannung pro Phase über 500 Epochen

Der Trainingsprozess zeigt einen typischen Verlauf. Dabei ist zwischen Training und Validierung zu unterscheiden. Anhand der Trainingsdaten wird das Training des ANN durchgeführt, wodurch das ANN den Zusammenhang zwischen den Ein- und den Ausgabedaten erlernt. Die Gewichte des ANN werden wiederum durch die Validierungsdaten bestimmt und iterativ pro Trainingsepoche angepasst. Typischerweise ist die Genauigkeit des Trainings höher als die der Validierung. Eine Epoche beinhaltet den Durchlauf von 30 246 Simulationsschritten, in denen die Beträge der Spannung pro Knoten als Trainingsdaten generiert werden. Die Validierungsdaten bestehen aus Beträgen der Spannung über einen zeitlichen Verlauf von sechs Wochen, wobei jeweils zwei Wochen für die unterschiedlichen Jahreszeiten Frühling/Herbst, Sommer und Winter verwendet werden.

Für die aktuelle Durchdringung an EFs (Szenario 1) haben sich folgende µPMU-Platzierungsvarianten beim Training nach Tab. 5.5 ergeben, bei denen die Genauigkeit der Abschätzung der Knotenspannung mittels ANN bei Verwendung des Validierungsdatensatzes im Mittel am höchsten ist.

**Tab. 5.5:** µPMU Platzierungsvarianten, MAE und Varianz des Betrags der Knotenspannung bei aktueller Verteilung EFs (Szenario 1) und Validierungsdatensatz

| Anzahl µPMUs | Netzknoten mit µPMU | Messtechnisch überwachte Netzknoten | MAE [V] | RMSE [V] |
|---|---|---|---|---|
| 1 | K1 | K1; K2; K34 | 1,28 | 1,66 |
| 2 | K1; K36 | K1; K2; K34; K35; K36; K54; K58 | 1,00 | 1,37 |
| 3 | K1; K4; K36 | K1; K2; K3; K4; K5; K16; K34; K35; K36; K54; K58 | 1,05 | 1,43 |
| 4 | K1; K2; K4; K36 | K1; K2; K3; K4; K5; K6; K16; K34; K35; K36; K54; K58 | 0,82 | 1,17 |

Hierzu wird der mittlere absolute Fehler (*engl.: Mean absolute Error* [MAE]) des Betrags der abgeschätzten Knotenspannungen betrachtet. Die Differenz des abgeschätzten Betrags der Spannung gegenüber der tatsächlichen Spannung aus der Netzsimulation wird zu jedem Zeitpunkt $t$ und von jedem Netzknoten in drei Phasen gebildet. Anschließend wird daraus der Mittelwert über alle Spannungsbeträge zu allen Zeiten bestimmt. Zusätzlich wird die Varianz (*engl.: Root Mean Square Error* [RMSE]) der Genauigkeit des durch das ANN abgeschätzten Betrags der Spannung analysiert. Diese gibt an, wie sehr die abgeschätzten Spannungswerte streuen und vom MAE abweichen. Der MAE, der RMSE oder andere Genauigkeitsparameter wie der MSE sind typische Kenngrößen, die in verschiedenen Veröffentlichungen genutzt werden, um zu analysieren, ob ein ANN erfolgreich gelernt hat. Um mit der gewählten Methodik eine gute Skalierbarkeit bei zukünftig steigenden Anteilen an EFs zu erhalten, wie sie beispielhaft in Szenario 2 (50 % Verteilung EFs) und Szenario 3 (100 % Verteilung EFs) untersucht werden, gilt die Platzierung der Messtechnik nach Szenario 1 mit der aktuellen Verteilung an EFs auch für die Szenarien 2 und 3. So muss bei steigender Anzahl an EFs die Messtechnik nicht an unterschiedlichen Netzknoten implementiert werden, was unpraktikabel ist. Anhand von Tab. 5.5 wird gezeigt, dass der MAE und der RMSE der Spannung mit steigender Anzahl an verwendeten µPMUs und bei Betrachtung der aktuellen Durchdringung an EFs mit ca. 11 % sinkt, da dem ANN mehr Eingangsdaten zur Verfügung gestellt werden. Der MAE der Spannung bei zwei und drei µPMUs ist ähnlich, was darauf schließen lässt, dass die µPMU am Knoten K4 keinen entscheidenden Einfluss auf die Genauigkeit des ANN zur Abschätzung des Betrags der Knotenspannung hat. Die in Kapitel 2.1.2 beschriebenen wissenschaftlichen Veröffentlichungen, die SE mittels ANN oder mit konventionellen Methoden aus dem Übertragungsnetz verwenden, erreichen teilweise Genauigkeiten im niedrigen µV- und mV-Bereich. Der Vergleich der hier dargestellten MAEs mit der Literatur ist schwierig, da anders als hier entweder von einer sehr hohen Abdeckung mit Messtechnik in der Niederspannung (jeder dritte Knoten mit Messtechnik) oder vom Vorhandensein historischer Messdaten aus einem betrachteten Niederspannungsnetz ausgegangen wird. Unter Berücksichtigung der geringen Anzahl an verwendeter Messtechnik und der Verwendung pseudohistorischer Messdaten zeigen die MAEs eine hohe Genauigkeit des ANN, vor allem beim Einsatz von vier µPMUs, wo die Spannungsabweichung lediglich 0,82 V mit einer Varianz von 1,17 V beträgt.

Tab. 5.6 listet den MAE und den RMSE für die Szenarien 2 und 3 mit 50 % bzw. 100 % Durchdringung an EFs mit 11 kW Ladeleistung auf. Ähnlich wie für Szenario 1 sinken mit steigender Anzahl an µPMUs und damit steigender Anzahl an Eingabedaten für das ANN zur Abschätzung des Betrags der Knotenspannung der einzelnen Netzknoten der MAE und der RMSE. Der MAE bei Szenario 1 und 2 mit vier µPMUs ist ähnlich, wobei der RMSE bei einer Verteilung von 50 % EFs höher ausfällt. Durch die steigende Anzahl an EFs sinkt die Genauigkeit des ANN leicht. Wie zu erwarten, sinkt die Genauigkeit des ANN erneut beim dritten Szenario und bei einer Durchdringung von 100 % EFs. Sowohl der MAE als auch der RMSE sind hier bei jeder Anzahl an verwendeten µPMUs am höchsten.

**Tab. 5.6:** MAE und RMSE bei unterschiedlicher Anzahl an µPMUs für Szenario 2 und 3 bei Verwendung des Validierungsdatensatzes

| Anzahl µPMUs | Szenario 2; 50 % EFs | | Szenario 3; 100 % EFs | |
|---|---|---|---|---|
| | MAE [V] | RMSE [V] | MAE [V] | RMSE [V] |
| 1 | 1,20 | 1,75 | 1,44 | 2,05 |
| 2 | 1,11 | 1,60 | 1,23 | 1,88 |
| 3 | 0,84 | 1,16 | 1,12 | 1,55 |
| 4 | 0,81 | 1,24 | 0,88 | 1,28 |

Zusätzlich soll bei der Auswahl der entsprechenden Variante die Genauigkeit bei der Abschätzung durch das ANN anhand der Testdaten untersucht werden. Das ANN kennt sowohl die Trainings- als auch die Validierungsdaten aus dem Trainingsprozess. Die Testdaten sind dem ANN zur Abschätzung des Betrags der Knotenspannung jedoch unbekannt und dienen zur Prüfung der Allgemeingültigkeit. Die Testdaten ähneln üblicherweise den Validierungsdaten. Bei vorhandenen historischen Daten zum Training des ANN werden die Validierungs- und die Testdaten in der Regel aufgeteilt, sodass sie anfangs aus einem Datensatz bestehen. Hier werden die Testdaten als neue Datensätzen der HSH- und der

EF-Ladeverläufe nach den in Kapitel 3 beschriebenen Methoden generiert und sind dem ANN unbekannt. Die Höhe der Spitzenlasten ist unverändert geblieben. Folgende Tabelle zeigt die Genauigkeit der ANNs zur Abschätzung des Betrags der Knotenspannung für die unterschiedliche Anzahl an µPMUs, deren Platzierungsvariante nach Tab. 5.5 und die drei Szenarien bei Verwendung des Testdatensatzes.

**Tab. 5.7:** MAE und RMSE bei unterschiedlicher Anzahl an µPMUs für Szenario1, 2 und 3 bei Verwendung des Testdatensatzes

| Anzahl µPMUs | Szenario 1; Aktuelle % EF | | Szenario 2; 50 % EFs | | Szenario 3; 100 % EFs | |
|---|---|---|---|---|---|---|
| | MAE [V] | RMSE [V] | MAE [V] | RMSE [V] | MAE [V] | RMSE [V] |
| 1 | 1,63 | 1,90 | 1,38 | 1,92 | 1,48 | 1,96 |
| 2 | 1,87 | 2,04 | 1,88 | 2,39 | 1,36 | 1,94 |
| **3** | **1,68** | **1,86** | **1,48** | **1,79** | **1,12** | **1,54** |
| 4 | 1,72 | 1,79 | 1,75 | 2,18 | 1,66 | 2,07 |

Anhand der Tab. 5.7 zeigt sich, dass bei Verwendung von drei µPMUs und der entsprechenden Platzierungsvariante die höchste Genauigkeit als MAE bei der Abschätzung des Betrags der Knotenspannung im Durchschnitt über alle Szenarien und derselbe Durchschnittswert über den RMSE erreicht wird. So bestehen die geringste Streuung und die höchste Genauigkeit im Mittel bei der Abschätzung des Betrags der Knotenspannung bei dieser Anzahl an µPMUs und Platzierungsvariante. Anders als beim Validierungsdatensatz ist die höchste Genauigkeit nicht bei der höchsten Anzahl an µPMUs gegeben. Der Grund dafür liegt darin, dass bei einer höheren Anzahl an Eingangsdaten, die verteilt aus dem Niederspannungsnetz eingehen, die kurzzeitigen Spannungsänderungen, ausgelöst durch das Laden der EFs, die Spannung durch das ANN überinterpretiert wird und das ANN dadurch den Betrag der Spannung niedriger schätzt, als er tatsächlich in der Simulation ist. Da der MAE über alle Zeitschritte und der RMSE nicht aussagekräftig sind, weil sie nur den Mittelwert der Genauigkeit darstellen, gilt es, diese im Detail zu prüfen. Um die Genauigkeit des ANN detailliert zu analysieren, wird folgend der durchschnittliche Wochenverlauf zwischen abgeschätzter und tatsächlicher Knotenspannung als Betrag der Spannung verglichen und als Regressionsdiagramm analysiert. Abschließend wird der MAE eines beispielhaften Tages pro Knoten, Phase und Zeitschritt untersucht.

Der durchschnittliche Betrag des Spannungsverlaufs über alle durch das ANN abzuschätzenden Netzknoten – bei Verwendung von einer bis zu vier µPMUs, des

Validierungsdatensatzes und der aktuellen Verteilung der EFs (Szenario 1) – im Vergleich zum Spannungsverlauf aus der Simulation ist in Abb. 5.11 für einen beispielhaften Tag dargestellt.

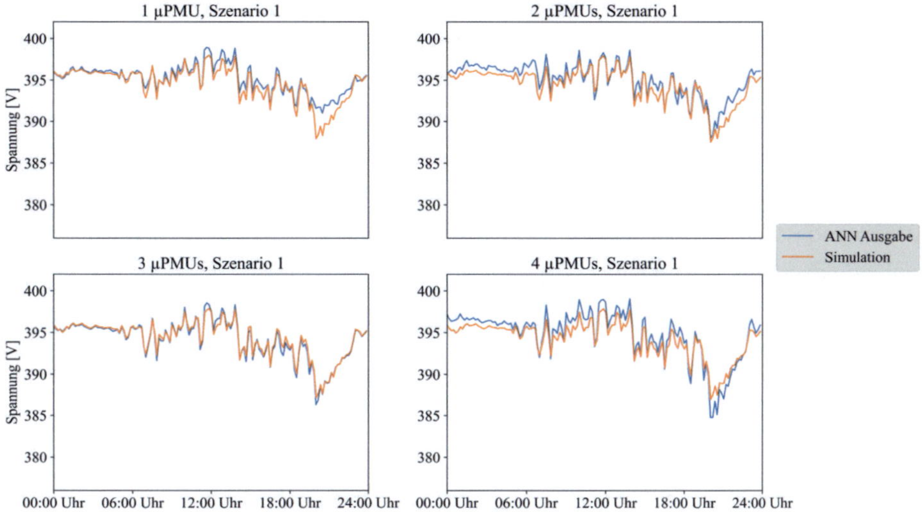


**Abb. 5.11:** Vergleich Tagesverlauf Betrag der Spannung, durch ANN abgeschätzte und tatsächlicher Spannung bei Verwendung der Validierungsdaten, Szenario 1 und 1-4 µPMUs

Der in Abb. 5.11 dargestellte Tag ist ein typischer Werktag. Es bestehen im Durchschnitt leichte Spannungsanstiege zur Mittagszeit durch die im Netz implementierten PV-Anlagen und Spannungssenkungen am späten Nachmittag und am Abend. Die minimale durchschnittliche Spannung liegt knapp unter 390 V, wenn viele der in Szenario 1 im Netz definierten EFs mit 11 kW zu laden beginnen. In Orange ist die durchschnittliche Spannung aller nicht messtechnisch erfassten Netzknoten anhand der direkten Daten aus dem Modell des modifizierten CIGRE-Niederspannungsnetzes und in Blau die durchschnittliche durch das trainierte ANN abgeschätzte Spannung dargestellt. Ziel ist es, hier eine möglichst hohe Übereinstimmung zwischen orangenem und blauem Verlauf zu erhalten, wobei das ANN dann die Spannung möglichst nah an der tatsächlich aus der Simulation ausgegebenen Spannung abschätzt. Bei Verwendung einer µPMU in Szenario 1 zeigt sich anhand der Validierungsdaten, dass die konstante Spannung in der Nacht und am frühen Morgen gut abgeschätzt wird. Die größte Diskrepanz entsteht ab ungefähr 18:00 Uhr, wenn angefangen wird, die EFs zu laden. Dadurch, dass die eine µPMU direkt an der Ortsnetzstation implementiert ist, wird das Absinken der Spannung durch das ANN nicht erkannt. Der Grund dafür ist, dass die Spannung am Transformator und an den direkt benachbarten Knoten über den Tag verteilt in der Regel konstant ist. Demnach geht das ANN mit nur einer µPMU ebenfalls von einem konstanten Spannungsverlauf in der Abschätzung aus. Ab der Verwendung von zwei µPMUs werden die durch die EFs verursachten Spanungsabsenkungen durch die ANNs besser erkannt. Die höchste Genauigkeit bei Betrachtung der durchschnittlichen Spannungswerte über einen Tag werden jedoch nicht mit der maximalen Anzahl an Eingabedaten mit vier µPMUs erreicht, sondern bei drei µPMUs. Dies liegt daran, dass das ANN im Gegensatz zu einer µPMU zu viele Eingangsdaten erhält. Die Eingangsdaten enthalten beispielsweise Spannungseinbrüche von verschiedenen Netzknoten im beispielhaften Niederspannungsnetz. Diese überinterpretiert das ANN mit vier µPMUs, sodass leichte Spannungsanstiege oder Spannungsabsenkungen stets zu hoch oder zu niedrig abgeschätzt werden.

Weiter wird aus dem modellierten und modifizierten CIGRE-Niederspannungsnetz ein Strang im Detail analysiert. Dieser Netzausschnitt S1.1 ist in folgender Abb. 5.12 beschrieben und umfasst die Netzknoten K8 bis K15.

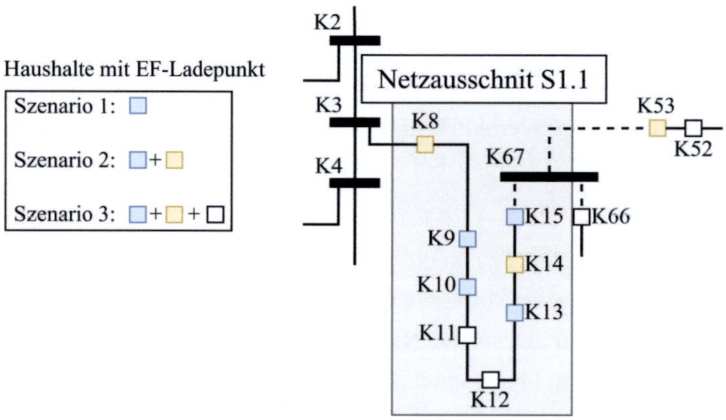


**Abb. 5.12:** Betrachteter Netzausschnitt S1.1 der Knoten K8 bis K15

Für den zuvor dargestellten Tag sind die Genauigkeit der ANNs mit unterschiedlicher Anzahl an µPMUs und die Verwendung der Validierungsdaten pro Zeitschritt und Knoten in drei Phasen in Anhang A.4 dargestellt. Ein Ausschnitt ist in Abb. 5.13 zu sehen.

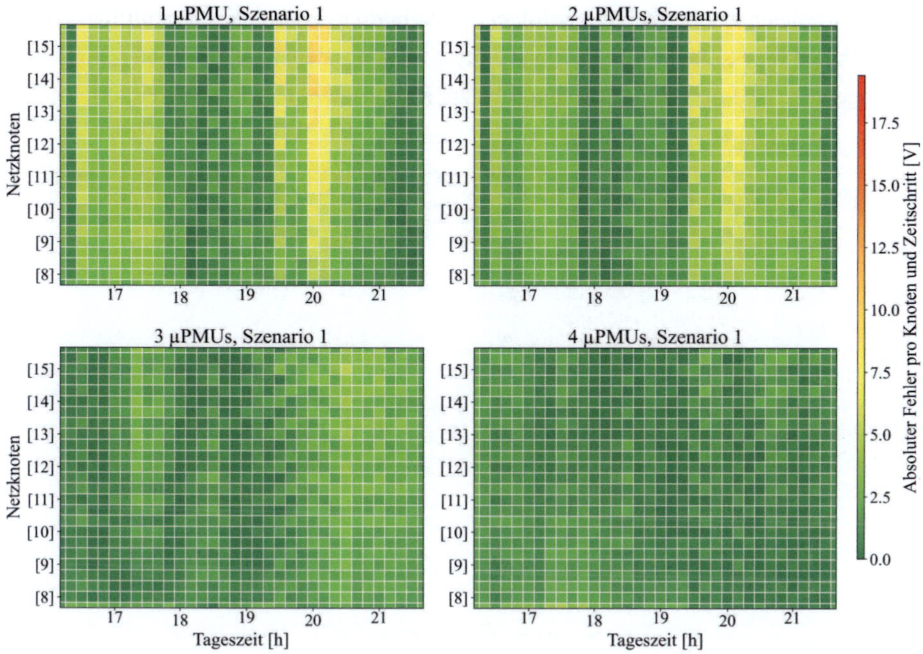


**Abb. 5.13:** MAE pro Netzknoten, Netzabschnitt S1.1 und Zeitschritt der ANNs, unterschiedlicher Anzahl µPMUs, 16:00 - 22:00 Uhr, Szenario 1, Verwendung Validierungsdaten

Ähnlich wie die durchschnittliche Spannung über den Tag vermuten lässt, ist die Genauigkeit der ANNs in der Abschätzung der Knotenspannung häufig sehr hoch. Der als Heatmap dargestellte Strang S1.1 zeigt typische hohe Spannungsabweichungen in den Abendstunden bei der Ladung der EFs. Grün bedeutet eine geringe Abweichung, Gelb/Orange eine mittlere und Rot eine hohe Abweichung von annähernd 20 V. Ein farbiges Kästchen bedeutet hier die Abweichung der Spannung an einem Knoten und einer der drei Phasen in einem Simulationszeitschritt, der zehn Minuten entspricht. Diese höheren Abweichungen treten an allen Strängen mit EFs auf. Anhand der Validierungsdaten zeigt sich jedoch, dass durch die Implementierung weiterer µPMUs diese Abweichung reduziert wird. Vor allem bei drei und vier µPMUs werden den ANNs über diesen spezifischen Strang mehr Informationen als Eingangsdaten zur Verfügung gestellt, da die dritte µPMU am Knoten K4 und die vierte µPMU am Knoten K2 nach dem Platzierungsalgorithmus implementiert werden.

Weiter wird der Tagesverlauf in Szenario 2 mit einer Durchdringung von 50 % EFs und unter Verwendung einer unterschiedlichen Anzahl an µPMUs mit dem

Validierungsdatensatz betrachtet. In folgender Abbildung ist die durchschnittliche Spannung aller nicht messtechnisch erfassten Knoten direkt aus dem Modell der Netzsimulation in Orange und die durch das ANN abgeschätzte Knotenspannung in Blau dargestellt.

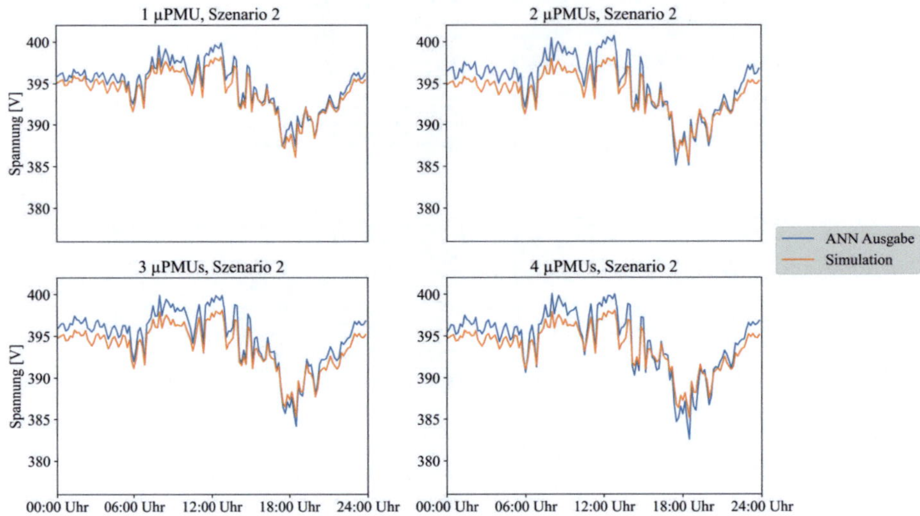


**Abb. 5.14:** Vergleich Tagesverlauf Betrag der Spannung, durch ANN abgeschätzte und tatsächlicher Spannung bei Verwendung der Validierungsdaten, Szenario 2 und 1-4 µPMUs

Bei steigender Anzahl an EFs steigt die Spannungsabsenkung am Abend, dargestellt in Abb. 5.14. Anders als bei Szenario 1 wird die Spannungsabsenkung, die vom erhöhten Anteil an EFs ausgelöst wird, in Szenario 2 auch bei einer µPMU erkannt. Das liegt darin begründet, dass durch die hohen kumulierten Ladeleistungen aller EFs, die eine hohe Gleichzeitigkeit aufweisen, die konstante Spannung am Transformator und direkt benachbarten Knoten nicht mehr konstant ist. Das ANN mit einer µPMU erhält ausreichend signifikante Eingabedaten und die Spannungsabsenkung bis 386 V wird im Durchschnitt gut durch das ANN abgeschätzt. Diese werden auch bei zwei und drei µPMUs mit einer hohen Genauigkeit angegeben. Lediglich beim Einsatz von vier µPMUs zeigt sich ein ähnliches Problem wie zuvor bei Szenario 1, dass das ANN die Spannungsabsenkungen durch die EFs überinterpretiert und die Spannung im Mittel zu niedrig schätzt.

Eine detaillierte Betrachtung des Stranges S1.1 im Szenario 2 und der Validierungsdaten ist in folgender Abb. 5.15 dargestellt.

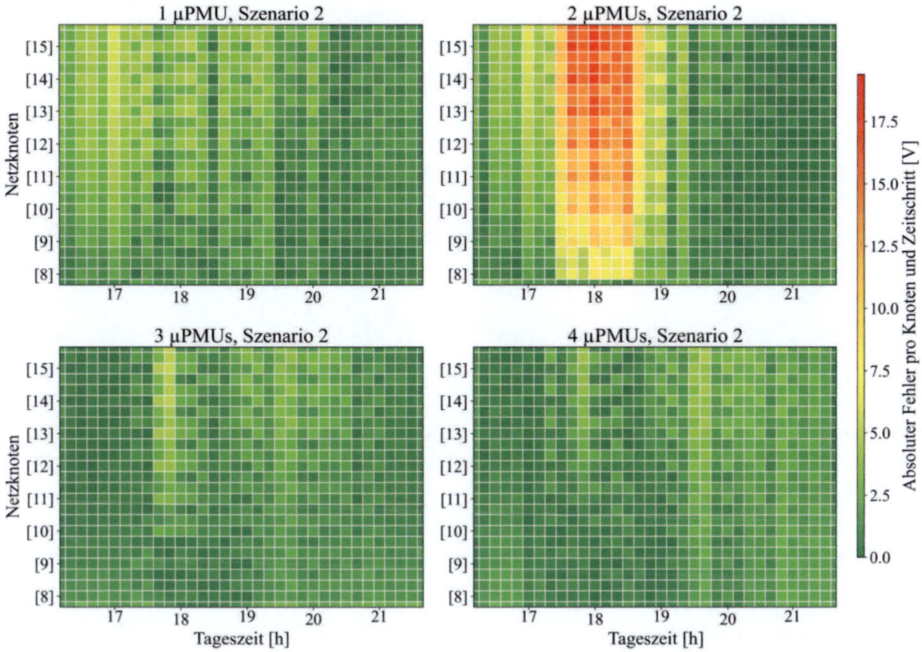


**Abb. 5.15:** MAE pro Netzknoten, Netzabschnitt S1.1 und Zeitschritt der ANNs, unterschiedlicher Anzahl µPMUs, 16:00 - 22:00 Uhr, Szenario 2, Verwendung Validierungsdaten

Was anhand des Mittelwertes der Spannung im Vergleich zur abgeschätzten Spannung des ANN und der Spannung aus dem Simulationsmodell nicht ersichtlich wird, sind die kurzweiligen hohen Abweichungen bei Verwendung von zwei µPMUs im Netzabschnitt S1.1 um 18:00 Uhr. Im Mittel werden hohe Genauigkeiten durch die ANNs bei einer unterschiedlichen Anzahl an µPMUs erreicht. Jedoch entstehen bei der Ladung der EFs kurzeitige Spannungsabsenkungen, die in teils hohen Fehlern bei der Abschätzung der Spannung durch das ANN resultieren. Bei einer steigenden Anzahl an Eingangsdaten treten diese Fehler bei der Abschätzung durch das ANN nicht auf. Die Fehler des ANN über alle Knoten, Phasen und Zeitschritte eines beispielhaften Tages sind in Anhang A.4 dargestellt.

Weiter wird Szenario 3 mit einer Durchdringung von 100 % EFs mit 11 kW betrachtet. Es wird derselbe Tag wie zuvor analysiert.

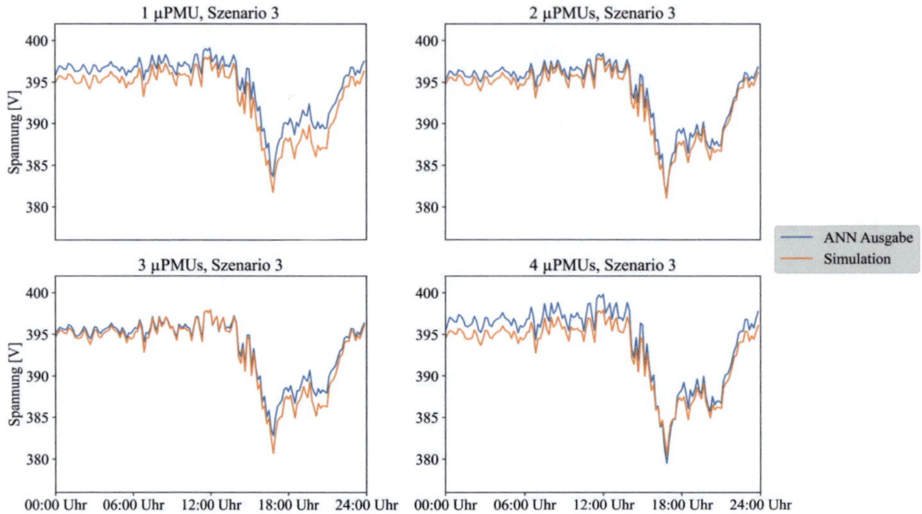


**Abb. 5.16:** Vergleich Tagesverlauf Betrag der Spannung, durch ANN abgeschätzte und tatsächlicher Spannung bei Verwendung der Validierungsdaten, Szenario 3 und 1-4 µPMUs

Die in Abb. 5.16 dargestellte durchschnittliche Spannung über einen beispielhaften Tag aus der Netzsimulation – verglichen mit den Daten durch die ANNs – bei unterschiedlicher Anzahl an µPMUs zeigt einen erwarteten Verlauf bei einer kompletten Durchdringung von EFs und Ladeanlagen. Die Spannungseinbrüche am Abend sind stärker und länger als bei den zuvor dargestellten Szenarien. Bei einer µPMU wird durch das ANN im Durchschnitt die Spannung der nicht messtechnisch überwachten Netzknoten zu hoch geschätzt. Die Messdaten lediglich einer µPMU scheinen nicht ausreichend zu sein, um bei einer hohen Anzahl an EFs die Spannung im Durchschnitt effektiv abzuschätzen. Auch bei vier µPMUs zeigt sich ein ähnliches Verhalten des trainierten ANN bei der Abschätzung der Knotenspannung. Jedoch werden die durch die EFs erzeugten Spannungsabsenkungen im Laufe des Tages besser geschätzt, aber teilweise erneut durch das ANN durch die Vielzahl an Eingabedaten überinterpretiert. Bei der Verwendung von zwei oder drei µPMUs wird ein gutes Maß an Eingabedaten erreicht, wodurch bei einer hohen Anzahl an EFs und unter Verwendung des Validierungsdatensatzes eine hohe Genauigkeit bei der Abschätzung der Knotenspannung im Durchschnitt erreicht wird.

Der beispielhafte Tag als Szenario 3 ist als Heatmap mit den Fehlern pro Knoten, Phase und Simulationszeitschritt sowie dem Validierungsdatensatz in Anhang A.4 dargestellt. Ein Ausschnitt dieser Abbildung ist als Netzabschnitt S1.1 mit den Knoten K8 bis K15 in Abb. 5.17 beschrieben. Wiederum zeigt sich anhand der Validierungsdaten, dass mit steigender Anzahl an µPMUs die kurzweiligen Spannungssenkungen, ausgelöst durch die EFs, am beispielhaften Strang S1.1 effektiver abgeschätzt werden.

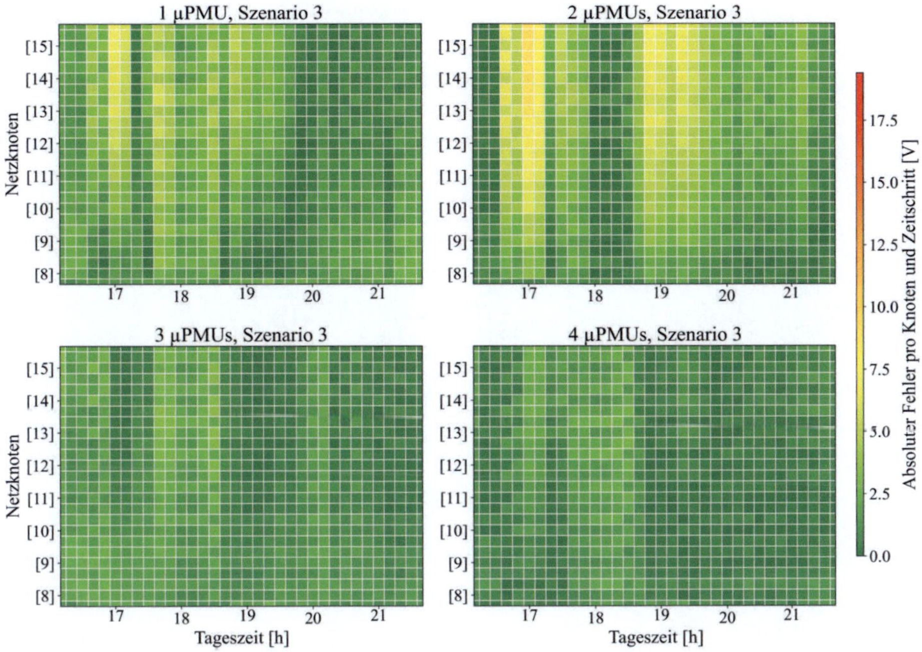


**Abb. 5.17:** MAE pro Netzknoten, Netzabschnitt S1.1 und Zeitschritt der ANNs, unterschiedlicher Anzahl µPMUs, 16:00 - 22:00 Uhr, Szenario 2, Verwendung Validierungsdaten

Weiter gilt es wiederum, die Allgemeingültigkeit und die Skalierbarkeit der ANNs anhand der Testdatensätze der Szenarien zu prüfen. Dazu wird folgend ein beispielhafter Tag in den unterschiedlichen Szenarien bei Verwendung verschiedener Mengen an µPMUs analysiert. Abb. 5.18 stellt dabei das Szenario 1 dar. In der Regel ist die Genauigkeit eines ANN bei Verwendung der Testdaten weniger genau als bei den Validierungsdaten. Hierbei muss jedoch, für eine erfolgreiche Anwendung der Abschätzung der Knotenspannung mittels ANN, weiterhin eine hohe Genauigkeit des Systems gegeben sein. Anders als die Validierungsdaten, die das ANN durch das Training bereits kennt, bestehen die Testdaten aus Spannungswerten, die für das ANN als Eingabewerte noch neu sind. Die Testdaten zeichnen sich an diesem beispielhaften Tag dadurch aus, dass die Gleichzeitigkeit der EFs geringer ist als bei den zuvor betrachteten Validierungsdaten und dass die HSHs andere Profile erhalten haben. Die trainierten ANNs orientieren sich bei der Abschätzung der Knotenspannung an den Validierungsdaten, die sie aus dem Trainingsprozess kennen. Dies zeigt sich besonders bei der Betrachtung des ANN, das die Eingangsdaten von vier µPMUs erhält.

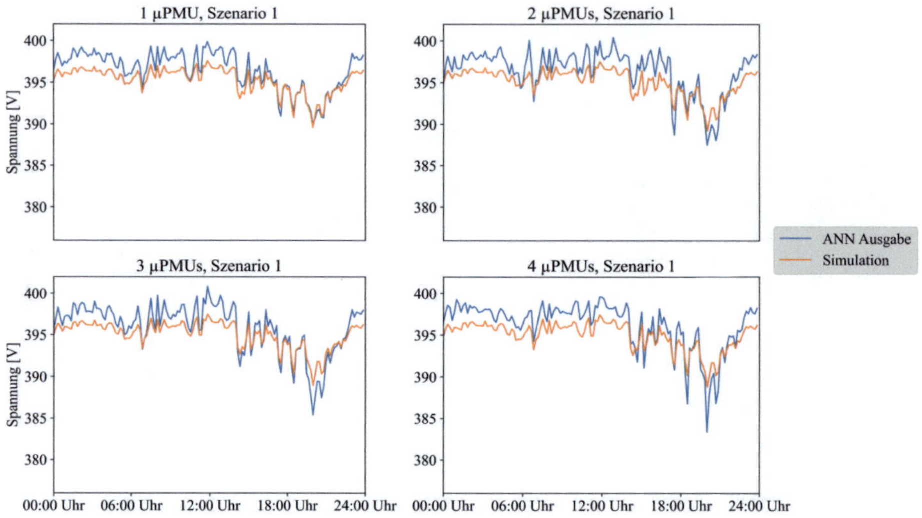


**Abb. 5.18:** Vergleich Tagesverlauf Betrag der Spannung, durch ANN abgeschätzte und tatsächlicher Spannung bei Verwendung der Testdaten Szenario 1 und 1-4 µPMUs

Auf Grund der geringeren Gleichzeitigkeit der EFs ist die durchschnittliche Spannung über den Tag konstanter. Hier zeigt sich wiederum eine Überinterpretation der Eingangsdaten, wodurch die Spannungseinbrüche zu stark gewichtet und die Knotenspannung niedriger abgeschätzt werden, als sie in der Simulation auftreten, was in teils hohen Ungenauigkeiten resultiert. Mit sinkender Anzahl an µPMUs wird die Spannung in Szenario 1 besser abgeschätzt. Der Grund dafür ist erneut, dass bei einer µPMU lediglich Eingabedaten aus den Spannungswerten in der Nähe des Transformators bestehen, die über den Tag sind als Spannungswerte gegen Ende des Stranges bei Verwendung mehrerer µPMUs. Bei allen ANNs mit unterschiedlicher Anzahl an µPMUs in Szenario 1 unter Verwendung der Testdaten wird die Spannung häufig zu hoch abgeschätzt, was vor allem nachts und bis zum frühen Nachmittag bei konstanter Spannung einen Fehler von ungefähr 2 V ergibt.

Für die Testdaten gilt es, ebenfalls nicht nur den Mittelwert aller Knoten zu betrachten, sondern die Abweichung der ANNs bei unterschiedlicher Anzahl an µPMUs pro Knoten und Zeitschritt zu analysieren. Dazu wird für das erste Szenario bei Verwendung der Testdaten eine Abbildung als Heatmap generiert, die in Anhang A.4 zu sehen ist. Der Ausschnitt des Netzabschnittes S1.1 ist in Abb. 5.19 dargestellt.

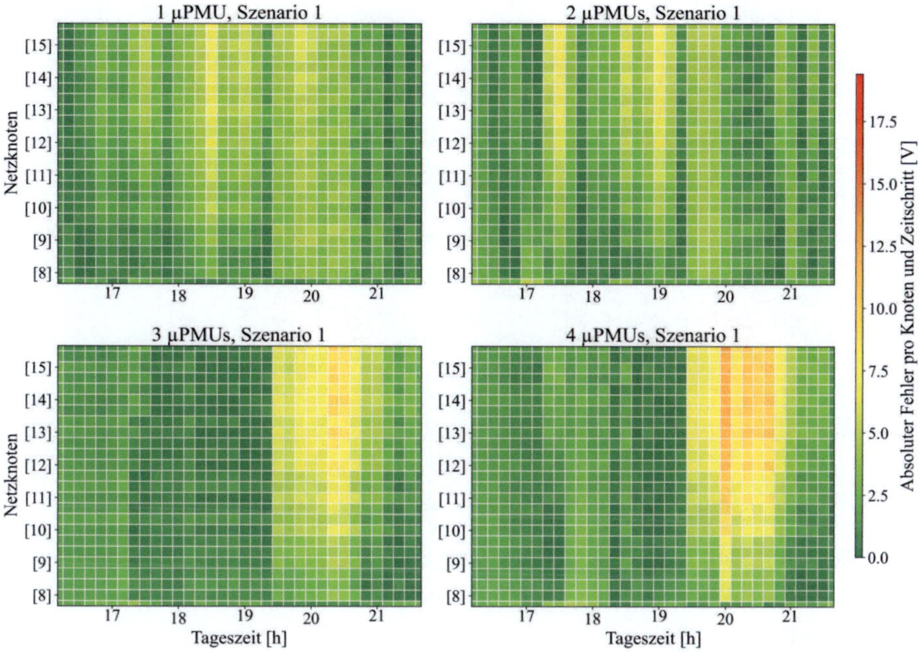


**Abb. 5.19:** MAE pro Netzknoten, Netzabschnitt S1.1 und Zeitschritt der ANNs, unterschiedlicher Anzahl µPMUs, 16:00 - 22:00 Uhr, Szenario 1, Verwendung Testdaten

In der Zeit von 16:00 Uhr bis 22:00 Uhr, wenn viele EFs im Netzmodell geladen werden, sind vor allem bei der Verwendung von drei und vier µPMUs größere Abweichungen zu erkennen. Die Abweichung über den Tag ist, wie auch anhand des Vergleichs des Mittelwerts der Spannung aus der Simulation und den Ausgabedaten des ANN für die unterschiedlichen Mengen an µPMUs zu sehen ist, grundsätzlich größer als von den Validierungsdaten. Da das ANN die Testdaten nicht kennt, ist dies typisch. Besonders bei vier µPMUs zeigen sich Fehler von bis zu 10 V am Netzabschnitt S1.1. Diese bestehen zwar nur kurzzeitig, deuten jedoch auf die Überinterpretation des ANN bei den Eingabedaten durch vier µPMUs hin. Wie allerdings die Abbildungen in Anhang A.4 für alle Knoten, die Anzahl an µPMUs und den gesamten Tag zeigen, besteht generell eine hohe Genauigkeit bei der Abschätzung der Spannung mittels ANN. Wegen der geringen Anzahl an EFs und einer dadurch bedingten konstanten Spannung über den Tag wird die Spannung durch das ANN, das die Eingabedaten von lediglich einer µPMU erhält, am genauesten abgeschätzt.

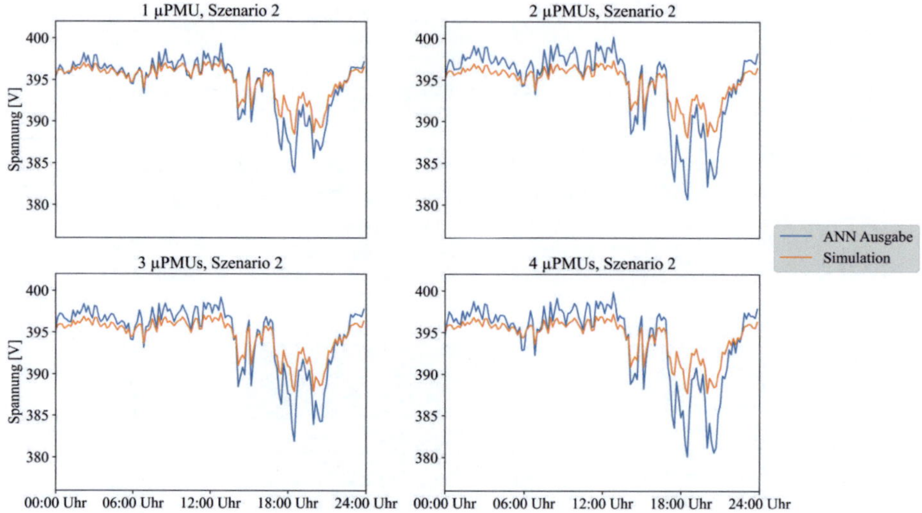


**Abb. 5.20:** Vergleich Tagesverlauf Betrag der Spannung, durch ANN abgeschätzte und tatsächlicher Spannung bei Verwendung der Testdaten Szenario 2 und 1-4 µPMUs

In Abb. 5.20 ist der durchschnittliche Spannungsverlauf über einen beispielhaften Tag dargestellt. Hierbei wird das Szenario 2 mit einer Verteilung von 50 % EFs bei den HSHs und unter Verwendung des Testdatensatzes untersucht. Bei allen untersuchten ANNs mit den unterschiedlichen Mengen an Eingabedaten und µPMUs sind teils hohe Abweichungen in der durchschnittlichen Knotenspannung zu erkennen. Bei Verwendung von zwei oder vier µPMUs liegt die maximale Abweichung der durchschnittlichen Spannung bei annähernd 10 V. Bei der gestiegenen Anzahl an EFs in Szenario 2 zeigen lediglich die ANNs mit einer oder drei µPMUs hohe durchschnittliche Genauigkeiten an, wobei auch hier bei der Ladung der EFs zum Abend hin Abweichungen von bis zu 5 V im Mittel auftreten.

Die größten Abweichungen über den Tag werden, wie der durchschnittliche Verlauf der Spannung als Ausgabewert des ANN im Vergleich zur durchschnittlichen Knotenspannung aus der Simulation des Netzmodelles bereits andeutet, anhand der Testdaten und bei Szenario 2 erreicht. Die Abbildungen, die pro Netzknoten, Phase und Zeitschritt den Fehler pro ANN und die Anzahl an unterschiedlichen µPMUs darstellen, sind in Anhang A.4 dargestellt. Ein Ausschnitt daraus ist in Abb. 5.21 zu sehen. Sie zeigt den Netzabschnitt S1.1 über die Zeit von 16:00 Uhr bis 22:00 Uhr. Bei der Verwendung des ANN, das die Eingabedaten von zwei µPMUs erhält, treten große Abweichungen von annähernd 20 V in der Zeit auf, in der viele EFs geladen werden. Auch bei einer µPMU bestehen teils hohe Ungenauigkeiten. Im Mittel wird die Spannung vom ANN mit einer und drei µPMUs am genauesten abgeschätzt. Für diesen speziellen Netzabschnitt S1 zeigt sich jedoch eine höhere Genauigkeit der geschätzten Knotenspannung bei Verwendung von drei oder vier µPMUs.

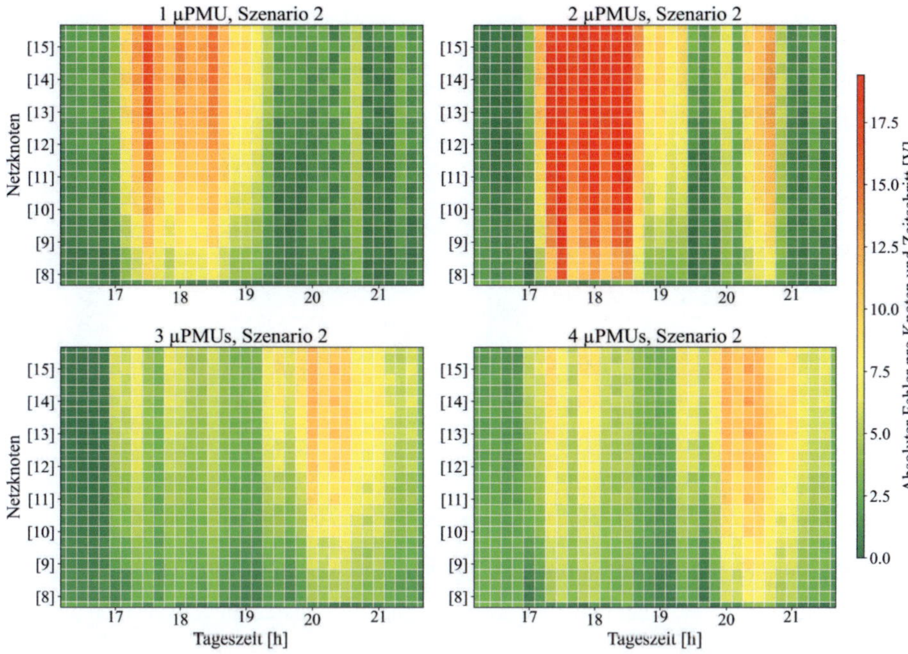


**Abb. 5.21:** MAE pro Netzknoten. Netzabschnitt S1.1 und Zeitschritt der ANNs, unterschiedlicher Anzahl µPMUs, 16:00 - 22:00 Uhr, Szenario 2, Verwendung Testdaten

Abb. 5.22 zeigt den Vergleich der durchschnittlichen Spannung der nicht messtechnisch erfassten Netzknoten direkt aus dem Modell des modifizierten CIGRE-Niederspannungsnetzes und der durch die ANNs bei Verwendung unterschiedlicher Mengen an µPMUs abgeschätzten Spannungswerte. Es wird das Szenario 3 mit einer 100-%-Durchdringung von EFs und mit HSHs mit einer entsprechenden 11-kW-Ladeanlage betrachtet. Die Spannung wird durch das ANN bei Verwendung der Testdaten in Szenario 3 in der Regel besser abgeschätzt als bei 50 % EFs, da bei einer 50-%-Durchdringung der EFs teils stark unterschiedliche Verhältnisse der Knotenspannung zwischen HSH mit und ohne EF entstehen – anders als in Szenario 1 mit einer geringen Anzahl an EFs und in Szenario 3 mit einem EF an jedem HSH. Bei einer Verwendung von vier µPMUs werden jedoch auch in Szenario 3 die Spannungsabsenkungen durch die EFs überinterpretiert. Besonders hohe

Genauigkeiten werden bei der Verwendung von drei µPMUs erreicht. Allerdings entstehen auch hier teils hohe Spannungsdifferenzen von bis zu 5 V.

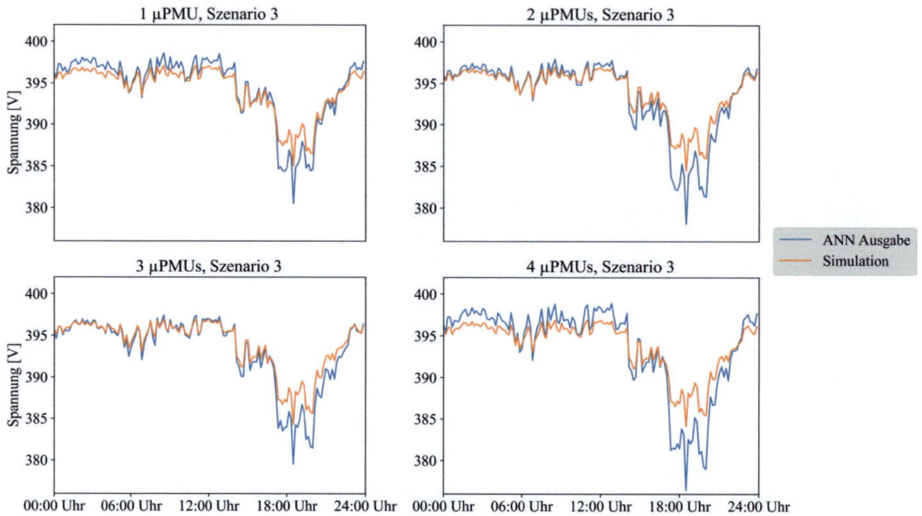


**Abb. 5.22:** Vergleich Tagesverlauf Betrag der Spannung, durch ANN abgeschätzte und tatsächlicher Spannung bei Verwendung der Testdaten Szenario 3 und 1-4 µPMUs

Abschließend ist die Genauigkeit der ANNs mit den unterschiedlichen Mengen an Eingabedaten und Mengen an verwendeten µPMUs pro Knoten, Phase und Simulationszeitschritt bei Betrachtung der Testdaten in Abbildungen in Anhang A.4 dargestellt. Die Ausschnitte zur Analyse des Netzabschnittes S1.1 zur Zeit zwischen 16:00 Uhr und 22:00 Uhr ist in Abb. 5.23 einsehbar. Wie anhand der Abbildungen in Anhang A.4 zu Szenario 3 bei Verwendung der Testdaten zu sehen ist, wird die Spannung über die meiste Zeit des Tages genau abgeschätzt. Der Fehler beträgt zwischen 0,5 V und 2 V. Beim betrachteten Netzausschnitt S1.1 sind die Abweichungen in der Genauigkeit vor allem bei Verwendung von einer bzw. zwei µPMUs am höchsten. Relativ hohe Abweichungen in der Genauigkeit bestehen über einen längeren Zeitraum bei drei und vier µPMUs.

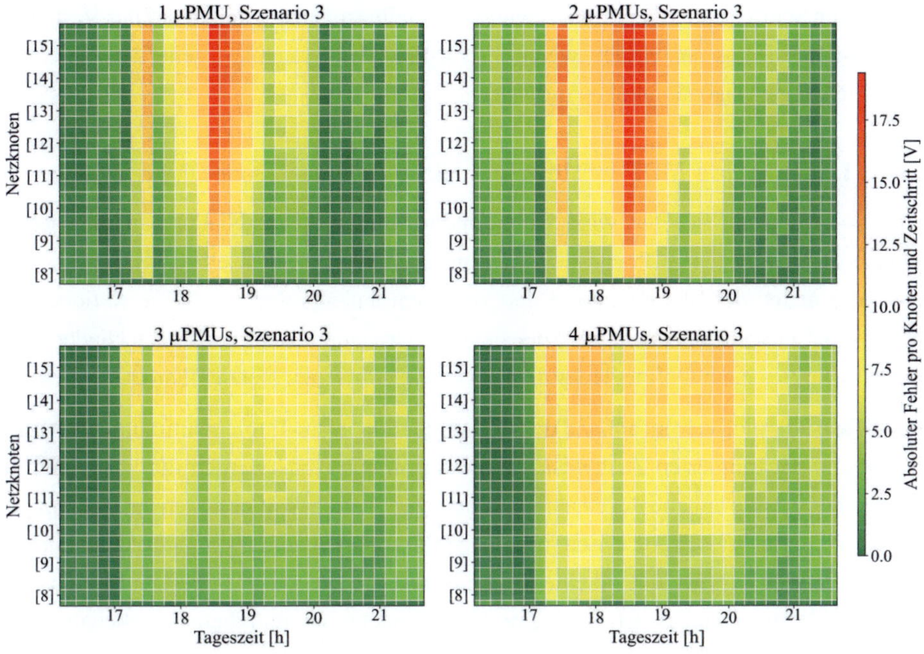


**Abb. 5.23:** MAE pro Netzknoten, Netzabschnitt S1.1 und Zeitschritt der ANNs, unterschiedlicher Anzahl μPMUs, 16:00 - 22:00 Uhr, Szenario 3, Verwendung Testdaten

Besonders bei der Betrachtung der Validierungsdatensätze erreichen die ANNs mit einer höheren Anzahl an verwendeten μPMUs bessere Ergebnisse als mit einer oder zwei μPMUs. Im Szenario 1, bei Betrachtung der aktuellen Verteilung an EFs nach deren aktuellen Zulassungszahlen, werden hohe Genauigkeiten mit einer μPMU erzielt. Jedoch wird anhand der wenigen Messdaten, die direkt am Ortsnetztransformator oder an benachbarten Knoten liegen, die Spannung durch das ANN als sehr konstant geschätzt und Spannungssenkungen werden durch das ANN nicht erkannt. Bei der Verwendung von vier μPMUs werden die Eingabedaten der Messeinheiten häufig überschätzt und Spannungsabsenkungen noch niedriger angesetzt, als sie in der Simulation auftreten. Bei Betrachtung der durch die ANNs abgeschätzten Spannung unter Verwendung der Testdatensätze in den unterschiedlichen Szenarien werden teils hohe Ungenauigkeiten deutlich. Die größte Ungenauigkeit tritt im Detail bei einer zu geringen Anzahl an μPMUs und einer Verteilung von 50 % EFs im beispielhaften und modifizierten CIGRE-Niederspannungsnetz auf. Bei Verwendung von drei μPMUs werden in Summe die besten Ergebnisse erzielt. Die Abweichungen überschreiten hier zu keinem Zeitpunkt 10 V und selbst diese Größenordnungen werden nur selten über den beispielhaften Tag und alle Knoten erreicht.

Im nächsten Schritt gilt es zu prüfen, inwiefern sich die Ungenauigkeiten auf das Verhalten des MA-RL-Systems auswirken, wenn der Zustand des Systems – generiert durch das ANN – teilweise Ungenauigkeiten aufweist.

## 5.3 Lösung des MDP mittels MA RL

Das MA-System mit DDQNs wird offline in der Simulation des Niederspannungsnetzes trainiert. Da das System während des Trainingsprozesses mit dem elektrischen Netz und den Ladepunkten der EFs interagiert und vor allem anfangs noch zufällige Aktionen im untrainierten Zustand auswählt, wäre der sichere Betrieb des zu betrachtenden Niederspannungsabschnittes beim Online-Training direkt am elektrischen Netz gefährdet.

Das Offline-Training erfolgt anhand der Netzsimulation. Nach Implementierung der Messtechnik und der trainierten Zustandsabschätzung mittels ANN werden die Last- und die Erzeugungsverläufe anhand der Spannungsdaten generiert. Somit bestehen nach einem gewählten Zeitraum historische Daten, mit denen die Agenten zur Lösung des MDP zur optimierten Ladung der EFs anhand eines Modells trainiert werden, um eine Überlastung von BMs zu reduzieren und gleichzeitig eine kurze Ladegeschwindigkeit beizubehalten. Es wird das zuvor beschriebene modifizierte CIGRE-Niederspannungsnetz in den drei Szenarien betrachtet. Hierbei wird das MA-System zur Steuerung der EF-Ladung für den Strang S1 zur Vermeidung und Reduzierung der Auslastung der Zuleitung zum Transformator untersucht. Das Modell der Ladung der EFs ist nach Kapitel 3.4 beschrieben. Dieses beinhaltet Zufallsfaktoren, die die Ankunftszeiten und die Fahrtstrecken der EFs pro Fahrt leicht variieren. Durch die Zufallsfaktoren wird die Robustheit des MA-Systems mit DDQNs erhöht. Eine hohe Robustheit beschreibt, dass das durch die Agenten im Trainingsprozess erlernte Verhalten zur Erreichung des Optimums möglichst allgemeingültig anzuwenden ist und die Agenten nicht nur ein spezifisches Verhalten auswendig lernen. Durch die Fahrtstrecke und den Verbrauch des definierten EF werden der SoC und die daraus resultierende Ladezeit bestimmt.

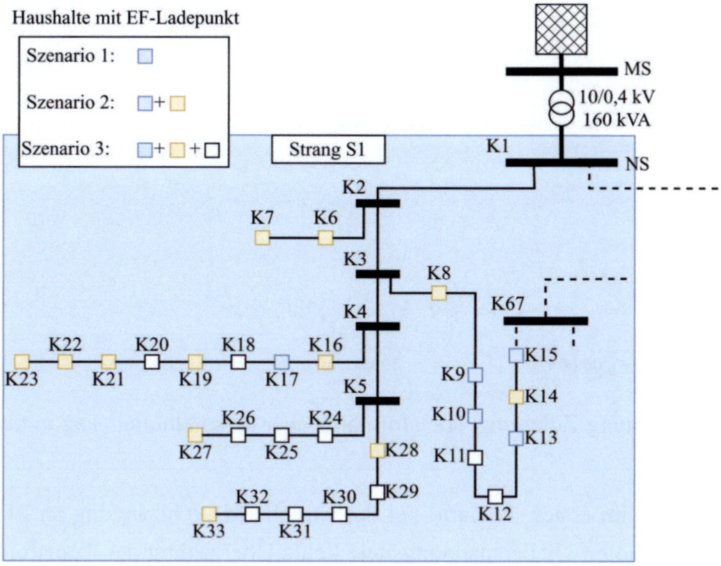


**Abb. 5.24:** Strang S1 des modifizierten CIGRE Niederspannungsnetz mit Verteilung der EFs in den verschiedenen Szenarien

Der Strang S1 des Niederspannungsnetzes mit der Verteilung der EFs an den verschiedenen Netzknoten in den Szenarien 1, 2 und 3 ist in Abb. 5.24 dargestellt. Die Verläufe der HSH-Lasten und die Generierungsverläufe der PV-Anlagen entsprechen den zuvor verwendeten Testdaten und sind nach Kapitel 3.2.2 und Kapitel 3.3 definiert. Die Ladeverläufe der EFs werden nach Kapitel 3.4.3 generiert und für jeden HSH mit einer Spitzenleistung von 11 kW angenommen. Die Zuleitung zum Transformator wird als NAYY 50 mm² mit einem thermischen Grenzstrom von 151 A in der Simulation modelliert.

Zuerst wird die Auslastung der Zuleitung über einem beispielhaften Tag in den drei unterschiedlichen Szenarien betrachtet, die die Durchdringung der EFs beschreiben. Dies ist in Abb. 5.25 in Blau für Szenario 1, in Orange für Szenario 2 und in Grün für Szenario 3 dargestellt.

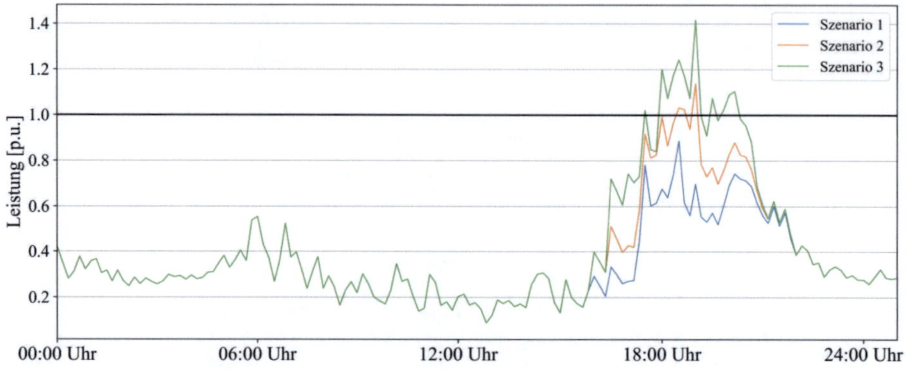


**Abb. 5.25:** Auslastung Zuleitung Transformator über beispielhaften Tag in den drei Szenarien

Zu sehen ist, dass im ersten Szenario bei der aktuellen Durchdringung an EFs mit circa 13 % im beispielhaften Niederspannungsnetz keine Überlastung der Transformatorzuleitung besteht. Bei Szenario 2 kommt es zu kurzzeitigen geringen Überlastungen, ausgelöst durch die Ladung der EFs. Bei Szenario 3 treten über den Beispieltag längere hohe Überlastungen der modellierten Zuleitung zum Transformator auf. Da in Szenario 1 bei der aktuellen Verteilung der Zulassungszahlen der EFs die Zuleitung des Transformators nicht überlastet ist, wird dieser Fall für die Steuerung der Ladeleistung mittels des MA-Systems mit DDQNs für die weitere Analyse nicht berücksichtigt.

Für Szenario 2 und Szenario 3 werden jeweils zwei MA-DQNs trainiert – zum einen mit den Spannungsdaten direkt aus der Simulation und zum anderen mit den Spannungsdaten nach der Abschätzung des trainierten ANN als Zustand des MDP. Hierfür wird das ANN mit drei µPMUs verwendet, die an den Knoten K1, K4 und K36 implementiert sind. Das Training erfolgte jeweils über 1250 Epochen, wobei eine Epoche den Verlauf eines Tages widerspiegelt. Die theoretisch maximal mögliche Belohnung bei 50 % und 100 % Durchdringung an EFs liegt bei 0. Diese würde bestehen, wenn die Auslastung der Zuleitung stets bei 0,75 p.u. liegt und kein EF pro Simulationszeitschritt lädt. Bei einer permanenten Auslastung der Zuleitung von 0,75 p.u. und bei einer Verteilung der Ladezeit der unterschiedlichen EFs, sodass immer nur ein EF für zwei Simulationszeitschritte lädt, liegt die maximal mögliche Belohnung bei -20. Dieser theoretische Wert ist jedoch in der Praxis nicht erreichbar, da im Modell eine höhere Gleichzeitigkeit der EF-Ladung besteht und die Auslastung der Zuleitung nicht stets auf 0,75 p.u. gehalten werden kann. Bei der Annahme, dass die Auslastung der Zuleitung des Transformators bei der Ankunft des ersten EFs am Ladepunkt erst um 16 Uhr für den restlichen Tag auf 0,75 p.u. im Optimum gehalten werden kann und immer nur ein EF pro Zeitschritt lädt, ergibt sich eine maximal mögliche Belohnung von -104. Dieser Wert dient folgend aber lediglich zur Einschätzung des Trainingserfolges des MA-Systems, da auch dieser Wert nur mit Annahmen in der Theorie möglich ist. Pro Zeitschritt, Tag und Epoche, in denen im Trainingsprozess die Zuleitung des Transformators überlastet ist, erhalten die Agenten eine Belohnung von -250. Abb. 5.26 zeigt den Verlauf der Änderung der Belohnung pro Epoche während des Trainingsprozesses des MA-Systems mit DDQNs für Szenario 2 mit Spannungsdaten direkt aus der Simulation und fehlerbehaftet aus der ANN-SE. Die dargestellte Belohnung pro Epoche wurde pro Simulationszeitschritt und über alle Agenten aufsummiert und bezieht sich auf einen vollständigen Tag mit 144 Schritten in Zehn-Minuten-Werten.

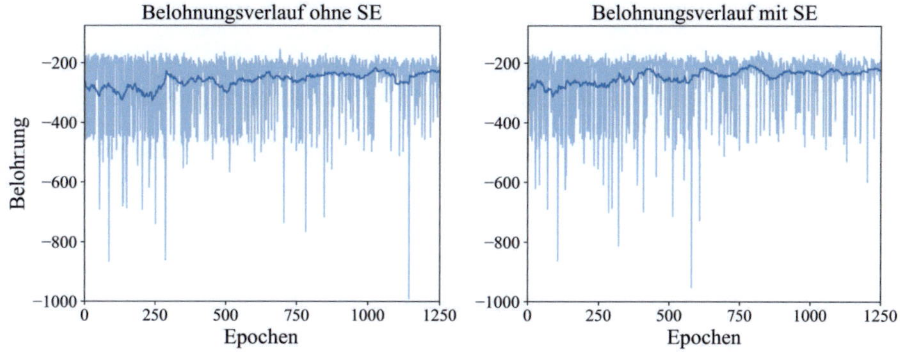


**Abb. 5.26:** Verlauf der Belohnung über den Trainingsprozess der Agenten bei Szenario 2

Der Trainingsverlauf fluktuiert typischerweise über die Anzahl der Epochen. Daher wird in Abb. 5.26 der Mittelwert über 50 Epochen gebildet, wodurch der Trend des erfolgreichen Trainingsprozesses beider MA-RL-Systeme deutlich wird. Der Mittelwert über 50 Epochen ist in Dunkelblau und der ungefilterte Verlauf der Belohnung in Hellblau dargestellt. Wegen der verwendeten Zufallsfaktoren bei der Ladung der EFs zur Erhöhung der Robustheit der Agenten lassen sich die Epochen nach Tagen mit und ohne Überschreitung des thermischen Grenzstroms an der Zuleitung zum Transformator unterteilen. Epochen mit Grenzstromüberschreitung sind durch eine hohe negative Belohnung dargestellt und Tage mit Belohnungen um -200 sind Tage, an denen keine Überlastungen auftreten. Im Verlauf des Trainingsprozesses zeigt sich, dass die Tage mit Überschreitungen des Grenzstroms weniger werden, was den erfolgreichen Trainingsprozess beider MA-Systeme mit und ohne ANN-SE als Eingabewert beschreibt. Die höchste Belohnung, mit oder ohne Abschätzung des Zustands mit dem ANN, liegt bei -154. Sowohl der Trainingsprozess als auch die maximale Belohnung sind ähnlich, sodass die Zustandsabschätzung auf ein erfolgreiches Training der Agenten keinen Einfluss hat.

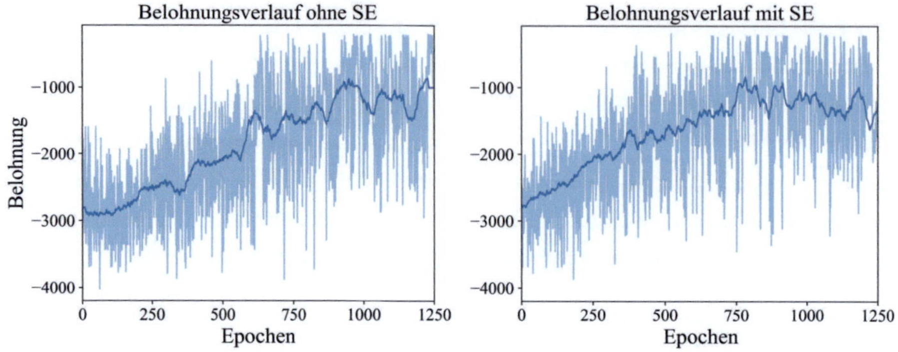


**Abb. 5.27:** Verlauf der Belohnung über den Trainingsprozess der Agenten bei Szenario 3

In Abb. 5.27 ist der Trainingsprozess in Szenario 3 mit einer 100-%-Durchdringung von EFs und mit 11-kW-EF-Ladepunkten im Netzstrang S1 mit und ohne Generierung des Zustandes mittels der ANN-SE dargestellt. Der hellblaue Verlauf stellt hierbei die kumulierte Belohnung pro Epoche und der dunkelblaue Verlauf den Mittelwert der Belohnung über 50 Epochen dar. Es ist der klare Trend zu erkennen, dass über den Verlauf der Epochen die Belohnung der Agenten steigt. Dies gilt sowohl mit als auch ohne ANN-SE. Beide Verläufe zeigen einen erfolgreichen Trainingsprozess der Agenten. Die höchste Belohnung, die die Agenten bei Betrachtung des dritten Szenarios erreichen, liegt bei -180 bei Verwendung des ANN zur Generierung des Zustands und bei -189 bei Verwendung des fehlerfreien Zustands direkt aus der Simulation. Alle dargestellten Trainingsprozesse zeigen die typischen Schwankungen pro Epoche und Belohnung. Die Trainingsprozesse, ob mit oder ohne ANN, zeigen einen ähnlichen Verlauf und eine ähnlich hohe maximale Belohnung.

Weiter wird die Effektivität der Steuerung in beiden Szenarien mit und ohne ANN-SE analysiert. Dazu wird die Auslastung der Zuleitung zum Transformator über den in Abb. 5.25 aufgezeigten beispielhaften Tag betrachtet. Zur Analyse der Effektivität der MA-DQN-Steuerung werden zusätzlich – neben dem zuvor dargestellten beispielhaften Tagesverlauf nach Abb. 5.25 – zwei weitere Szenarien mit unterschiedlichen Ankunftszeiten der EFs generiert. Die beiden Verläufe stellen eine hohe Gleichzeitigkeit der Ladung der EFs an einem Werktag und eine niedrige Gleichzeitigkeit an einem beispielhaften Wochenendtag dar. Die Ankunftszeiten der EFs am Wochenendtag zeichnen sich durch eine höhere

Verteilung über den gesamten Tag mit einer höheren Gleichzeitigkeit am Nachmittag und in den Zeiten ab 20:00 Uhr aus:

- Szenario a): Nach Kapitel 3.4.3 generierte EF-Ladeverläufe
- Szenario b): Hohe Gleichzeitigkeit der EF-Ladung
- Szenario c): Wochenendtag/geringe Gleichzeitigkeit der EF-Ladung

Es werden die Verläufe bei ungesteuerter Ladeleistung der EFs, bei permanent minimaler Ladeleistung von 1,4 kW und bei Steuerung durch die Agenten mit und ohne Abschätzung des Zustands über das ANN für Szenario 2a) bis 2c) und Szenario 3a) bis 3c) verglichen.

### 5.3.1 Steuerung der Ladeleistung der EFs in Szenario 2

Beginnend wird die MA-DDQN-Steuerung mit und ohne Generierung des Zustands mit dem ANN in Szenario 2a) analysiert. Sie ist in Abb. 5.28 für einem beispielhaften Tag dargestellt. Für die folgenden Abbildungen ist jeweils der Verlauf in Rot für den ungesteuerten Fall, in Grün bei minimaler Ladeleistung, in Blau bei Steuerung der Ladeleistung durch die DDQN-Agenten und in Gelb bei Steuerung der Ladeleistung der DDQ-Agenten bei Generierung des Zustandes mittels ANN dargestellt.

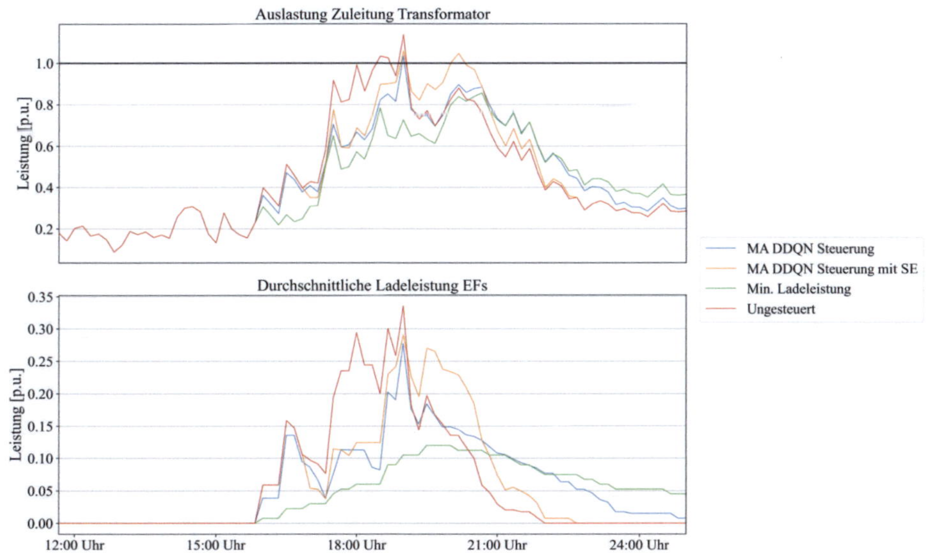


**Abb. 5.28:** Auslastung Zuleitung Transformator und durchschnittliche Ladeleistung der EFs in Szenario 2a)

Nach Szenario 2a) besteht eine Durchdringung aller Haushalte mit EFs von 50 % und deren Ladeverläufe werden nach der Methodik aus Kapitel 3.4.3 erstellt. Basierend auf diesen

Verläufen erfolgte das Training der Agenten. Abb. 5.28 ist in zwei Verläufe aufgeteilt: zum einem in die Auslastung der Zuleitung des Transformators in Strang S1 und zum anderen in die durchschnittliche Ladeleistung aller EFs. Im ungesteuerten Verlauf sind zwei Überlastungen der Zuleitung zwischen 18:00 Uhr und 21:00 Uhr zu erkennen. Die erste Überlastung wird durch die Steuerung der Agenten vermieden. Die zweite Überlastung wird durch die Agenten bis fast unter 1,0 p.u. reduziert, jedoch nicht komplett vermieden. Anhand des Verlaufs der minimalen Ladeleistung ist zu erkennen, dass eine weitere Reduzierung der Ladeleistung der EFs möglich wäre, aber von den Agenten nicht eindeutig erkannt wird. Durch den Fehler in der Abschätzung des Zustands mittels ANN zeigt sich, dass in Szenario 2a) um 20:00 Uhr eine zusätzliche Überlastung der Zuleitung durch die Agenten erzeugt wird, die den Zustand über das ANN erhalten. Dies würde im ungesteuerten Fall nicht auftreten. Dies ist auch an der durchschnittlichen Ladeleistung der EFs im unteren Teil der Abbildung zu erkennen. Die so generierte Überlastung ist zwar nur kurzzeitig, zeigt jedoch, dass der Fehler in der Abschätzung des Zustands zu problematischen neuen Überlastungen des BM führen kann.

Folgend sind in Abb. 5.29 die Verläufe der Zuleitungsauslastung des Transformators und die durchschnittliche Ladeleistung der EFs in Szenario 2b) dargestellt.

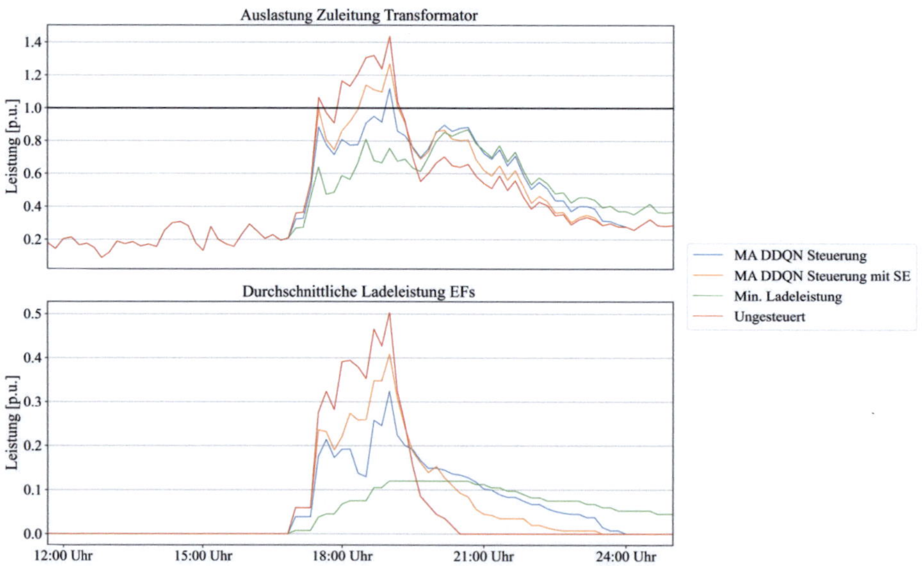


**Abb. 5.29:** Auslastung Zuleitung Transformator und durchschnittliche Ladeleistung der EFs in Szenario 2b)

Das Szenario 2b) zeichnet sich durch eine hohe Gleichzeitigkeit der Ladung der EFs aus, was anhand der durchschnittlichen Ladeleistung der EFs im unteren Teil der Abb. 5.29 zu sehen ist. Zwischen 17:00 Uhr und 20:00 Uhr des beispielhaften Tages entstehen durch die Ladung der EFs im ungesteuerten Fall teils hohe Überlastungen des BM. Das MA-System mit und ohne Zustand – generiert durch das ANN – reduziert die Überlastungen durch eine Reduzierung der Ladeleistung der EFs. Die Agenten, die einen fehlerfreien Zustand erhalten, reduzieren die Überlastungen des BM effektiver und sind außer bei einem Simulationszeitschritt in der Lage, die Überlastungen gänzlich zu vermeiden. Anhand des Verlaufs bei permanent minimaler Ladeleistung ist zu erkennen, dass die Agenten durch eine weitere Reduzierung der Ladeleistung die Überlastung vermeiden könnten. Die Spitzenlast der Zuleitung wird beim MA-System mit der Generierung des Zustands mittels ANN um 22 % und beim fehlerfreien Zustand um 33 % reduziert.

Das Szenario 2c) stellt den Verlauf bei einer geringen Gleichzeitigkeit der Ladung der EFs und einer Durchdringung der HSHs von 50 % dar. Die Auslastung der Zuleitung des Transformators vom Netzabschnitt S1 und die durchschnittliche Ladeleistung der EFs sind in Abb. 5.30 dargestellt.

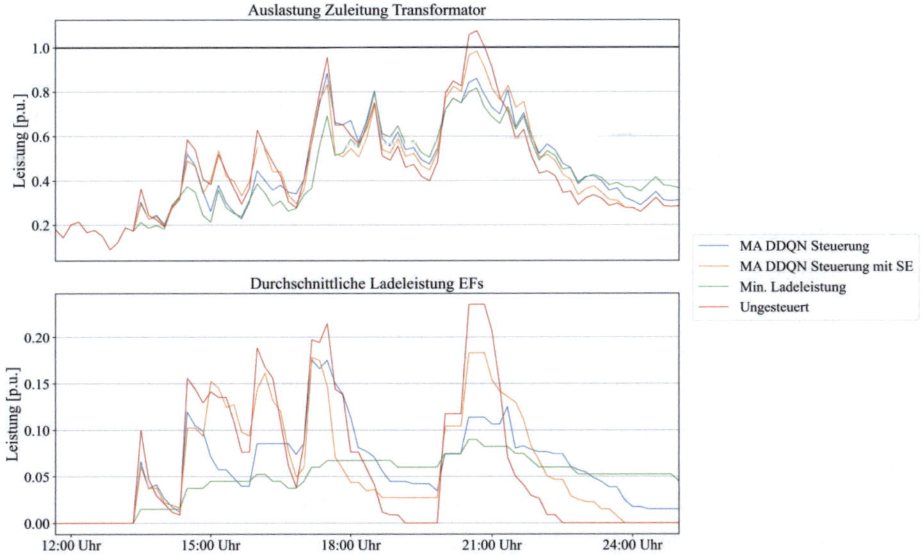


**Abb. 5.30:** Auslastung Zuleitung Transformator und durchschnittliche Ladeleistung der EFs in Szenario 2c)

Durch die Aufteilung der EF-Ladung über den Tag und die daraus resultierende geringe Gleichzeitigkeit, die anhand der durchschnittlichen Ladeleistung über den beispielhaften

Tag im unteren Abschnitt der Abb. 5.30 zu sehen ist, tritt im ungesteuerten Fall der Ladeleistung lediglich gegen 21:00 Uhr eine Überlastung der Zuleitung des Transformators auf. In beiden gesteuerten Fällen wird die Überlastung der Zuleitung durch die Steuerung der Agenten vermieden. Bei der Steuerung mit dem fehlerfreien Zustand wird die Ladeleistung der EFs mehr als notwendig reduziert, was sich auf eine nicht optimale Ladezeit auswirkt. Die Auswirkung der MA-DDQN-Steuerung, mit und ohne Zustand über das ANN, auf die Ladezeit ist für die Szenarien 2a), 2b) und 2c) in Tab. 5.8 zusammengefasst.

**Tab. 5.8:** Durchschnittliche Ladezeiten der Szenarien 2a), 2b) und 2c)

<table>
<tr><th rowspan="2">Szenario</th><th colspan="4">Ladezeit [h]</th></tr>
<tr><th>Ungesteuert</th><th>Min. Ladeleistung</th><th>MA DDQN-Steuerung ohne ANN Zustand</th><th>MA DDQN-Steuerung mit ANN Zustand</th></tr>
<tr><td>2a)</td><td rowspan="3">1,60 h</td><td rowspan="3">6,63 h</td><td>3,20 h</td><td>2,54 h</td></tr>
<tr><td>2b)</td><td>3,20 h</td><td>2,56 h</td></tr>
<tr><td>2c)</td><td>3,21 h</td><td>2,57 h</td></tr>
</table>

Da sich die Szenarien lediglich durch die Ankunftszeiten der EFs am Ladepunkt unterscheiden und der Verbrauch, die Strecke und damit der resultierende SoC beim Start der Ladung gleich sind, sind die durchschnittlichen Ladezeiten in allen Szenarien im ungesteuerten Fall und für die minimale Ladeleistung identisch. Im ungesteuerten Fall liegt die durchschnittliche Ladezeit der EFs bei 1,6 h und bei permanent minimaler Ladeleistung bei 6,6 h. Bei der MA-DDQN-Steuerung mit dem Zustand aus der Simulation liegt die durchschnittliche Ladezeit bei 3,2 h und bei der Steuerung mit Zustand, generiert durch das ANN, bei 2,5 h. Die durchschnittliche Ladezeit der EFs mit den beiden MA-DDQN-Steuerungen unterscheidet sich zwischen den Szenarien nur minimal. Die Ladezeit ist im Verhältnis zur permanent minimalen Ladeleistung um den Faktor 1,9 bzw. 2,64 kürzer. Im Verhältnis zur ungesteuerten Ladeleistung ist die Ladezeit beim System mit Zustand aus dem ANN um den Faktor 1,56 und beim System mit den fehlerfreien Spannungsdaten um den Faktor 2,00 länger. Wie in den zuvor dargestellten Abbildungen wird die Ladeleistung durch die Agenten mit durch das ANN generiertem fehlerhaftem Zustand nicht mehr reduziert als im fehlerfreien Zustand. Dies führt zu höheren Auslastungen der Zuleitung zum Transformator und teils zu neuen Überlastungen. Jedoch ist die Ladezeit so geringer.

### 5.3.2 Steuerung der Ladeleistung der EFs in Szenario 3

Das Szenario 3 zeichnet sich durch einen 100-%-Anteil an EF-Ladepunkten bei den HSHs aus. Hier werden die unterschiedlichen Ladeverläufe für a) die Generierung der Ladeverläufe nach Kapitel 3.4.3, b) die hohe Gleichzeitigkeit und c) den Wochenendverlauf bzw. die geringe Gleichzeitigkeit analysiert. Dazu werden der in den unterschiedlichen Szenarien dargestellte Verlauf der Auslastung der Zuleitung des Transformators des Stranges S1 und die durchschnittliche Ladeleistung eines beispielhaften Tages bei ungesteuerter Ladeleistung, bei permanent minimaler Ladeleistung und bei Steuerung der Ladeleistung durch das MA-System bei Generierung des Zustandes durch das ANN und im tatsächlichen Zustand betrachtet. Folgende Abb. 5.31 stellt dies für das Szenario 3a) dar.

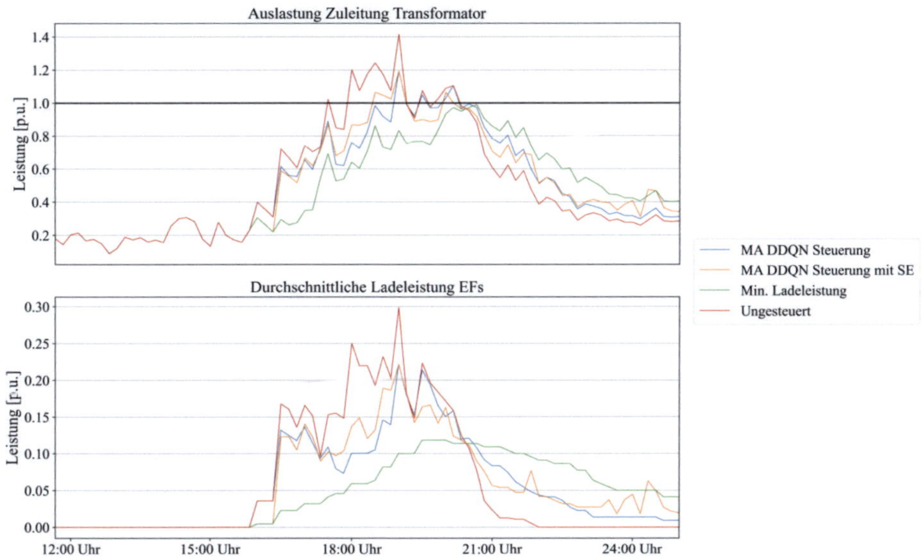


**Abb. 5.31:** Auslastung Zuleitung Transformator und durchschnittliche Ladeleistung der EFs in Szenario 3a)

Bei Betrachtung des Verlaufs der Auslastung der Zuleitung zum Transformator im Szenario 3a) ist diese zwischen 17:00 Uhr und 21:00 Uhr mehrfach mit über 1,4 p.u. hoch. Diese Überlastungen werden durch die Steuerung des MA-DDQN-Systems reduziert. Bei dem System, das den fehlerfreien Zustand direkt aus der Simulation erhält, geschieht dies effektiver. Jedoch fällt auf, dass der Unterschied der Verläufe mit und ohne Zustand mittels ANN geringer ist als beim zuvor betrachteten Szenario 2 mit einer Durchdringung an EFs von 50 %. Dies deutet auf einem effektiveren Trainingsprozess des Steuersystems in Szenario 3 gegenüber Szenario 2 hin. Grund hierbei kann die häufigere Überlastung des

Systems sein, woraufhin die Agenten diesen erkennen und ihm aktiv gegensteuern. Wenn diese seltene Überlastung von den ANN in Szenario 2 nicht genau abgeschätzt wird, kann es zu Fehlern kommen. Die Steuerung agiert in beiden Fällen nicht optimal, was anhand des Verlaufs der Auslastung beim minimalen Ladeverlauf zu sehen ist, bei dem die Zuleitung über den gesamten beispielhaften Tag nicht überlastet ist. Die Spitzenauslastung wird bei beiden Steuersystemen um 16 % reduziert.

Weiter wird das MA-DDQN-Steuersystem bei einer hohen Gleichzeitigkeit der Ladung der EFs bei einem 100-%-Anteil an Ladepunkten in den HSHs in Szenario 3b) untersucht. Die Verläufe der Auslastung des BM und die durchschnittliche Ladeleistung über diesen beispielhaften Tag sind in Abb. 5.32 dargestellt.

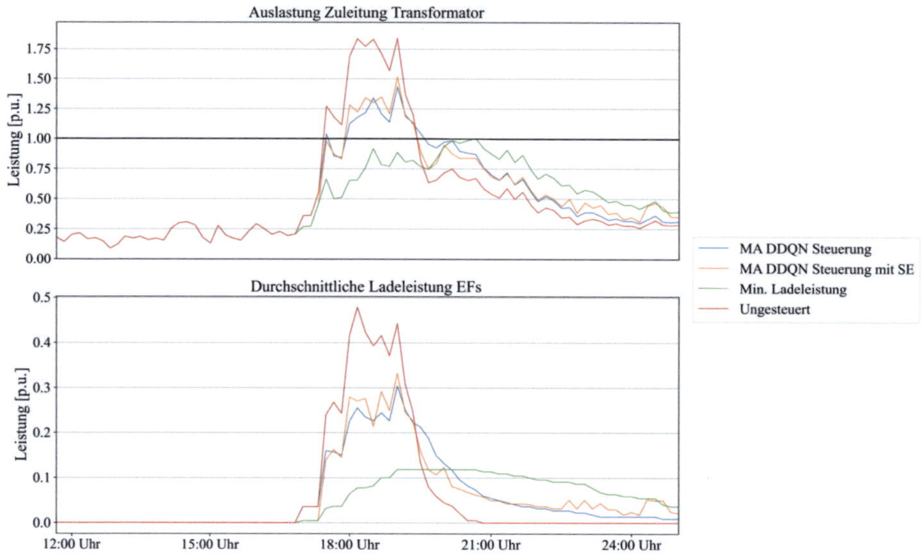


**Abb. 5.32:** Auslastung Zuleitung Transformator und durchschnittliche Ladeleistung der EFs in Szenario 3b)

Bei einer hohen Gleichzeitigkeit der Ladung der EFs in Szenario 3b) ist die Zuleitung zum Transformator zwischen 17:00 Uhr und 20:00 Uhr permanent hoch überlastet. Wie zuvor zeigt sich, dass sowohl die Agenten, die den fehlerfreien Zustand aus der Simulation erhalten, als auch die Agenten, die den Zustand über das ANN bekommen, die Ladeleistung der EFs ähnlich steuern. In beiden Fällen kann die Überlastung des BM zum Teil vermieden werden. Die sehr hohe Überlastung von über 1,75 p.u. wird jedoch nicht komplett vermieden. Die Auslastung wird auf 1,30 p.u. bis 1,50 p.u. reduziert, was einer Reduzierung um 28 % bis 17 % entspricht. Der Verlauf der Auslastung des BM bei permanent minimaler Ladeleistung der EFs lässt erkennen, dass eine komplette Vermeidung der Überlastung möglich ist, was jedoch durch die Agenten nicht effektiv umgesetzt wird.

Abschließend wird das Szenario 3c) betrachtet. Hier wird eine geringere Gleichzeitigkeit der Ladung der EFs über einen beispielhaften Tag untersucht. Die daraus resultierende Auslastung der Zuleitung des Transformators sowie die durchschnittliche Ladeleistung aller EFs im ungesteuerten Fall und in den verschiedenen gesteuerten Fällen sind in Abb. 5.33 dargestellt.

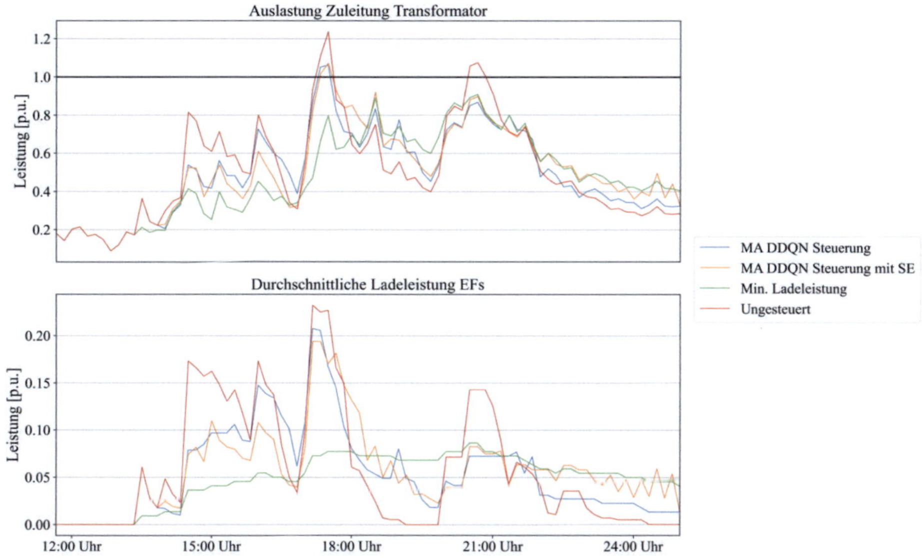


**Abb. 5.33:** Auslastung Zuleitung Transformator und durchschnittliche Ladeleistung der EFs in Szenario 3c)

Beim Szenario 3c) ist selbst bei einer 100-%-Durchdringung mit EFs bei allen HSHs die Zuleitung zum Transformator über den beispielhaften Tag nur kurzzeitig um 17:00 Uhr und um 21:00 Uhr überlastet. Wegen des geringeren Fehlers bei der Abschätzung des Zustands mittels ANN, im Gegensatz zu Szenario 2, ähneln sich die Verläufe der Auslastung des BM und die durchschnittliche Ladeleistung der MA-DDQN-Steuerung mit fehlerfreiem und fehlerhaftem Zustand. Die Steuersysteme verhindern die Überlastung um 21:00 Uhr durch die Steuerung der Ladeleistung, indem sie diese reduzieren. Die Überlastung um 17:00 Uhr wird nicht vermieden, jedoch wird die Lastspitze von ca. 1,25 p.u. auf 1,05 p.u. reduziert. Auch hier erreichen die Steuersysteme nicht das Optimum zur Vermeidung von Überlastungen. Es zeigt sich anhand des Verlaufs der permanent minimalen

Ladeleistung, dass die Ladeleistung der EFs in Summe noch weiter reduziert werden könnte und sich die Überlastung zu 17:00 Uhr vermeiden lässt.

Die folgende Tab. 5.9 listet die durchschnittliche Ladezeit der unterschiedlichen Szenarien 3a), 3b) und 3c) bei ungesteuerter Ladeleistung, bei permanent minimaler Ladeleistung und bei Steuerung der Ladeleistung durch das MA-DDQN mit und ohne Generierung des Zustands mit dem ANN auf.

**Tab. 5.9:** Durchschnittliche Ladezeiten der Szenarien 3a), 3b) und 3c)

<table>
<tr><th rowspan="2">Szena-rio</th><th colspan="4">Ladezeit [h]</th></tr>
<tr><th>Ungesteuert</th><th>Min. Ladeleistung</th><th>MA DDQN-Steuerung ohne ANN Zustand</th><th>MA DDQN-Steuerung mit ANN Zustand</th></tr>
<tr><td>3a)</td><td rowspan="3">1,52 h</td><td rowspan="3">6,63 h</td><td>3,35 h</td><td>3,18 h</td></tr>
<tr><td>3b)</td><td>3,37 h</td><td>3,23 h</td></tr>
<tr><td>3c)</td><td>3,29 h</td><td>3,29 h</td></tr>
</table>

Die durchschnittliche Ladezeit der EFs im ungesteuerten Fall liegt in allen Szenarien 3a), 3b) und 3c) bei 1,52 h und bei permanent minimaler Ladeleistung der EFs bei 6,63 h. In den Szenarien unterscheiden sich die Ladezeiten bei Steuerung der Ladeleistung durch die Agenten leicht, wobei die sie bei Verwendung des ANN zur Zustandsgenerierung meist geringer ist. Der Grund hierfür ist, dass die Leistung der EFs im Durchschnitt höher ist als bei Verwendung der Steuerung mit fehlerfreien Zustand aus der Simulation. Dies führt jedoch teilweise zu Überlastungen der Zuleitung zum Transformator, was es durch die Steuerung zu vermeiden gilt. Die durchschnittlichen Ladezeiten der EFs bei Steuerung der Ladeleistung durch das MA-System mit Zustand mittels ANN fallen um den Faktor 2,02 bis 2,09 und bei Verwendung des fehlerfreien Zustandes um den Faktor 1,97 bis 2,02 kürzer aus. Im Verhältnis zum ungesteuerten Fall ist die Ladezeit jedoch in etwa um den Faktor 2 länger.

## 5.4 Zusammenfassung

In Kapitel 5 wurde die zuvor beschriebene Methodik an einem beispielhaften Niederspannungsnetz als Softwaremodell analysiert. Als Beispiel wurde das CIGRE-Niederspannungsreferenznetz verwendet und modifiziert. Hierzu wurden drei Szenarien definiert, die die Anzahl an EFs im Niederspannungsnetz beschreiben. Szenario 1 ging anhand der Zulassungszahlen von EFs im Jahr 2021 von einem entsprechenden Anteil, Szenario 2 von einem Anteil von 50 % und Szenario 3 von einem Anteil von 100 % aller HSHs mit EFs und 11-kW-Ladepunkt aus. Die Validierungs- und die Testdaten zur Evaluation der Genauigkeit der SE mittels ANN, die mittels der Netzsimulation generiert wurden und auf den HSH-, den EF- und den PV-Verläufen basieren, wurden nach der zuvor beschriebenen Methodik erstellt. Beginnend wurde die SE mittels ANN betrachtet. Hierzu zählt die optimale Platzierung der µPMUs zur Maximierung der Mess- und der Eingangsdaten für das ANN, um den Betrag der Knotenspannung aller nicht messtechnisch erfassten Netzknoten abschätzen zu können. Ein gutes Verhältnis zwischen Investition in Messtechnik und prozentualer Beobachtbarkeit des Beispielnetzes ergab sich bei einer Anzahl von ein bis vier eingesetzten µPMUs. Weiter wurden die Methoden zur Erstellung der pseudo-historischen Messdaten analysiert, mit denen das ANN trainiert wird, um hier die beste Methodik zu definieren. Hierbei wurden die Hyperparameter für die verschiedenen Mengen an µPMUs mittels bayesscher Regression bestimmt und analysiert. Die genaueste Abschätzung der Knotenspannung mittels SE erfolgte bei der Generierung der Trainingsdaten unter Verwendung einer MC-Simulation für die HSH-Verläufe und bei einem gewichteten Zufallsverlauf der Ladung der EFs (ZFA 2), beschrieben nach Kapitel 3. Bei Verwendung dieser Methode wurde die Genauigkeit des ANN zur SE mit den Validierungs- und den Testdaten in den Szenarien und für die Anteile an EFs und die verwendete Anzahl an Messeinheiten analysiert. Hierbei zeigte sich, dass die Genauigkeit bei Verwendung der Validierungsdaten typischerweise höher ist als bei Verwendung der Testdaten. Die Validierungsdaten sind dem ANN aus dem Trainingsprozess bekannt, wohingegen die Testdaten unbekannt sind. In der Regel wird in den verschiedenen Szenarien die Spannung bei Verwendung von nur einer µPMU am Transformator durch das ANN zu konstant abgeschätzt, was auf die konstante Spannung am Transformator als Eingabedaten zurückzuführen ist. Bei Verwendung von vier im CIGRE-Netz verteilten µPMUs wird die Spannung der Netzknoten vom ANN häufig überschätzt und zu niedrig ausgegeben. Dies lässt sich auf die stärkeren Schwankungen der Spannung zum Ende des Stranges als Eingabedaten zurückführen. Die besten Ergebnisse werden bei der Verwendung von drei µPMUs erreicht. In den Zeiten, in denen die EFs laden und durch die hohe plötzliche Ladeleistung Spannungseinbrüche verursachen, sinkt die Genauigkeit in der Abschätzung des Betrags der Knotenspannung durch das ANN. Mit steigender Anzahl an EFs in den Szenarien und bei daraus resultierenden stärkeren Spannungsschwankungen verschärft sich dieser Effekt. Bei Verwendung von drei µPMUs, mit der die höchste Genauigkeit erreicht wird, ergeben sich in Szenario 3 teilweise kurzzeitige Abweichungen von fast 10 V bei einer Nennspannung von 400 V.

Anschließend wurde die Steuerung mittels des MA-DDQN-Systems der Ladeleistung zur Vermeidung und zur Reduzierung von Überlastungen der BMs im Netz bei Beibehaltung einer möglichst kurzen Ladezeit analysiert. Da es bei der Betrachtung des ersten Szenarios zu keiner Überlastung der Zuleitung zum Transformator im Strang S1 des CIGRE-Niederspannungsnetzes kommt, wurden lediglich das Szenario 2 mit 50-%-Verteilung und Szenario 3 mit 100-%-Durchdringung an EFs untersucht. Da das ANN den Zustand im MDP mit der abgeschätzten Knotenspannung bestimmt, wird evaluiert, wie sich der Fehler in der Abschätzung des Zustands auf die Steuerung der Agenten auswirkt. Zur Analyse werden jeweils drei Unterszenarien a), b) und c) gebildet: Szenario a) stellt die EF-Ladeverläufe, generiert nach der Methodik aus Kapitel 3.4.3, Szenario b) eine hohe Gleichzeitigkeit und Szenario c) eine geringe Gleichzeitigkeit bei der Ladung der EFs dar. Sowohl bei 50 % als auch bei 100 % Durchdringung an EFs und unter Verwendung des fehlerfreien Zustands aus der Simulation sowie beim durch das ANN generierten Zustand werden erfolgreiche Trainingsprozesse der DDQN-Agenten erzielt. Bei Untersuchung eines beispielhaften Tages zeigte sich, dass in Szenario 2a) die Überlastung annähernd vollständig und in Szenario 2c) vollständig vermieden wird. Lediglich in Szenario 2b) wurde bei einer hohen Gleichzeitigkeit der Ladung die Überlastung nicht vermieden, dafür aber deutlich reduziert. Bei der Generierung des Zustands durch das ANN ist die Effektivität der Steuerung zur Reduzierung der Überlastung des BM weniger effektiv als bei Nutzung eines fehlerfreien Zustands. Nach Szenario 2a) werden sogar neue Überlastungen durch die Steuerung mit Zustand aus dem ANN generiert. Bezüglich der Ladezeit wird diese gegenüber einer permanent minimalen Ladeleistung der EFs erheblich reduziert. Für Szenario 3 wurde die Steuerung mittels MA-DDQN ebenfalls mit den drei Unterszenarien a), b) und c) untersucht. Hierbei fiel auf, dass die Abweichung zwischen dem Steuersystem, das den Zustand über das ANN erfährt, und dem System, das einen fehlerfreien Zustand aus der Simulation erhält, geringer ist als in Szenario 2. Dies deutet auf einem besseren Trainingsverlauf hin. Ein weiterer Grund ist, dass die seltenen und geringen Überlastungen in Szenario 2 durch den Fehler in der Abschätzung des Zustands nicht eindeutig erkannt und den Agenten übermittelt werden. Durch die 100-%-Durchdringung der HSHs mit EFs entstehen teils hohe Überlastungen bei der Zuleitung zum Transformator in allen Szenarien 3a), 3b) und 3c). Diese werden durch die Steuersysteme nur selten vollständig vermieden, jedoch deutlich reduziert. Auch in Szenario 3 kann die Ladezeit der EFs im Verhältnis zur permanent minimalen Ladeleistung im Durchschnitt deutlich erhöht werden. Bei Betrachtung des Auslastungsverlaufs bei permanent minimaler Ladeleistung der EFs zeigte sich in allen untersuchten Szenarien, dass die Überlastungen des BMs durch das Steuersystem komplett vermieden werden können. Hierbei ergibt sich entsprechend Optimierungsbedarf in der gewählten Methodik.

# 6 Zusammenfassung und Ausblick

In dieser Arbeit wurde eine optimierte Steuerung verteilter und privat ladender EFs, formuliert als MDP, mittels ML untersucht. Ziel der autonom agierenden Steuerung ist die Vermeidung und die Reduzierung von Überlastungen von BMs im Niederspannungsnetz bei gleichzeitiger Beibehaltung einer möglichst kurzen Ladezeit. Nach einleitender Beschreibung des Problems und Darlegung der Motivation zur Arbeit in Kapitel 1 wurde in Kapitel 2 der Stand der Wissenschaft und der Technik dargelegt. Die Recherche dazu zeigte, dass in verschiedenen Veröffentlichungen ANN zur SE in Niederspannungsnetzen untersucht worden sind. Hierbei werden jedoch häufig historische Messdaten zum Training des ANN verwendet, die in deutschen Niederspannungsnetzen typischerweise nicht vorhanden sind. Auch liegt in den vorhandenen wissenschaftlichen Arbeiten in der Regel eine hohe Anzahl an Eingangsdaten auf Grund einer hohen Abdeckung mit Messtechnik vor, was jedoch wegen einer Vielzahl an Messknoten im Niederspannungsnetz und daraus resultierenden Investitionskosten in die Messtechnik nicht praktikabel ist. Die gesteuerte Ladung von EFs wurde in der Vergangenheit bereits mit unterschiedlichen Methoden untersucht. Hierbei wurde jedoch meist von einer hohen Verfügbarkeit an Daten ausgegangen, die realistisch betrachtet als Eingangsdaten für einen Steueralgorithmus nicht existieren. Eine Kombination aus einer ANN-SE, die die Eingangsdaten für eine autonome Steuerung der Ladeleistung verteilter EFs mittels RL betrachtet, wurde in wissenschaftlichen Veröffentlichungen bisher noch nicht analysiert. Die in dieser Arbeit verwendete Methodik wird folgend als Antwort auf die zuvor definierte Kernfrage F1 und die Ergebnisse der Arbeit als Beantwortung der zu Beginn der Arbeit gestellten Forschungsfragen F1-1, F1-2 und F1-3 zusammengefasst.

## 6.1 Beantwortung der Forschungsfragen

Die zu Anfang der Arbeit in Kapitel 1.1 definierten Forschungsfragen werden folgend erneut aufgeführt und anhand der Analysen der definierten Methodik und den Ergebnissen beantwortet. Hierbei ist die Kernfrage als F1 beschrieben. Es werden Methoden des ML untersucht, um eine autonome Steuerung der Ladeleistung von EFs zu definieren und somit durch die Ladeleistung der EFs ausgelöste Überlastungen von BMs zu vermeiden. Zusätzlich soll die Steuerung sicherstellen, dass neben der Überlastung der BMs eine möglichst kurze Ladezeit der Fahrzeuge gewährleistet wird. Für eine solche Steuerung bestehen aktuell in der Regel keine Messdaten und Eingangsgrößen in Echtzeit im Niederspannungsnetz. Bei der Untersuchung der Kernfrage F1 ergeben sich die weiterführenden Forschungsfragen F1-1, F1-2 und F1-3.

**F1: Wie kann eine autonome Steuerung verteilter privater Elektrofahrzeug-Ladepunkte mittels maschineller Lernalgorithmen bei unbekannten Eingangsgrößen definiert werden?**

Die Kernfrage der Arbeit ist als F1 formuliert. Hierzu wurden im Rahmen dieser Untersuchung zwei Methoden des ML analysiert. Das Steuersystem ist in einem dezentralen Ansatz als MDP definiert und agiert pro Niederspannungsabschnitt ohne Kommunikation mit einer zentralen Stelle. Der gewählte Optimierungsansatz des MDPs, der durch die Reduzierung von Überlastungen von BMs bei Beibehaltung einer hohen Ladegeschwindigkeit der verteilten EFs definiert ist, wird mittels RL gelöst. Hierbei ist der Zustand des MDPs, der unter anderem aus den Knotenspannungen des Niederspannungsnetzes besteht, vorerst unbekannt. Der Zustand wird mittels der Abschätzung der Knotenspannung als SE mit einem ANN generiert. Auf Grund fehlender Messtechnik im Niederspannungsnetz und somit fehlenden Trainingsdaten für das ANN werden mittels eines Modells des Netzes pseudo-historische Trainingsdaten generiert. Zur deren Generierung wurden in der Arbeit verschiedene Methoden analysiert. Die Eingabedaten des ANN zur SE werden mit Messdaten von µPMUs erzeugt, die in ein zu betrachtendes Netz integriert werden. Die Platzierung der µPMUs im Niederspannungsnetz erfolgt nach einem hier definierten Algorithmus, sodass bei einer gewählten Anzahl an µPMUs die maximale Anzahl an Netzknoten messtechnisch überwacht wird. Bei optimaler Anzahl an µPMUs, die zur Generierung der Eingabedaten für das ANN verwendet werden, wird die Wirtschaftlichkeit berücksichtigt. Bei der Definition der Lösung des MDP wird ein MA-Ansatz betrachtet. Jedem Ladepunkt wird ein Agent zugeordnet. In jedem Zeitschritt agieren die Agenten über den Ladecontroller des Ladepunktes über eine definierte Menge an möglichen Aktionen, die über diskrete Schritte von minimaler Ladeleistung bis zu maximaler Ladeleistung reichen. Die zu optimierenden Größen der Vermeidung von Überlastungen von BMs und der Minimierung der Ladezeit sind als Belohnungsfunktionen definiert. Zur Lösung des MDPs wird ein DDQN pro Agent verwendet. In einem Offline-Trainingsprozess am Modell eines Niederspannungsnetzes werden die Agenten trainiert, um gemeinschaftlich das Optimum zwischen geringer Ladezeit und durch die Ladung der EFs entstehender Überlastung von BMs nach beschriebener Belohnungsfunktion zu erreichen, indem sie entsprechend dafür geeignete Aktionen im entsprechenden Zustand des Netzes nach der SE mittels ANN wählen.

**F1-1: Wie können pseudo-historische Messdaten zum Training eines künstlichen neuronalen Netzes zur Abschätzung des Netzzustandes generiert werden?**

Zur Beantwortung der Forschungsfrage F1-1 wurde ein Modell des Niederspannungsnetzes generiert, in dem die ANN-SE verwendet wird. Das Netzmodell entspricht dem

Niederspannungs-CIGRE-Referenznetz, das für diese Arbeit modifiziert wurde. Anhand des Modells werden pseudo-historische Messdaten als Spannungswerte der Knoten generiert. Da die Spannung im Niederspannungsnetz wegen des hohen R/X-Verhältnisses hauptsächlich von den Last- und den Erzeugungsverläufen der Verbraucher und der Erzeugungsanlagen abhängig ist, werden Methoden untersucht, um verschiedene Verläufe zu generieren, die anschließend in das Netzmodell übertragen werden. Die Knotenspannungen als pseudo-historische Daten werden dann im Netzmodell erzeugt. Für die PV-Anlagen im Netzmodell werden vorhandene historische Messdaten verwendet. Bei den unterschiedlichen Methoden zur Profilgenerierung der HSHs und der EFs ist es das Ziel, alle möglichen Netzzustände abzudecken, sodass das ANN in seinem Trainingsprozess alle Kombinationen an Zuständen kennt und nach abgeschlossenem Training anhand der Eingabedaten wiedergeben kann. Zusätzlich dürfen die Profile nicht zu allgemein sein, da das ANN sonst im Trainingsprozess nicht konvergieren würde und den Zusammenhang zwischen Ein- und Ausgabedaten nicht wiedergeben kann. Für die Profile der HSHs werden das nach CIGRE definierte Referenzprofil für Haushalte, zufällige Lastverläufe und eine Generierung der Verläufe mittels einer MC-Simulation untersucht. Bei den Verläufen der EF-Ladung werden ebenfalls zufällige Verläufe, gewichtete Zufallsverläufe nach typischen Ladezeiten sowie zufällige Ladeverlaufsprofile verwendet. Außer bei Verwendung des CIGRE-Referenzprofils erhalten alle HSHs und EFs im Netzmodell einzigartige Zufallsverläufe. Die verschiedenen Methoden zur Generierung der Lastverläufe der HSHs und der EF-Ladungen wurden in Kapitel 5.2.2 in allen Kombinationsmöglichkeiten und in drei unterschiedlichen Szenarien untersucht. Die drei Szenarien unterscheiden sich durch den Anteil an Durchdringung mit EFs im Netzmodell:

- Szenario 1: 13,3 % Durchdringung EFs
- Szenario 2: 50 % Durchdringung EFs
- Szenario 3: 100 % Durchdringung EFs

Bei Verwendung unterschiedlicher Mengen an µPMUs und in den drei Szenarien mit unterschiedlichen Anteilen an EFs im Niederspannungsnetz sowie bei optimal parametrierten Hyperparametern des ANN nach dem bayesschen Regressionsmodell ergibt sich die beste Methode mit der höchsten Genauigkeit zur Generierung von pseudo-historischen Trainingsdaten für die SE durch ein ANN in Kombination aus der MC-Simulation der HSH-Profile und den gewichteten zufälligen Ladeverläufen der EFs. Bei einer Nennspannung von 400 V kommt es hierbei im Durchschnitt zu Ungenauigkeiten zwischen 1,12 V und 1,68 V bei Betrachtung der unterschiedlichen Szenarien, je nach Anzahl an verwendeten µPMUs, je nach Eingangsdaten und unter Verwendung des erstellten Testdatensatzes. In der Analyse der Spannungsabschätzung durch das ANN eines beispielhaften Tages zeigt sich, dass zu den Zeiten, in denen vermehrt EFs geladen werden, manche abgeschätzten Knotenspannungen hohe Abweichungen aufzeigen. Die geringste maximale Abweichung, die bei Verwendung von drei µPMUs erreicht wird, liegt bei annähernd 10 V.

**F1-2: Welchen Einfluss hat die Genauigkeit der Zustandsabschätzung mittels künstlicher neuronaler Netze auf die autonome Steuerung der Ladung der Elektrofahrzeuge?**

Bei der Analyse der Genauigkeit der ANN-SE hat sich ergeben, dass im Mittel eine hohe Genauigkeit bei der Abschätzung der Knotenspannung besteht, jedoch im Detail über einen Tagesverlauf hinweg in den unterschiedlichen Szenarien und bei den verwendeten Mengen an µPMUs teils höhere Ungenauigkeiten bestehen. Beim betrachteten modifizierten CIGRE-Niederspannungsnetz zur Validierung der ANN-SE ergibt sich die beste Genauigkeit der Knotenabschätzung bei Verwendung von drei µPMUs. Bei den unterschiedlichen Szenarien zeigen sich jedoch teilweise Fehler in der Abschätzung von annähernd 10 V bei einer Nennspannung von 400 V. Da die Knotenspannung den Zustand des MDP definiert, wird geprüft, wie sehr der Fehler der abgeschätzten Spannung die Effektivität der Steuerung der EF-Ladeleistung mittels MA-Ansatz und DDQN beeinflusst. Hierbei stellte sich zuerst heraus, dass in Szenario 1 keine Überlastungen der BMs durch die Ladung der EFs auftreten. Daher wird in Kapitel 5.3 die Steuerung der MAs an jeweils drei Unterszenarien a), b) und c) für Szenario 2 – 50 % EFs – und für Szenario 3 – 100 % EFs – analysiert. Die Unterszenarien werden hierbei durch verschiedene EF-Ladeverläufe differenziert.

- Unterszenario a): Ladung der EFs mit den Verläufen generiert nach Kapitel 3.4.3
- Unterszenario b): Ladung der EFs mit hoher Gleichzeitigkeit
- Unterszenario c): Ladung der EFs mit geringer Gleichzeitigkeit

Hierbei wird der Zustand des MDP als Spannung aller Netzknoten zum einen direkt aus der Simulation und zum anderen abgeschätzt durch das ANN betrachtet. Die autonome Steuerung hat die Ladeleistung der EFs in beiden Szenarien effektiv reduziert, sodass die Überlastungen des BM vermieden oder reduziert werden. Es wird jedoch deutlich, dass die Genauigkeit der SE großen Einfluss auf die Effektivität der Steuerung hat. Besonders in Szenario 2 wirkt sich der Fehler in der Abschätzung des Zustands auf die Steuerung mittels des MA-DDQN-System aus. In einem Fall wird durch die Steuerung sogar eine zuvor nicht vorhandene Überlastung des BM generiert. Die seltenen und geringen Überlastungen in Szenario 2 werden durch den Fehler in der Abschätzung der Knotenspannungen durch das ANN durch die Agenten nicht erkannt, was zum Unterschied der Effektivität der Steuerung führt. In Szenario 3 ist der Unterschied zwischen dem Steuersystem mit fehlerfreien und dem Steuersystem mit Zustand nach ANN deutlich geringer. Die teils hohen und längerfristigen Überlastungen werden trotz Fehlern in der Abschätzung durch die Steuerung erkannt und die Ladeleistung der EFs wird ähnlich effektiv wie beim fehlerfreien Zustand gesteuert.

**F1-3: Welchen Einfluss hat das autonom steuernde System zur Vermeidung und Reduzierung von Überlastung von Betriebsmitteln auf die Ladezeit der Elektrofahrzeuge und kann der Anteil an Elektrofahrzeugen ohne Ausbau von Primärbetriebsmitteln erhöht werden?**

Durch die Steuerung der EF-Ladung mithilfe des autonom agierenden MA-Systems mit DDQNs werden Überlastungen von BMs in perspektivischen Szenarien mit hohem Anteil an EFs vermieden oder hohe Auslastungen im ungesteuerten Betrieb reduziert. Dies wird anhand eines Netzmodells, das das modifizierte CIGRE-Niederspannungsnetz ist, im Rahmen der Arbeit analysiert. Die auftretenden Überlastungen der Zuleitung des Transformators bei einem Anteil an HSHs mit einem 11-kW-EF-Ladepunkt von 50 % werden durch die ANN-SE in Kombination mit dem Steuersystem der EF-Ladeleistung bis auf wenige Ausnahmen unterbunden oder reduziert. Bei einem Anteil von 100 % EFs werden die Überlastungen des BM im beispielhaften Netz seltener vermieden, jedoch durch die Steuerung stark reduziert. Die Steuerung hat allerdings durch die Reduzierung der Ladeleistung Einfluss auf die Ladezeit der EFs. Im Gegensatz zu einer permanenten Reduzierung der Ladeleistung kann die Ladezeit der EFs durch das Steuersystem deutlich verringert werden. Da die Überlastung der Zuleitung durch das autonome Steuersystem weder bei einem Anteil von 50 % noch bei einem Anteil von 100 % an EFs im beispielhaften Niederspannungsnetz komplett vermieden werden kann, reicht das vorgestellte Steuersystem nicht aus, um bei steigendem Anteil an EFs den Ausbau von Primärbetriebsmitteln zu vermeiden. Jedoch wird durch das Steuersystem die Auslastung der BMs deutlich reduziert.

## 6.2 Ausblick

Das in der Arbeit definierte System zur Generierung des Netzzustandes mit einem ANN und der darauf basierenden autonomen Steuerung der Ladeleistung von EFs, das Überlastungen von BMs unter Beibehaltung einer kurzen Ladezeit vermeiden oder reduzieren soll, bietet Möglichkeiten für zahlreiche weiterführende Arbeiten. Beginnend gilt es, das System zuverlässiger zu gestalten, sodass effektiv alle Überlastungen durch die autonome Steuerung vermieden werden, indem die Ladeleistung reduziert wird. Auch muss das vorgestellte System in einem realen elektrischen Netz validiert werden. Hierbei lassen sich die Genauigkeit des ANN zur SE und die darauf basierende Steuerung der DDQN-Agenten unter realen Bedingungen untersuchen. In diesem Zusammenhang ist auch zu untersuchen, wie ein Ausfall der Datenübertragung oder fehlerhafte Daten sowohl vom ANN zur SE als auch vom Steuersystem interpretiert werden, damit weiterhin ein effektiver Betrieb beider Systeme gewährleistet wird. Auch lässt sich hier der Effekt eines weiterführenden Online-Trainings untersuchen. Die Agenten werden in der Simulation vortrainiert. Sobald sie die Steuerung der Ladung der EFs erlernt haben, können die Agenten im realen Netz eingesetzt und weitertrainiert werden. Dadurch lernen sie spezifische Parameter des Teilnetzes, in dem sie eingesetzt werden, und können so die Steuerung der Ladung der EFs für diesen Teilnetzabschnitt entsprechend der gewählten Optimierungsfunktionen steuern. Auch gilt es, die Interaktion des autonomen Steuersystems zur Reduzierung der Ladeleistung mit weiteren Steuersystemen zu untersuchen, die zum Beispiel steuernd auf stationäre Batteriespeicher im Niederspannungsnetz einwirken, um ebenfalls die Auslastung von BMs im Netz zu reduzieren.

Auch die wirtschaftlichen Aspekte des in der Arbeit definierten Systems im Verhältnis zur Anzahl eingesetzter Messtechnik und zur Genauigkeit der Zustandsabschätzung wurden in der Arbeit nicht detailliert betrachtet. Wegen der hohen Anzahl an Netzknoten in den Niederspannungsnetzen kann eine ausführliche wirtschaftliche Betrachtung erfolgen. Außerdem können die Kosten perspektivischer Netzausfälle bei unzureichender Beobachtbarkeit der Verteilnetze analysiert werden. Der hier gewählte dezentrale Ansatz lässt sich zu einem verteilten System weiterentwickeln, sodass die Ausfallsicherheit gegenüber einem dezentralen Ansatz erhöht wird. Auch lässt sich das MA-System um weitere Agenten erweitern, damit Steuerungen ebenfalls für zusätzliche Anlagen zur optimalen Betriebsführung der Niederspannungsnetze durch die Agenten vorgenommen werden. Hier würden sich zum einem PV-Anlagen und zum anderen Batteriespeicher eignen. Durch die steigende Elektrifizierung des Wärmesektors in der Niederspannung durch Wärmepumpen stellen diese ebenfalls eine signifikante zu steuernde Größe für einen sicheren Netzbetrieb und zur Vermeidung von Überlastungen dar. Zusätzlich könnte eine optimale Steuerung der Erzeugungsleistung der Wärmepumpen zur maximalen Ausnutzung der Wärmespeicher beitragen. Im Zuge dessen können weitere zu optimierende Größen – wie die Einhaltung der Spannungsgrenzen der einzelnen Netzknoten oder der aktuelle Energiepreis in einem dynamischen Preismodell – in das Steuersystem mittels DDQNs implementiert werden. Ein weiterer Ansatz zur Erweiterung der DDQN-Steuerung der Ladeleistung der EFs ist es, die Möglichkeiten zu analysieren, die eine Rückspeisung der Leistung der Fahrzeugbatterie als Vehicle-2-Grid bietet. In diesem Rahmen ergibt sich eine Vielzahl an perspektivischen Anwendungsmöglichkeiten, die von einer optimierten Betriebsführung der Verteilnetze über die Bereitstellung von Regelleistungen bis zum Netzwiederaufbau reichen.

# 7 Literaturverzeichnis

[1] A. J. Schwab, *Elektroenergiesysteme: Erzeugung Übertragung und Verteilung elektrischer Energie,* 5. Aufl., 2017.

[2] B. M. Buchholz und Z. A. Styczynski, *Smart Grids: Grundlagen und Technologien der elektrischen Netze der Zukunft,* 2. Aufl., 2019.

[3] *Gesetz über die Einspeisung von Strom aus erneuerbaren Energien in das öffentliche Netz (Stromeinspeisungsgesetz): StromEinspG*, 1990.

[4] *Erneuerbare-Energien-Gesetz: EEG*, 2000.

[5] Umweltbundesamt, Hg., *Erneuerbare Energien in Deutschland: Daten zur Entwicklung im Jahr 2021*, 2022.

[6] Bundesministerium für Wirtschaft und Technologie, Bundesministerium für Verkehr, Bau und Stadtentwicklung, Bundesministerium für Umwelt, Naturschutz und Reaktorsicherheit und Bundesministerium für Bildung und Forschung, Hg., *Regierungsprogramm Elektromobilität*. Rostock: Publikationsversand der Bundesregierung, 2011.

[7] NOW GmbH, Hg., *Auswertung KBA-Zahlen: Januar 2022*, 2022. [Online]. Verfügbar unter: https://www.now-gmbh.de/wp-content/uploads/2022/02/KBA_Report_01-2022.pdf

[8] Sozialdemokratische Partei Deutschlands, BÜNDNIS 90/DIE GRÜNEN und Freie Demokratische Partei, Hg., *Koalitionsvertrag: Mehr Fortschritt wagen*, 2021.

[9] M. Wietschel, S. Preuß, R. Kunze und M. Keller, „Laden von Elektrofahrzeugen in Deutschland mit Ökostromverträgen" in *Working Paper Sustainability and Innovation.* [Online]. Verfügbar unter: https://www.isi.fraunhofer.de/content/dam/isi/dokumente/sustainability-innovation/2022/WP02-2022_Laden_von_Elektrofahrzeugen_in_Deutschland_mit_Oekostromvertraegen_final.pdf

[10] *Verordnung über Allgemeine Bedingungen für den Netzanschluss und dessen Nutzung für die Elektrizitätsversorgung in Niederspannung: Niederspannungsanschlussverordnung - NAV*, 2019.

[11] Department for Business Energy and Industrial Strategy, Hg., *The Electric Vehicles (Smart Charge Points) Regulation 2021*, 2021.

[12] European Commission, Hg., *Country fiches for electricity smart metering*, 2014. [Online]. Verfügbar unter: https://eur-lex.europa.eu/legal-content/EN/TXT/PDF/?uri=CELEX:52014SC0188&from=EN

[13] *Messstellenbetriebsgesetz: MsbG*, 2021.

[14] M. Kirste und M. Schürholz, „Einleitung: Entwicklungswege zur KI" in *Künstliche Intelligenz*, V. Wittpahl, Hg., Berlin, Heidelberg: Springer Berlin Heidelberg, 2019, S. 21–35, doi: 10.1007/978-3-662-58042-4_1.

[15] G. Paaß und D. Hecker, *Künstliche Intelligenz*. Wiesbaden: Springer Fachmedien Wiesbaden, 2020.

[16] W. Ertel, *Grundkurs Künstliche Intelligenz*. Wiesbaden: Springer Fachmedien Wiesbaden, 2016.

[17] U. Lämmel und J. Cleve, *Künstliche Intelligenz: Wissensverarbeitung - neuronale Netze,* 5. Aufl., 2020.

[18] J. Frochte, *Maschinelles Lernen: Grundlagen und Algorithmen in Python,* 3. Aufl., 2021.

[19] I. H. Sarker, „Machine Learning: Algorithms, Real-World Applications and Research Directions" (eng), *SN computer science*, Jg. 2, Nr. 3, S. 160, 2021, doi: 10.1007/s42979-021-00592-x.

[20] E. Alpaydin, *Maschinelles Lernen,* 3. Aufl., 2022.

[21] M. Lapan und K. Lorenzen, *Deep Reinforcement Learning: Das umfassende Praxis-Handbuch : Moderne Algorithmen für Chatbots Robotik diskrete Optimierung und Web-Automatisierung inkl. Multiagenten-Methoden,* 1. Aufl., 2020.

[22] S. Matzka, *Künstliche Intelligenz in den Ingenieurwissenschaften*. Wiesbaden: Springer Fachmedien Wiesbaden, 2021.

[23] H. Seidl, S. Mischinger und R. Heuke, *Beobachtbarkeit und Steuerbarkeit im Energiesystem: Handlungsbedarfsanalyse der dena-Plattform Systemdienstleistungen*. Berlin, 2016.

[24] M. Majdoub, J. Boukherouaa, B. Cheddadi, A. Belfqih, O. Sabri und T. Haidi, „A Review on Distribution System State Estimation Techniques" in *2018 6th International Renewable and Sustainable Energy Conference (IRSEC)*, Rabat, Morocco, 2018, S. 1–6, doi: 10.1109/IRSEC.2018.8702952.

[25] T. Kaffka, *Neuronale Netze - Grundlagen: Mit Beispielprogrammen in Java,* 2017. Aufl., 2017.

[26] Z. A. Styczynski, K. Rudion und A. Naumann, *Einführung in Expertensysteme: Grundlagen Anwendungen und Beispiele aus der elektrischen Energieversorgung*, 2017.

[27] A. Burkov und K. Lorenzen, *Machine Learning kompakt: Alles was Sie wissen müssen,* 1. Aufl., 2019.

[28] W. Kinnebrock, *Neuronale Netze: Grundlagen Anwendungen Beispiele,* 2. Aufl. München: Oldenbourg, 1994.

[29] G. D. Rey und K. F. Wender, *Neuronale Netze: Eine Einführung in die Grundlagen Anwendungen und Datenauswertung,* 3. Aufl., 2018.

[30] M. Pau *et al.,* „Design and Accuracy Analysis of Multilevel State Estimation Based on Smart Metering Infrastructure", *IEEE Trans. Instrum. Meas.*, Jg. 68, Nr. 11, S. 4300–4312, 2019, doi: 10.1109/TIM.2018.2890399.

[31] S. Müller, D. A. Contreras, H. Früh, K. Rudion, C. Exner und A. von Haken, „ONLINE AGGREGATION OF THE FLEXIBILITY POTENTIAL IN DISTRIBUTION GRIDS USING STATE ESTIMATION" in *CIRED 2021 - The 26th International Conference and Exhibition on Electricity Distribution*, Online Conference, 2021, S. 1255–1259, doi: 10.1049/icp.2021.2085.

[32] H. Früh, K. Rudion, A. von Haken, D. Groß und B. Wasowicz, „EVALUATION OF A THREE-PHASE DISTRIBUTION SYSTEM STATE ESTIMATION FOR OPERATIONAL USE IN A REAL LOW VOLTAGE GRID" in *The 9th Renewable Power Generation Conference (RPG Dublin Online 2021)*, Online Conference, 2021, S. 125–130, doi: 10.1049/icp.2021.1396.

[33] S. Dahale und B. Natarajan, „Bayesian Framework for Multi-timescale State Estimation in Low-Observable Distribution Systems", *IEEE Trans. Power Syst.*, S. 1, 2022, doi: 10.1109/TPWRS.2022.3155151.

[34] J. B. Leite und J. R. S. Mantovani, „Distribution System State Estimation Using the Hamiltonian Cycle Theory", *IEEE Trans. Smart Grid*, Jg. 7, Nr. 1, S. 366–375, 2016, doi: 10.1109/TSG.2015.2448940.

[35] M.-Q. Tran, A. S. Zamzam und P. H. Nguyen, „Enhancement of Distribution System State Estimation Using Pruned Physics-Aware Neural Networks" in *2021 IEEE Madrid PowerTech*, Madrid, Spain, 2021, S. 1–5, doi: 10.1109/PowerTech46648.2021.9494950.

[36] A. S. Zamzam und N. D. Sidiropoulos, „Physics-Aware Neural Networks for Distribution System State Estimation", *IEEE Trans. Power Syst.*, Jg. 35, Nr. 6, S. 4347–4356, 2020, doi: 10.1109/TPWRS.2020.2988352.

[37] S. Basumallik, Y. Liu, D. Katramatos und S. Yoo, „Real-Time Distribution State Estimation with Massive µPMU Streaming Data" in *2020 IEEE Power & Energy Society Innovative Smart Grid Technologies Conference (ISGT)*, Washington, DC, USA, 2020, S. 1–5, doi: 10.1109/ISGT45199.2020.9087754.

[38] Z. Cao, Y. Wang, C.-C. Chu und R. Gadh, „Scalable Distribution Systems State Estimation Using Long Short-Term Memory Networks as Surrogates“, *IEEE Access*, Jg. 8, S. 23359–23368, 2020, doi: 10.1109/ACCESS.2020.2967638.

[39] Z. Cao, Y. Wang, C.-C. Chu und R. Gadh, „Fast State Estimations for Large Distribution Systems using Deep Neural Networks as Surrogate“ in *2020 IEEE Power & Energy Society General Meeting (PESGM)*, Montreal, QC, Canada, 822020, S. 1–5, doi: 10.1109/PESGM41954.2020.9281827.

[40] K. R. Mestav, J. Luengo-Rozas und L. Tong, „State Estimation for Unobservable Distribution Systems via Deep Neural Networks“ in *2018 IEEE Power & Energy Society General Meeting (PESGM)*, Portland, OR, 82018, S. 1–5, doi: 10.1109/PESGM.2018.8586649.

[41] M. Pertl, K. Heussen, O. Gehrke und M. Rezkalla, „Voltage estimation in active distribution grids using neural networks“ in *2016 IEEE Power and Energy Society General Meeting (PESGM)*, Boston, MA, USA, 72016, S. 1–5, doi: 10.1109/PESGM.2016.7741758.

[42] G. Hong und Y.-S. Kim, „Supervised Learning Approach for State Estimation of Unmeasured Points of Distribution Network“, *IEEE Access*, Jg. 8, S. 113918–113931, 2020, doi: 10.1109/ACCESS.2020.3003049.

[43] J. Kircheis, X. Song, T. Jiang, S. Schlegel und D. Westermann, „Improving Distribution System Observability Using Neural Networks“ in *2020 55th International Universities Power Engineering Conference (UPEC)*, Torino, Italy, 92020, S. 1–6, doi: 10.1109/UPEC49904.2020.9209778.

[44] M. Ferdowsi, A. Lowen, P. McKeever, A. Monti, F. Ponci und A. Benigni, „New monitoring approach for distribution systems“ in *2014 IEEE International Instrumentation and Measurement Technology Conference (I2MTC)*, Montevideo, Uruguay, 2014, S. 1506–1511, doi: 10.1109/I2MTC.2014.6860997.

[45] M. Ferdowsi, A. Benigni, A. Lowen, B. Zargar, A. Monti und F. Ponci, „A Scalable Data-Driven Monitoring Approach for Distribution Systems“, *IEEE Trans. Instrum. Meas.*, Jg. 64, Nr. 5, S. 1292–1305, 2015, doi: 10.1109/TIM.2015.2398991.

[46] M. Ferdowsi, B. Zargar, F. Ponci und A. Monti, „Design considerations for artificial neural network-based estimators in monitoring of distribution systems“ in *2014 IEEE International Workshop on Applied Measurements for Power Systems (AMPS)*, Aachen, Germany, 92014, S. 1–6, doi: 10.1109/AMPS.2014.6947718.

[47] M. Kelker, K. Schulte, K. Kroger und J. Haubrock, „Development and validation of a neural network for state estimation in the distribution grid based on µPMU data“

in *2019 Modern Electric Power Systems (MEPS)*, Wroclaw, Poland, 992019, S. 1–6, doi: 10.1109/MEPS46793.2019.9394975.

[48] B. Zargar, A. Angioni, F. Ponci und A. Monti, „Multiarea Parallel Data-Driven Three-Phase Distribution System State Estimation Using Synchrophasor Measurements“, *IEEE Trans. Instrum. Meas.*, Jg. 69, Nr. 9, S. 6186–6202, 2020, doi: 10.1109/TIM.2020.2967512.

[49] M. Kelker, K. Schulte und J. Haubrock, „State estimation in low-voltage grids by using artificial neural networks in consideration of optimal micro phasor measurement unit placement“ in *NEIS 2020*, S. 1–6.

[50] N. M. Manousakis, G. N. Korres und P. S. Georgilakis, „Optimal placement of phasor measurement units: A literature review“ in *2011 16th International Conference on Intelligent System Applications to Power Systems (ISAP)*, Hersonissos, Greece, 2011, S. 1–6, doi: 10.1109/ISAP.2011.6082183.

[51] K. K. More und H. T. Jadhav, „A literature review on optimal placement of phasor measurement units“ in *2013 International Conference on Power, Energy and Control (ICPEC)*, Sri Rangalatchum Dindigul, 2013, S. 220–224, doi: 10.1109/ICPEC.2013.6527654.

[52] C. Muscas, M. Pau, P. A. Pegoraro und S. Sulis, „Uncertainty of Voltage Profile in PMU-Based Distribution System State Estimation“, *IEEE Trans. Instrum. Meas.*, Jg. 65, Nr. 5, S. 988–998, 2016, doi: 10.1109/TIM.2015.2494619.

[53] A. Tahabilder, P. K. Ghosh, S. Chatterjee und N. Rahman, „Distribution system monitoring by using micro-PMU in graph-theoretic way“ in *2017 4th International Conference on Advances in Electrical Engineering (ICAEE )*, Dhaka, 92017, S. 159–163, doi: 10.1109/ICAEE.2017.8255346.

[54] S. Chauhan und R. Dahiya, „Optimal Placement of µPMUs in Distribution System Integrated with Distributed Energy Resources“ in *2020 IEEE 9th Power India International Conference (PIICON)*, Sonepat, India, 22020, S. 1–5, doi: 10.1109/PIICON49524.2020.9112925.

[55] A. A. G. Mabaning, J. R. C. Orillaza und A. von Meier, „Optimal pmu placement for distribution networks“ in *2017 IEEE Innovative Smart Grid Technologies - Asia (ISGT-Asia)*, Auckland, 122017, S. 1–6, doi: 10.1109/ISGT-Asia.2017.8378415.

[56] M. Mukherjee und B. K. S. Roy, „Optimal µPMU Placement in Distribution Network Using Binary Carnivorous Plant Algorithm“ in *2021 IEEE 2nd International Conference on Smart Technologies for Power, Energy and Control (STPEC)*, Bilaspur, Chhattisgarh, India, 12192021, S. 1–6, doi: 10.1109/STPEC52385.2021.9718699.

[57] M. Picallo, A. Anta und B. de Schutter, „Comparison of Bounds for Optimal PMU Placement for State Estimation in Distribution Grids“, *IEEE Trans. Power Syst.*, Jg. 34, Nr. 6, S. 4837–4846, 2019, doi: 10.1109/TPWRS.2019.2914971.

[58] A. Arefi, M.-R. Haghifam, S.-H. Fathi, B. Behi, S. E. Razavi und P. Jennings, „Optimal Probabilistic PMU Placement in Electric Distribution System State Estimation“ in *2019 IEEE 10th International Workshop on Applied Measurements for Power Systems (AMPS)*, Aachen, Germany, 92019, S. 1–6, doi: 10.1109/AMPS.2019.8897793.

[59] K. Chauhan und R. Sodhi, „Placement of Distribution-Level Phasor Measurements for Topological Observability and Monitoring of Active Distribution Networks“, *IEEE Trans. Instrum. Meas.*, Jg. 69, Nr. 6, S. 3451–3460, 2020, doi: 10.1109/TIM.2019.2939951.

[60] R. Andreoni, D. Macii, M. Brunelli und D. Petri, „Tri-Objective Optimal PMU Placement Including Accurate State Estimation: The Case of Distribution Systems“, *IEEE Access*, Jg. 9, S. 62102–62117, 2021, doi: 10.1109/ACCESS.2021.3074579.

[61] *Konduktive Ladesysteme für Elektrofahrzeuge*, 61851, Deutsche Kommission Elektrotechnik Elektronik Informationstechnik in DIN und VDE, 2019.

[62] P. Komarnicki, J. Haubrock und Z. A. Styczynski, *Elektromobilität und Sektorenkopplung: Infrastruktur- und Systemkomponenten*, 2018.

[63] M. Sterner und I. Stadler, *Energiespeicher: Bedarf Technologien Integration,* 2. Aufl., 2017.

[64] H. Proff und T. M. Fojcik, Hg., *Nationale und internationale Trends in der Mobilität.* Wiesbaden: Springer Fachmedien Wiesbaden, 2016.

[65] A. Schneider und R. Schmidpeter, *Corporate Social Responsibility.* Berlin, Heidelberg: Springer Berlin Heidelberg, 2015.

[66] S. Satarworn und N. Hoonchareon, „Impact of EV home charger on distribution transformer overloading in an urban area“ in *2017 14th International Conference on Electrical Engineering/Electronics, Computer, Telecommunications and Information Technology (ECTI-CON)*, Phuket, 62017, S. 469–472, doi: 10.1109/ECTI-Con.2017.8096276.

[67] G. Lacey, G. Putrus und E. Bentley, „A methodology to support the electrical network in order to promote electric vehicle charging in smart cities“ in *2018 53rd International Universities Power Engineering Conference (UPEC)*, Glasgow, 92018, S. 1–4, doi: 10.1109/UPEC.2018.8542029.

[68] P. Baran, *On Distributed Communications: I. Introduction to Distributed Communications Networks.* RAND Corporation, 1964.

[69] S. F. Bush, *Smart grid: Communication-enabled intelligence for the electric power grid*. Chichester: Wiley u.a, 2015.

[70] A. Schill und T. Springer, *Verteilte Systeme*. Berlin, Heidelberg: Springer Berlin Heidelberg, 2012.

[71] N. Pohlmann, *Cyber-Sicherheit: Das Lehrbuch für Konzepte Prinzipien Mechanismen Architekturen und Eigenschaften von Cyber-Sicherheitssystemen in der Digitalisierung,* 1. Aufl., 2019.

[72] M. Sewak, *Deep Reinforcement Learning*. Singapore: Springer Singapore, 2019.

[73] U. Lorenz, *Reinforcement Learning*. Berlin, Heidelberg: Springer Berlin Heidelberg, 2020.

[74] E. B. Dynkin, *Die Grundlagen der Theorie der Markoffschen Prozesse*. Berlin, Heidelberg, Cham: Springer Berlin Heidelberg; Springer International Publishing AG, 1961.

[75] M. L. Puterman, *Markov Decision Processes: Discrete Stochastic Dynamic Programming*. New York, Birmingham, AL, USA: Wiley-Interscience; EBSCO Industries Inc, 1994. [Online]. Verfügbar unter: http://search.ebscohost.com/login.aspx?direct=true&scope=site&db=nlebk&db=nlabk&AN=294454

[76] R. S. Sutton und A. Barto, *Reinforcement learning: An introduction*, 2018.

[77] R. S. Sutton, „Learning to predict by the methods of temporal differences", *Mach Learn*, Jg. 3, Nr. 1, S. 9–44, 1988, doi: 10.1007/BF00115009.

[78] F. Y. Melhem, O. Grunder, Z. Hammoudan und N. Moubayed, „Optimization and Energy Management in Smart Home Considering Photovoltaic, Wind, and Battery Storage System With Integration of Electric Vehicles", *Can. J. Electr. Comput. Eng.*, Jg. 40, Nr. 2, S. 128–138, 2017, doi: 10.1109/CJECE.2017.2716780.

[79] C. Jin, J. Tang und P. Ghosh, „Optimizing Electric Vehicle Charging With Energy Storage in the Electricity Market", *IEEE Trans. Smart Grid*, Jg. 4, Nr. 1, S. 311–320, 2013, doi: 10.1109/TSG.2012.2218834.

[80] A. O'Connell, A. Keane und D. Flynn, „Rolling multi-period optimization to control electric vehicle charging in distribution networks" in *2014 IEEE Power & Energy Society General Meeting*, National Harbor, MD, USA, 72014, S. 1, doi: 10.1109/PESGM.2014.6938830.

[81] Z. Ma, D. S. Callaway und I. A. Hiskens, „Decentralized Charging Control of Large Populations of Plug-in Electric Vehicles", *IEEE Trans. Contr. Syst. Technol.*, Jg. 21, Nr. 1, S. 67–78, 2013, doi: 10.1109/TCST.2011.2174059.

[82] R. Carli und M. Dotoli, „A decentralized control strategy for optimal charging of electric vehicle fleets with congestion management“ in *2017 IEEE International Conference on Service Operations and Logistics and Informatics (SOLI)*, Bari, 92017, S. 63–67, doi: 10.1109/SOLI.2017.8120971.

[83] N. B. Arias, J. C. Lopez, M. J. Rider und J. Fredy Franco, „Adaptive Robust Linear Programming Model for the Charging Scheduling and Reactive Power Control of EV Fleets“ in *2021 IEEE Madrid PowerTech*, Madrid, Spain, 2021, S. 1–6, doi: 10.1109/PowerTech46648.2021.9494898.

[84] A. Ghavami, K. Kar und A. Gupta, „Decentralized Charging of Plug-in Electric Vehicles With Distribution Feeder Overload Control“, *IEEE Trans. Automat. Contr.*, Jg. 61, Nr. 11, S. 3527–3532, 2016, doi: 10.1109/TAC.2016.2516240.

[85] S. Weckx, R. D'Hulst, B. Claessens und J. Driesensam, „Multiagent Charging of Electric Vehicles Respecting Distribution Transformer Loading and Voltage Limits“, *IEEE Trans. Smart Grid*, Jg. 5, Nr. 6, S. 2857–2867, 2014, doi: 10.1109/TSG.2014.2345886.

[86] M. Le Cam, M. Alparslan Zehir und B. Hayes, „Optimal Electric Vehicle Scheduling in Residential Distribution Networks Considering Customer Charging Preferences“ in *2021 IEEE Madrid PowerTech*, Madrid, Spain, 2021, S. 1–6, doi: 10.1109/PowerTech46648.2021.9495016.

[87] B. Yang, J. Li, Q. Han, T. He, C. Chen und X. Guan, „Distributed Control for Charging Multiple Electric Vehicles with Overload Limitation“, *IEEE Trans. Parallel Distrib. Syst.*, Jg. 27, Nr. 12, S. 3441–3454, 2016, doi: 10.1109/TPDS.2016.2533614.

[88] L. Chen und B. Chen, „Fuzzy Logic-Based Electric Vehicle Charging Management Considering Charging Urgency“ in *2019 IEEE Innovative Smart Grid Technologies - Asia (ISGT Asia)*, Chengdu, China, 52019, S. 3441–3446, doi: 10.1109/ISGT-Asia.2019.8881748.

[89] L. Bartolucci *et al.*, „Grid service potential from optimal sizing and scheduling the charging hub of a commercial Electric Vehicle fleet“ in *2020 IEEE International Conference on Environment and Electrical Engineering and 2020 IEEE Industrial and Commercial Power Systems Europe (EEEIC / I&CPS Europe)*, Madrid, Spain, 62020, S. 1–6, doi: 10.1109/EEEIC/ICPSEurope49358.2020.9160695.

[90] S. Ruggeri, F. Pilo, N. Natale und S. Mocci, „Multi-Agent Control System to Coordinate Optimal Electric Vehicles Charging and Demand Response Actions in Active Distribution Networks“ in *3rd Renewable Power Generation Conference (RPG 2014)*, Naples, Italy, 2014, 3.1.2-3.1.2, doi: 10.1049/cp.2014.0841.

[91] W. Sun, F. Neumann und G. P. Harrison, „Robust Scheduling of Electric Vehicle Charging in LV Distribution Networks Under Uncertainty“, *IEEE Trans. on Ind. Applicat.*, Jg. 56, Nr. 5, S. 5785–5795, 2020, doi: 10.1109/TIA.2020.2983906.

[92] F. Zhang, Q. Yang und D. An, „CDDPG: A Deep-Reinforcement-Learning-Based Approach for Electric Vehicle Charging Control“, *IEEE Internet Things J.*, Jg. 8, Nr. 5, S. 3075–3087, 2021, doi: 10.1109/JIOT.2020.3015204.

[93] L. Yan, X. Chen, J. Zhou, Y. Chen und J. Wen, „Deep Reinforcement Learning for Continuous Electric Vehicles Charging Control With Dynamic User Behaviors“, *IEEE Trans. Smart Grid*, Jg. 12, Nr. 6, S. 5124–5134, 2021, doi: 10.1109/TSG.2021.3098298.

[94] Sichen Li, Weihao Hu, Di Cao, Tomislav Dragičević, Qi Huang, Zhe Chen, and Frede Blaabjerg, „Electric Vehicle Charging Management Based on Deep Reinforcement Learning“, *Journal of Modern Power Systems and Clean Energy*, S. 1–12.

[95] A. O. Erick und K. A. Folly, „Power Flow Management in Electric Vehicles Charging Station Using Reinforcement Learning“ in *2020 IEEE Congress on Evolutionary Computation (CEC)*, Glasgow, United Kingdom, 2020, S. 1–8, doi: 10.1109/CEC48606.2020.9185652.

[96] A. Abdelkader, I. Sychev, R. Bonetto und F. H. P. Fitzek, „A Market Oriented, Reinforcement Learning Based Approach for Electric Vehicles Integration in Smart Micro Grids“ in *2019 IEEE International Conference on Communications, Control, and Computing Technologies for Smart Grids (SmartGridComm)*, Beijing, China, 102019, S. 1–6, doi: 10.1109/SmartGridComm.2019.8909698.

[97] S. Vandael, B. Claessens, D. Ernst, T. Holvoet und G. Deconinck, „Reinforcement Learning of Heuristic EV Fleet Charging in a Day-Ahead Electricity Market“, *IEEE Trans. Smart Grid*, Jg. 6, Nr. 4, S. 1795–1805, 2015, doi: 10.1109/TSG.2015.2393059.

[98] F. Ming, F. Gao, K. Liu, J. Wu, Z. Xu und W. Li, „Constrained Double Deep Q-learning Network for EVs Charging Scheduling with Renewable Energy“ in *2020 IEEE 16th International Conference on Automation Science and Engineering (CASE)*, Hong Kong, Hong Kong, 2020, S. 636–641, doi: 10.1109/CASE48305.2020.9216999.

[99] M. Shin, D.-H. Choi und J. Kim, „Cooperative Management for PV/ESS-Enabled Electric Vehicle Charging Stations: A Multiagent Deep Reinforcement Learning Approach“, *IEEE Trans. Ind. Inf.*, Jg. 16, Nr. 5, S. 3493–3503, 2020, doi: 10.1109/TII.2019.2944183.

[100] L. Yan, X. Chen, Y. Chen und J. Wen, „A Cooperative Charging Control Strategy for Electric Vehicles Based on Multi-Agent Deep Reinforcement Learning“, *IEEE Trans. Ind. Inf.*, S. 1, 2022, doi: 10.1109/TII.2022.3152218.

[101] A. A. Zishan, M. M. Haji und O. Ardakanian, „Adaptive Congestion Control for Electric Vehicle Charging in the Smart Grid“, *IEEE Trans. Smart Grid*, Jg. 12, Nr. 3, S. 2439–2449, 2021, doi: 10.1109/TSG.2021.3051032.

[102] N. Sadeghianpourhamami, J. Deleu und C. Develder, „Definition and Evaluation of Model-Free Coordination of Electrical Vehicle Charging With Reinforcement Learning“, *IEEE Trans. Smart Grid*, Jg. 11, Nr. 1, S. 203–214, 2020, doi: 10.1109/TSG.2019.2920320.

[103] K. Qian, R. Adam und R. Brehm, „Reinforcement Learning Based EV Charging Scheduling: A Novel Action Space Representation“ in *2021 IEEE PES Innovative Smart Grid Technologies - Asia (ISGT Asia)*, Brisbane, Australia, 1252021, S. 1–5, doi: 10.1109/ISGTAsia49270.2021.9715603.

[104] F. L. Da Silva, C. E. H. Nishida, D. M. Roijers und A. H. R. Costa, „Coordination of Electric Vehicle Charging Through Multiagent Reinforcement Learning“, *IEEE Trans. Smart Grid*, Jg. 11, Nr. 3, S. 2347–2356, 2020, doi: 10.1109/TSG.2019.2952331.

[105] S. Huang, M. Yang, J. Yun, P. Li, Q. Zhang und G. Xiang, „A Data-Driven Multi-Agent PHEVs Collaborative Charging Scheme Based on Deep Reinforcement learning“ in *2021 IEEE/IAS Industrial and Commercial Power System Asia (I&CPS Asia)*, Chengdu, China, 7/18/2021 - 7/21/2021, S. 326–331, doi: 10.1109/ICPSAsia52756.2021.9621599.

[106] T. Ding, Z. Zeng, J. Bai, B. Qin, Y. Yang und M. Shahidehpour, „Optimal Electric Vehicle Charging Strategy With Markov Decision Process and Reinforcement Learning Technique“, *IEEE Trans. on Ind. Applicat.*, Jg. 56, Nr. 5, S. 5811–5823, 2020, doi: 10.1109/TIA.2020.2990096.

[107] A. Steinfeldt und A. Weißbach, *Stromspiegel: Verbrauchen Sie zu viel Strom? Finden Sie's heraus.* [Online]. Verfügbar unter: https://www.stromspiegel.de/fileadmin/ssi/stromspiegel/Broschuere/stromspiegel-2021.pdf (Zugriff am: 20. Mai 2022).

[108] C. Grobecker, E. Krack-Roberg, O. Pötzsch und B. Sommer, „Bevölkerung und Demografie: Auszug aus dem Datenreport 2021“. Kapitel 1.1 Bevölkerungsstand und Bevölkerungsentwicklung, 2022.

[109] *Benchmark systems for network integration of renewable and distributed energy resources: Task force C6.04*. Paris: CIGRE, 2014.

[110] NOW GmbH, *Die erfolgreiche Förderung privater Ladestationen für Elektroautos an Wohngebäuden des Bundesministeriums für Verkehr und digitale Infrastruktur wird um weitere 300 Millionen Euro aufgestockt und erneut verlängert.* [Online]. Verfügbar unter: https://www.now-gmbh.de/aktuelles/pressemitteilungen/foerderprogramm-fuer-private-ladestationen-wird-um-weitere-300-millionen-euro-aufgestockt/.

[111] F. Liegmann, A. Murtovi, M. Kelker und J. Haubrock, „Analysis of user behaviour for modelling an electric vehicle loading profile generator" in *PESS 2021; Power and Energy Student Summit.*

[112] S. Wanger, „Entwicklung von Erwerbstätigkeit, Arbeitszeit und Arbeitsvolumen nach Geschlecht", Dez. 2020.

[113] A. Berrada, *Entwurf und Validierung eines Optimierungsalgorithmus zur Platzierung von µPMUs im Niederspannungsnetz.*

[114] M. Kelker, A. Berrada, K. Schulte und J. Haubrock, „Entwicklung und Validierung eines optimalen Platzierungsalgorithmus für µPMUS im Niederspannungsnetz" in *EnInnov 2020; 16. Symposium Energieinnovation.*

[115] T. Rashid und F. Langenau, *Neuronale Netze selbst programmieren: Ein verständlicher Einstieg mit Python,* 1. Aufl., 2017.

[116] I. Goodfellow, Y. Bengio und A. Courville, *Deep Learning*. MIT Press, 2016. [Online]. Verfügbar unter: http://www.deeplearningbook.org

[117] L. Fahrmeir, T. Kneib und S. Lang, *Regression: Modelle Methoden und Anwendungen,* 2. Aufl. Berlin: Springer, 2009.

[118] EuPD Research Sustainable Management GmbH, *89 Prozent des Solarpotenzials auf deutschen Ein- und Zweifamilienhäusern sind noch ungenutzt.* [Online]. Verfügbar unter: https://www.eupd-research.com/89-prozent-des-solarpotenzials-noch-ungenutzt/#_ftn1.

[119] M. Gurcke, K. Timpe, M. Kelker und J. Haubrock, „Adaption und Validierung einer Low Cost µPMU zur Netzüberwachung im Niederspannungsnetz" in *EnInnov 2020; 17. Symposium Energieinnovationen*, S. 1–6.

# A. Anhang

## A.1 Verwendete statistische Daten zur Generierung EF-Verläufe

Für die Methodik zur Generierung der unterschiedlichen EF-Ladeverläufe der unterschiedlichen HSHs der Validierungs- und Testdaten nach Kapitel 3.4 werden folgende statistischen Daten verwendet, welche als Tabellen aufgelistet sind

**Tab. A. 1:** Wahrscheinlichkeitsverteilung $P_g$ Geschlecht, männlich m und weiblich w

| | **$P_g$ = m [%]** | **$P_g$ =w [%]** |
|---|---|---|
| P | 48,1 | 51,9 |

**Tab. A. 2:** Wahrscheinlichkeitsverteilung $P_{ag}$ Altersgruppe *ag* nach Geschlecht

| **$ag_{ij}$ [Jahre]** | **$P_{ag}(g_{mj})$ [%]** | **$P_{ag}(g_{wj})$ [%]** |
|---|---|---|
| $ag_{i1}$ (18 – 24) | 21,1 | 20,3 |
| $ag_{i2}$ (25 – 44) | 67,3 | 69,6 |
| $ag_{i3}$ (45 – 64) | 9,1 | 8,4 |
| $ag_{i4}$ (65+) | 2,5 | 1,7 |

**Tab. A. 3:** Wahrscheinlichkeitsverteilung $P_{AZF}$ Arbeitszeitform *AZF* nach Geschlecht und Altersgruppe

| **a** | **$P_{AZF}$ [%]** | | | **$P_{AZF}$ [%]** | | |
|---|---|---|---|---|---|---|
| | **p = 1** | **p = 2** | **p = k** | **p = v** | **p = t** | **p = k** |
| 18 – 19 | 23,0 | 6,3 | 70,7 | 15,9 | 8,1 | 76,0 |
| 20 – 24 | 53,8 | 13,7 | 32,5 | 44,3 | 19,9 | 35,8 |
| 25 – 29 | 70,6 | 11,5 | 17,9 | 55,2 | 21,7 | 23,1 |
| 30 – 34 | 81,3 | 7,1 | 11,6 | 47,2 | 29,7 | 23,1 |
| 35 – 39 | 83,0 | 6,3 | 10,7 | 36,3 | 41,9 | 21,8 |
| 40 – 44 | 84,1 | 5,8 | 10,1 | 35,6 | 46,7 | 17,7 |
| 45 – 49 | 84,2 | 5,9 | 9,9 | 38,1 | 45,0 | 16,9 |
| 50 – 54 | 82,9 | 6,1 | 11,0 | 39,7 | 42,6 | 17,7 |
| 55 – 59 | 77,8 | 6,7 | 15,5 | 36,4 | 41,2 | 22,4 |
| 60 – 64 | 55,3 | 9,6 | 35,1 | 24,9 | 31,9 | 43,2 |

| 65+ | 2,4 | 7,6 | 90,0 | 0,7 | 4,5 | 94,8 |
|---|---|---|---|---|---|---|

**Tab. A. 4:** Wahrscheinlichkeitsverteilung $P_B$ Art des Berufes B nach Arbeitszeitform, Geschlecht, Altersgruppe

| $w_{AZF}$ | $P_B(w_{AZF,mj1})$ [%] | $P_B(w_{AZF,mj2})$ [%] | $P_B(w_{AZF,mj3})$ [%] | |
|---|---|---|---|---|
| a | - | - | < 67 J. | ≥ 67 J. |
| Pendler*in | 98,0 | 100,0 | - | - |
| Handwerker*in | 2,0 | 0,0 | - | - |
| Hausmann/-frau | 0,0 | 0,0 | 100 | 0,0 |
| Rentner*in | 0,0 | 0,0 | 0,0 | 100 |

**Tab. A. 5:** Wahrscheinlichkeitsverteilung $P_T$ Anzahl der Arbeitstage pro Woche nach Art des Berufes, Arbeitszeitform, Geschlecht, Altersgruppe

| $w_{Tage}$ | $P_T(w_{AZF,mjp})$ [%] | | $P_T(w_{AZF,wjp})$ [%] | |
|---|---|---|---|---|
| | p = 1 | p = 2 | p = 1 | p = 2 |
| 1 | 0,0 | 1,4 | 0,0 | 0,4 |
| 2 | 0,0 | 5,5 | 0,0 | 3,8 |
| 3 | 0,1 | 10,3 | 0,1 | 10,7 |
| 4 | 1,1 | 16,0 (+16,0) | 1,3 | 16,4 (+12,3) |
| 5 | 85,7 (+6,6) | 45,5 | 85,5 (+6,7) | 51,2 |
| 6 | 5,8 | 4,4 | 5,3 | 4,3 |
| 7 | 0,7 | 0,9 | 1,1 | 0,9 |

**Tab. A. 6:** Wahrscheinlichkeitsverteilung $P_{w,ort}$ Entfernung Arbeit zu Wohnort $w_t$ Fahrtzeit $w_t$ durchschnittliche Geschwindigkeit $w_v$

| $P_{w,ort}$ [%] | $w_x$ [km] | $w_t$ [min] | $w_v$ [km/h] |
|---|---|---|---|
| 47,9 | 18,9 | 25 | 45,36 |
| 18,3 | 16,3 | 27 | 36,22 |
| 16,8 | 42,5 | 51 | 50,00 |
| 5,0 | 48,2 | 42 | 68,86 |
| 4,7 | 49,6 | 59 | 50,44 |
| 2,3 | 59,8 | 43 | 83,44 |

| 1,6 | 108 | 97 | 66,80 |
|---|---|---|---|
| 1,2 | 185 | 119 | 93,28 |
| 1,2 | 60,8 | 52 | 70,15 |
| 1,1 | 113 | 81 | 83,70 |

**Tab. A. 7:** Technische Daten verwendeter EFs

| Kategorie | Mercedes eVito | Tesla Model S | Renault Zoe |
|---|---|---|---|
| Batteriekapazität [kWh] $W_{EFZ,B}$ | 41 | 85 | 41 |
| Verbrauch [kWh/100km] $vb_{EFZ,100}$ | 24,705 | 18,959 | 16,756 |

## A.2 Spitzenlasten Haushalte und PV-Anlagen Beispielnetz

Folgende Tabelle stellt die Spitzenleistungen der einzelnen HSHs und PV-Anlagen an deren entsprechenden Netzknoten dar, welche für das beispielhafte CIGRE Niederspannungsnetz verwendet werden.

**Tab. A. 8:** Spitzenleistung pro HSH-Last und PV-Anlage Strang 1 und Strang 2 des betrachteten modifizierten CIGRE Niederspannungsnetz

| Strang 1 | | | Strang 2 | | |
|---|---|---|---|---|---|
| HSH Knoten | Spitzenleistung HSH [kVA] | Spitzenleistung PV-Anlage [kVA] | HSH Knoten | Spitzenleistung HSH [kVA] | Spitzenleistung PV-Anlage [kVA] |
| K6 | 7,5 | - | K37 | 6,0 | - |
| K7 | 7,5 | - | K38 | 7,0 | - |
| K8 | 6,0 | - | K39 | 5,0 | 2,83 |
| K9 | 7,0 | - | K40 | 8,0 | - |
| K10 | 5,0 | - | K41 | 5,0 | - |
| K11 | 8,0 | - | K42 | 5,0 | - |
| K12 | 5,0 | - | K43 | 9,0 | - |
| K13 | 5,0 | 2,04 | K44 | 6,0 | - |
| K14 | 10,0 | - | K45 | 7,0 | - |
| K15 | 7,0 | - | K46 | 5,0 | 6,45 |
| K16 | 7,0 | - | K47 | 7,5 | 1,03 |
| K17 | 8,0 | - | K48 | 7,0 | - |
| K18 | 7,0 | - | K49 | 8,0 | - |
| K19 | 6,0 | - | K50 | 5,0 | - |

| K20 | 7,0 | - |
|---|---|---|
| K21 | 9,0 | - |
| K22 | 8,0 | - |
| K23 | 5,0 | - |
| K24 | 7,0 | - |
| K25 | 11,0 | - |
| K26 | 8,0 | 9,12 |
| K27 | 9,0 | - |
| K28 | 7,0 | - |
| K29 | 7,0 | - |
| K30 | 6,0 | - |
| K31 | 5,0 | - |
| K32 | 11,0 | - |
| K33 | 11,0 | - |

| K51 | 6,0 | - |
|---|---|---|
| K52 | 7,0 | - |
| K53 | 9,0 | - |
| K54 | 7,0 | - |
| K55 | 9,0 | - |
| K56 | 4,0 | - |
| K57 | 9,0 | 8,66 |
| K58 | 5,0 | - |
| K59 | 6,0 | - |
| K60 | 6,0 | - |
| K61 | 8,0 | - |
| K62 | 8,0 | - |
| K63 | 7,0 | - |
| K64 | 9,0 | - |
| K65 | 7,0 | - |
| K66 | 6,0 | - |

## A.3 Hyperparameter aller ANNs

Folgend sind alle durch die bayesschen Regression definierten Hyperparameter der ANNs bei unterschiedlicher Anzahl an µPMUs und den unterschiedlichen Kombinationen der Methoden der Generierung der pseudo-historischen Trainingsdaten in Tabellen aufgelistet.

**Tab. A. 9:** Hyperparameter nach bayesscher Optimierung bei einer µPMU und HSH-Verläufe nach kompletten Zufall

| | HSH Zufall und EF ZFA 1 | | | HSH Zufall und EF ZFA 2 | | | HSH Zufall und EF ZFA 3 | | |
|---|---|---|---|---|---|---|---|---|---|
| | 100 % | 50 % | Aktu-ell | 100 % | 50 % | Aktu-ell | 100 % | 50 % | Aktu-ell |
| Schicht 1 | 5000<br>Relu<br>0,5 | 5000<br>Sigmoid<br>0,0 | 5000<br>Linear<br>0,5 | 2400<br>Sigmoid<br>0,0 | 5000<br>Linear<br>0,0 | 5000<br>Sigmoid<br>0,0 | 2400<br>Sigmoid<br>0,3 | 2000<br>Sigmoid<br>0,5 | 5000<br>Relu<br>0,0 |
| Schicht 2 | 3000<br>Linear<br>0,0 | 3000<br>Linear<br>0,0 | 500<br>Linear<br>0,4 | 1800<br>Relu<br>0,2 | 3000<br>Linear<br>0,0 | 2100<br>Sigmoid<br>0,5 | 3000<br>Linear<br>0,0 | 3000<br>Relu<br>0,5 | 700<br>Sigmoid<br>0,5 |
| Schicht 3 | 1500<br>Relu<br>0,4 | 1500<br>Relu<br>0,5 | 1500<br>Linear<br>0,5 | 1500<br>Linear<br>0,0 | 1500<br>Linear<br>0,0 | 1500<br>Linear<br>0,5 | 1500<br>Relu<br>0,0 | 1500<br>Relu<br>0,5 | 900<br>Linear<br>0,3 |
| Schicht 4 | 200<br>relu<br>0,5 | 200<br>Linear<br>0,5 | 1000<br>Linear<br>0,5 | 900<br>Linear<br>0,5 | 200<br>Relu<br>0,5 | 600<br>Linear<br>0,5 | 200<br>Linear<br>0,0 | 400<br>Linear<br>0,1 | 1000<br>Relu<br>0,4 |
| Lernrate | 0,0009 | 0,0009 | 0,0009 | 0,0009 | 0,0009 | 0,0005 | 0,0009 | 0,0009 | 0,0007 |

**Tab. A. 10:** Hyperparameter nach bayesscher Optimierung bei einer µPMU und HSH-Verläufe nach CIGRE Referenzlastprofil

| | HSH Zufall und EF ZFA 1 | | | HSH Zufall und EF ZFA 2 | | | HSH Zufall und EF ZFA 3 | | |
|---|---|---|---|---|---|---|---|---|---|
| | 100 % | 50 % | Aktuell | 100 % | 50 % | Aktuell | 100 % | 50 % | Aktuell |
| Schicht 1 | 4800<br>Sigmoid<br>0,1 | 500<br>Sigmoid<br>0,0 | 500<br>Relu<br>0,3 | 5000<br>Linear<br>0,4 | 3400<br>Linear<br>0,1 | 5000<br>Linear<br>0,3 | 1300<br>Sigmoid<br>0,0 | 500<br>Relu<br>0,5 | 4600<br>Sigmoid<br>0,3 |
| Schicht 2 | 500<br>Linear<br>0,5 | 500<br>Linear<br>0,5 | 3000<br>Linear<br>0,1 | 3000<br>Relu<br>0,0 | 3000<br>Relu<br>0,1 | 2200<br>Linear<br>0,1 | 1400<br>Linear<br>0,3 | 3000<br>Relu<br>0,0 | 1100<br>Linear<br>0,5 |
| Schicht 3 | 300<br>Linear<br>0,0 | 300<br>Linear<br>0,0 | 1100<br>Linear<br>0,0 | 300<br>Linear<br>0,0 | 600<br>Linear<br>0,0 | 300<br>Linear<br>0,0 | 1000<br>Linear<br>0,3 | 1500<br>Linear<br>0,0 | 800<br>Relu<br>0,4 |
| Schicht 4 | 200<br>Relu<br>0,5 | 200<br>Relu<br>0,5 | 200<br>Linear<br>0,5 | 1000<br>Linear<br>0,5 | 200<br>Linear<br>0,1 | 800<br>Linear<br>0,2 | 200<br>Linear<br>0,3 | 1000<br>Relu<br>0,5 | 900<br>Linear<br>0,2 |
| Lernrate | 0,0009 | 0,0009 | 0,0009 | 0,0005 | 0,0009 | 0,0009 | 0,0005 | 0,0007 | 0,0005 |

**Tab. A. 11:** Hyperparameter nach bayesscher Optimierung bei einer µPMU und HSH-Verläufe nach MC-Simulation

| | HSH Zufall und EF ZFA 1 | | | HSH Zufall und EF ZFA 2 | | | HSH Zufall und EF ZFA 3 | | |
|---|---|---|---|---|---|---|---|---|---|
| | 100 % | 50 % | Aktuell | 100 % | 50 % | Aktuell | 100 % | 50 % | Aktuell |
| Schicht 1 | 5000<br>Linear<br>0,0 | 5000<br>Linear<br>0,5 | 500<br>Relu<br>0,2 | 500<br>Linear<br>0,5 | 500<br>Relu<br>0,4 | 500<br>Relu<br>0,0 | 500<br>Relu<br>0,0 | 3900<br>Sigmoid<br>0,3 | 3300<br>Relu<br>0,0 |
| Schicht 2 | 500<br>Linear<br>0,1 | 600<br>Relu<br>0,0 | 500<br>Relu<br>0,0 | 3000<br>Linear<br>0,0 | 500<br>Linear<br>0,0 | 2300<br>Relu<br>0,0 | 500<br>Relu<br>0,0 | 1000<br>Relu<br>0,2 | 500<br>Linear<br>0,0 |
| Schicht 3 | 1200<br>Linear<br>0,3 | 300<br>Linear<br>0,0 | 700<br>Relu<br>0,0 | 1200<br>Linear<br>0,0 | 300<br>Linear<br>0,0 | 1500<br>Relu<br>0,3 | 1500<br>Linear<br>0,5 | 1400<br>Linear<br>0,2 | 1200<br>Linear<br>0,2 |
| Schicht 4 | 1000<br>Linear<br>0,0 | 200<br>Linear<br>0,0 | 200<br>Linear<br>0,5 | 400<br>Linear<br>0,0 | 300<br>Relu<br>0,0 | 200<br>Linear<br>0,0 | 1000<br>Linear<br>0,0 | 400<br>Linear<br>0,3 | 600<br>Relu<br>0,5 |
| Lernrate | 0,0009 | 0,0009 | 0,0005 | 0,0007 | 0,0009 | 0,0009 | 0,0001 | 0,0007 | 0,0005 |

**Tab. A. 12:** Hyperparameter nach bayesscher Optimierung bei zwei µPMUs und HSH-Verläufe nach kompletten Zufall

| | HSH Zufall und EF ZFA 1 | HSH Zufall und EF ZFA 2 | HSH Zufall und EF ZFA 3 |
|---|---|---|---|

| | 100 % | 50 % | Aktu-<br>ell | 100 % | 50 % | Aktu-<br>ell | 100 % | 50 % | Aktu-<br>ell |
|---|---|---|---|---|---|---|---|---|---|
| Schicht 1 | 5000<br>Linear<br>0,5 | 500<br>Linear<br>0,0 | 5000<br>Sigmoid<br>0,5 | 500<br>Sigmoid<br>0,4 | 500<br>Linear<br>0,1 | 500<br>Relu<br>0,0 | 5000<br>Relu<br>0,0 | 5000<br>Relu<br>0,5 | 3400<br>Relu<br>0,5 |
| Schicht 2 | 3000<br>Relu<br>0,2 | 3000<br>Relu<br>0,5 | 500<br>Relu<br>0,5 | 500<br>Linear<br>0,0 | 500<br>Relu<br>0,5 | 3000<br>Relu<br>0,2 | 3000<br>Relu<br>0,0 | 3000<br>Relu<br>0,3 | 3000<br>Linear<br>0,3 |
| Schicht 3 | 1500<br>Linear<br>0,1 | 1500<br>Relu<br>0,5 | 1500<br>Linear<br>0,5 | 1200<br>Relu<br>0,4 | 300<br>Linear<br>0,1 | 1000<br>Relu<br>0,0 | 700<br>Relu<br>0,1 | 900<br>Linear<br>0,0 | 1000<br>Linear<br>0,2 |
| Schicht 4 | 800<br>Relu<br>0,5 | 1000<br>Linear<br>0,0 | 1000<br>Relu<br>0,2 | 1000<br>Relu<br>0,1 | 1000<br>Linear<br>0,5 | 500<br>Relu<br>0,5 | 1000<br>Linear<br>0,0 | 500<br>Relu<br>0,5 | 800<br>Linear<br>0,5 |
| Lernrate | 0,0009 | 0,0009 | 0,0009 | 0,0009 | 0,0009 | 0,0005 | 0,0009 | 0,0007 | 0,0009 |

**Tab. A. 13:** Hyperparameter nach bayesscher Optimierung bei zwei µPMUs und HSH-Verläufe nach CIGRE Referenzlastprofil

| | HSH Zufall und EF ZFA 1 | | | HSH Zufall und EF ZFA 2 | | | HSH Zufall und EF ZFA 3 | | |
|---|---|---|---|---|---|---|---|---|---|
| | 100 % | 50 % | Aktu-<br>ell | 100 % | 50 % | Aktu-<br>ell | 100 % | 50 % | Aktu-<br>ell |
| Schicht 1 | 5000<br>Relu<br>0,5 | 5000<br>Linear<br>0,4 | 5000<br>Linear<br>0,5 | 1400<br>Linear<br>0,2 | 1300<br>Relu<br>0,0 | 5000<br>Linear<br>0,5 | 500<br>Linear<br>0,0 | 500<br>Relu<br>0,5 | 5000<br>Linear<br>0,2 |
| Schicht 2 | 3000<br>Relu<br>0,0 | 3000<br>Sigmoid<br>0,0 | 3000<br>Relu<br>0,0 | 500<br>Relu<br>0,0 | 3000<br>Linear<br>0,0 | 500<br>Linear<br>0,1 | 3000<br>Linear<br>0,5 | 2600<br>Linear<br>0,0 | 3000<br>Linear<br>0,0 |
| Schicht 3 | 400<br>Relu<br>0,5 | 1500<br>Linear<br>0,5 | 1500<br>Relu<br>0,5 | 1500<br>Linear<br>0,0 | 1500<br>Linear<br>0,0 | 300<br>Linear<br>0,0 | 300<br>Relu<br>0,0 | 800<br>Linear<br>0,0 | 300<br>Linear<br>0,0 |
| Schicht 4 | 200<br>Linear<br>0,0 | 400<br>Linear<br>0,5 | 200<br>Linear<br>0,0 | 200<br>Linear<br>0,3 | 200<br>Linear<br>0,5 | 1000<br>Linear<br>0,5 | 1000<br>Relu<br>0,5 | 200<br>Linear<br>0,2 | 1000<br>Linear<br>0,5 |
| Lernrate | 0,0009 | 0,0003 | 0,0009 | 0,0003 | 0,0009 | 0,0009 | 0,0009 | 0,0007 | 0,0009 |

**Tab. A. 14:** Hyperparameter nach bayesscher Optimierung bei zwei µPMUs und HSH-Verläufe nach MC-Simulation

| | HSH Zufall und EF ZFA 1 | | | HSH Zufall und EF ZFA 2 | | | HSH Zufall und EF ZFA 3 | | |
|---|---|---|---|---|---|---|---|---|---|
| | 100 % | 50 % | Aktu-<br>ell | 100 % | 50 % | Aktu-<br>ell | 100 % | 50 % | Aktu-<br>ell |
| Schicht 1 | 5000<br>Sigmoid<br>0,0 | 500<br>Linear<br>0,0 | 4000<br>Relu<br>0,5 | 2600<br>Relu<br>0,0 | 500<br>Linear<br>0,0 | 500<br>Linear<br>0,0 | 500<br>Relu<br>0,0 | 5000<br>Relu<br>0,0 | 5000<br>Relu<br>0,0 |

| | | | | | | | | | |
|---|---|---|---|---|---|---|---|---|---|
| Schicht 2 | 500<br>Linear<br>0,5 | 3000<br>Relu<br>0,0 | 500<br>Relu<br>0,0 | 3000<br>Relu<br>0,0 | 3000<br>Relu<br>0,0 | 500<br>Linear<br>0,0 | 500<br>Relu<br>0,0 | 3000<br>Relu<br>0,0 | 500<br>Relu<br>0,5 |
| Schicht 3 | 300<br>Linear<br>0,0 | 300<br>Relu<br>0,0 | 1000<br>Relu<br>0,0 | 300<br>Relu<br>0,0 | 300<br>Relu<br>0,0 | 300<br>Relu<br>0,0 | 1500<br>Linear<br>0,5 | 300<br>Relu<br>0,0 | 300<br>Relu<br>0,5 |
| Schicht 4 | 1000<br>Linear<br>0,0 | 200<br>Linear<br>0,0 | 1000<br>Linear<br>0,0 | 1000<br>Relu<br>0,0 | 1000<br>Relu<br>0,0 | 1000<br>Relu<br>0,1 | 1000<br>Linear<br>0,0 | 1000<br>Relu<br>0,0 | 200<br>Relu<br>0,5 |
| Lernrate | 0,0009 | 0,0009 | 0,0009 | 0,0001 | 0,0009 | 0,0005 | 0,0009 | 0,0009 | 0,0001 |

**Tab. A. 15:** Hyperparameter nach bayesscher Optimierung bei drei µPMUs und HSH-Verläufe nach komplettem Zufall

| | HSH Zufall und EF ZFA 1 | | | HSH Zufall und EF ZFA 2 | | | HSH Zufall und EF ZFA 3 | | |
|---|---|---|---|---|---|---|---|---|---|
| | 100 % | 50 % | Aktu-ell | 100 % | 50 % | Aktu-ell | 100 % | 50 % | Aktu-ell |
| Schicht 1 | 2600<br>Linear<br>0,5 | 500<br>Linear<br>0,0 | 5000<br>Relu<br>0,0 | 5000<br>Linear<br>0,0 | 500<br>Linear<br>0,1 | 5000<br>Relu<br>0,5 | 500<br>Relu<br>0,0 | 5000<br>Relu<br>0,5 | 5000<br>Sigmoid<br>0,4 |
| Schicht 2 | 500<br>Linear<br>0,4 | 3000<br>Relu<br>0,5 | 3000<br>Linear<br>0,5 | 600<br>Linear<br>0,5 | 500<br>Relu<br>0,5 | 2700<br>Relu<br>0,4 | 1900<br>Relu<br>0,1 | 3000<br>Sigmoid<br>0,3 | 2700<br>Relu<br>0,4 |
| Schicht 3 | 1500<br>Relu<br>0,2 | 1500<br>Relu<br>0,5 | 1000<br>Linear<br>0,1 | 300<br>Linear<br>0,0 | 300<br>Linear<br>0,1 | 300<br>Relu<br>0,2 | 300<br>Linear<br>0,0 | 900<br>Linear<br>0,0 | 300<br>Relu<br>0,2 |
| Schicht 4 | 200<br>Relu<br>0,5 | 1000<br>Linear<br>0,0 | 1000<br>Linear<br>0,5 | 400<br>Linear<br>0,5 | 1000<br>Linear<br>0,5 | 200<br>Relu<br>0,5 | 1000<br>Linear<br>0,4 | 500<br>Relu<br>0,5 | 200<br>Relu<br>0,5 |
| Lernrate | 0,0009 | 0,0009 | 0,0009 | 0,0009 | 0,0009 | 0,0009 | 0,0009 | 0,0009 | 0,0009 |

**Tab. A. 16:** Hyperparameter nach bayesscher Optimierung bei drei µPMUs und HSH-Verläufe nach CIGRE Referenzlastprofil

| | HSH Zufall und EF ZFA 1 | | | HSH Zufall und EF ZFA 2 | | | HSH Zufall und EF ZFA 3 | | |
|---|---|---|---|---|---|---|---|---|---|
| | 100 % | 50 % | Aktu-ell | 100 % | 50 % | Aktu-ell | 100 % | 50 % | Aktu-ell |
| Schicht 1 | 5000<br>Linear<br>0,0 | 5000<br>Linear<br>0,4 | 4000<br>Linear<br>0,1 | 5000<br>Relu<br>0,2 | 1300<br>Relu<br>0,0 | 5000<br>Linear<br>0,0 | 500<br>Sigmoid<br>0,1 | 5000<br>Linear<br>0,5 | 5000<br>Linear<br>0,0 |
| Schicht 2 | 1700<br>Linear<br>0,0 | 3000<br>Sigmoid<br>0,0 | 3000<br>Linear<br>0,0 | 500<br>Linear<br>0,0 | 3000<br>Linear<br>0,0 | 3000<br>Relu<br>0,0 | 500<br>Linear<br>0,0 | 3000<br>Relu<br>0,5 | 3000<br>Relu<br>0,0 |
| Schicht 3 | 1500<br>Linear<br>0,5 | 1500<br>Linear<br>0,5 | 1000<br>Linear<br>0,0 | 600<br>Relu<br>0,0 | 1500<br>Linear<br>0,0 | 600<br>Relu<br>0,2 | 300<br>Linear<br>0,5 | 300<br>Relu<br>0,5 | 300<br>Relu<br>0,0 |

| | | | | | | | | | |
|---|---|---|---|---|---|---|---|---|---|
| Schicht 4 | 200<br>Linear<br>0,5 | 400<br>Linear<br>0,5 | 700<br>Linear<br>0,5 | 1000<br>Relu<br>0,0 | 200<br>Linear<br>0,5 | 200<br>Relu<br>0,5 | 1000<br>Linear<br>0,0 | 200<br>Relu<br>0,5 | 200<br>Relu<br>0,5 |
| Lernrate | 0,0009 | 0,0003 | 0,0009 | 0,0009 | 0,0009 | 0,0005 | 0,0009 | 0,0001 | 0,0009 |

**Tab. A. 17:** Hyperparameter nach bayesscher Optimierung bei drei µPMUs und HSH-Verläufe nach MC-Simulation

| | HSH Zufall und EF ZFA 1 | | | HSH Zufall und EF ZFA 2 | | | HSH Zufall und EF ZFA 3 | | |
|---|---|---|---|---|---|---|---|---|---|
| | 100 % | 50 % | Aktu-ell | 100 % | 50 % | Aktu-ell | 100 % | 50 % | Aktu-ell |
| Schicht 1 | 500<br>Linear<br>0,0 | 500<br>Linear<br>0,0 | 500<br>Sigmoid<br>0,5 | 500<br>Linear<br>0,5 | 500<br>Linear<br>0,0 | 500<br>Relu<br>0,1 | 5000<br>Linear<br>0,0 | 5000<br>Relu<br>0,0 | 500<br>Relu<br>0,3 |
| Schicht 2 | 1600<br>Relu<br>0,0 | 3000<br>Relu<br>0,0 | 1300<br>Linear<br>0,3 | 3000<br>Linear<br>0,0 | 3000<br>Relu<br>0,0 | 2400<br>Sigmoid<br>0,0 | 3000<br>Relu<br>0,0 | 3000<br>Relu<br>0,0 | 3000<br>Relu<br>0,3 |
| Schicht 3 | 800<br>Linear<br>0,5 | 300<br>Relu<br>0,0 | 300<br>Relu<br>0,1 | 1500<br>Linear<br>0,0 | 300<br>Relu<br>0,0 | 300<br>Linear<br>0,0 | 1500<br>Relu<br>0,0 | 300<br>Relu<br>0,0 | 300<br>Relu<br>0,0 |
| Schicht 4 | 200<br>Linear<br>0,2 | 200<br>Linear<br>0,0 | 200<br>Relu<br>0,5 | 200<br>Linear<br>0,0 | 1000<br>Relu<br>0,0 | 1000<br>Linear<br>0,0 | 1000<br>Linear<br>0,0 | 1000<br>Relu<br>0,0 | 200<br>Relu<br>0,1 |
| Lernrate | 0,0009 | 0,0009 | 0,0003 | 0,0009 | 0,0009 | 0,0007 | 0,0009 | 0,0009 | 0,0009 |

## A.4 Fehler ANN als Heatmap

Die in Kapitel 5.2.3 dargestellten Ausschnitte der Heatmaps, werden folgend als absoluten Fehler über einem beispielhaften Tag in 10 Minutenschritten und allen Netzknoten bei Verwendung des Validierungs- und Testdaten dargestellt.

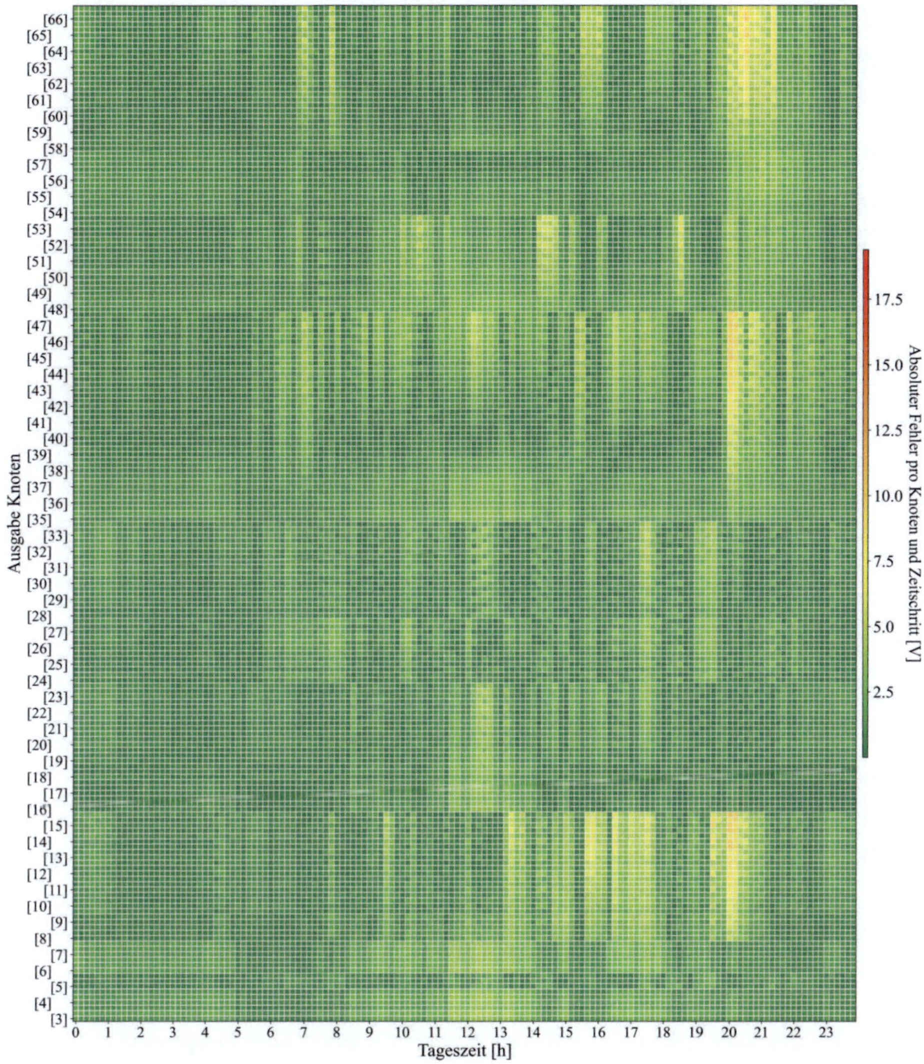

**Abb. A. 1:** Absoluter Fehler Abschätzung Knotenspannung über beispielhaften Tag bei Verwendung Validierungsdaten, Szenario 1, 1 µPMU

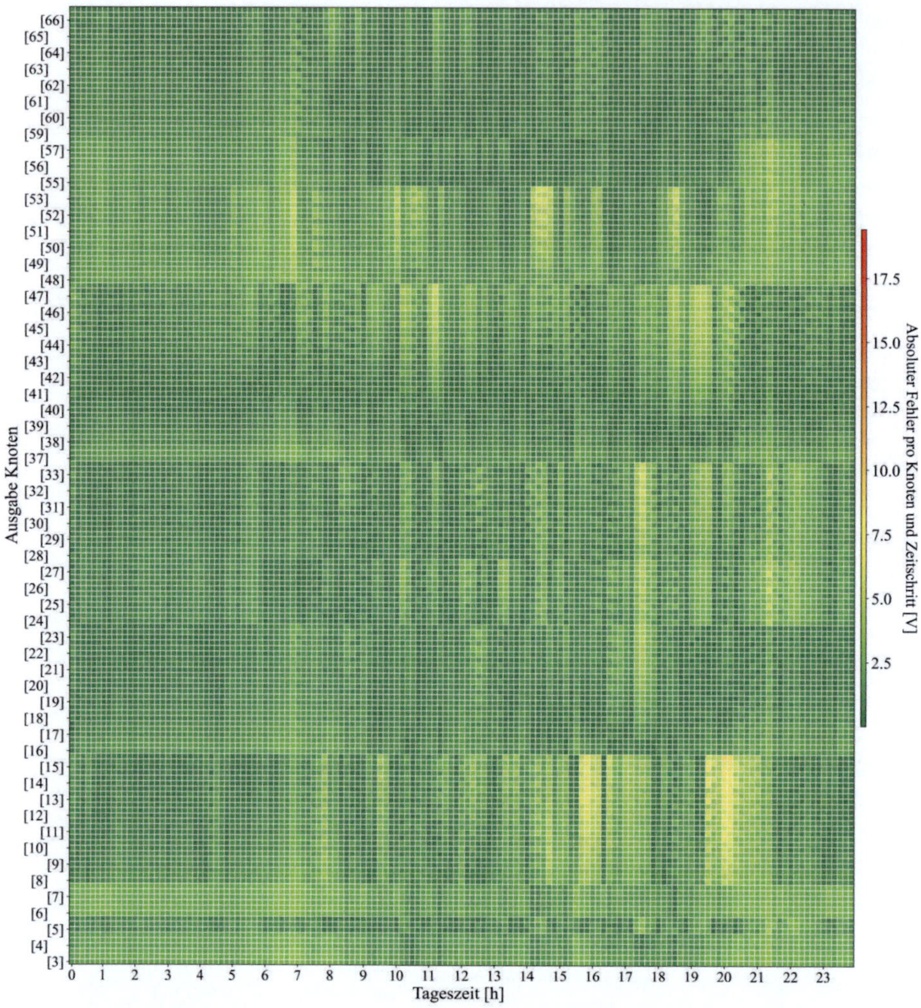


**Abb. A. 2** Absoluter Fehler Abschätzung Knotenspannung über beispielhaften Tag bei Verwendung Validierungsdaten, Szenario 1, 2 μPMUs

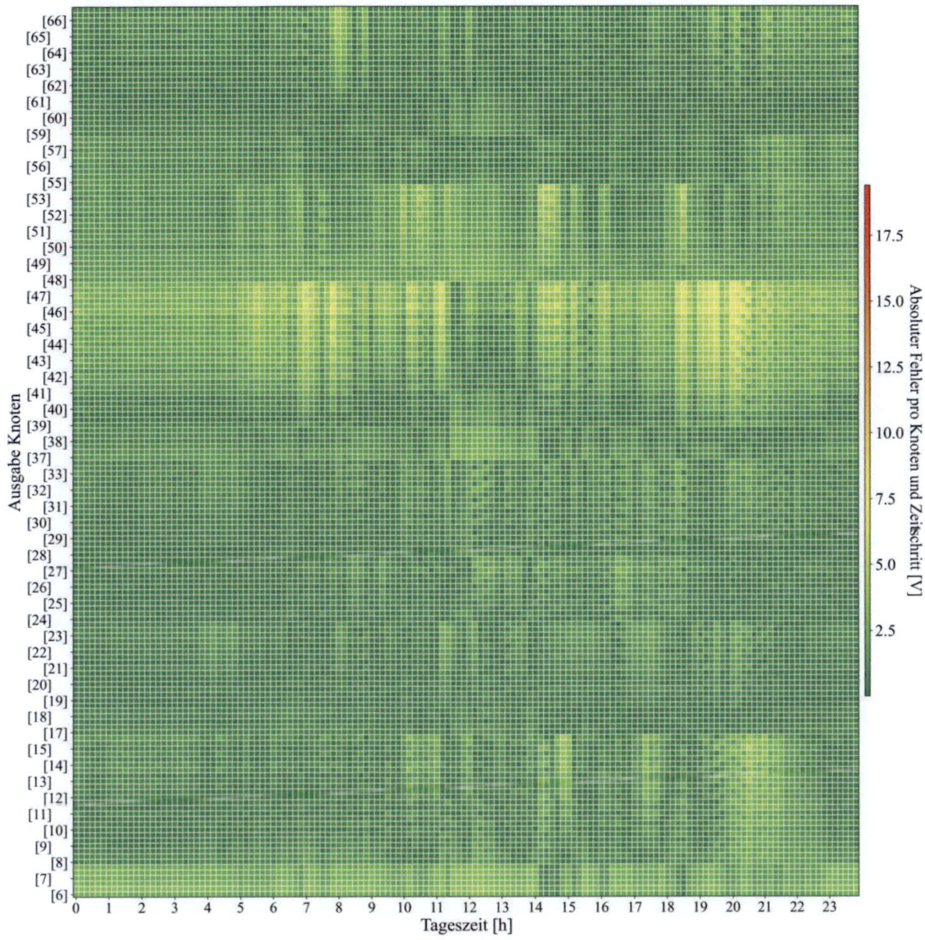


**Abb. A. 3** Absoluter Fehler Abschätzung Knotenspannung über beispielhaften Tag bei Verwendung Validierungsdaten, Szenario 1, 3 μPMUs

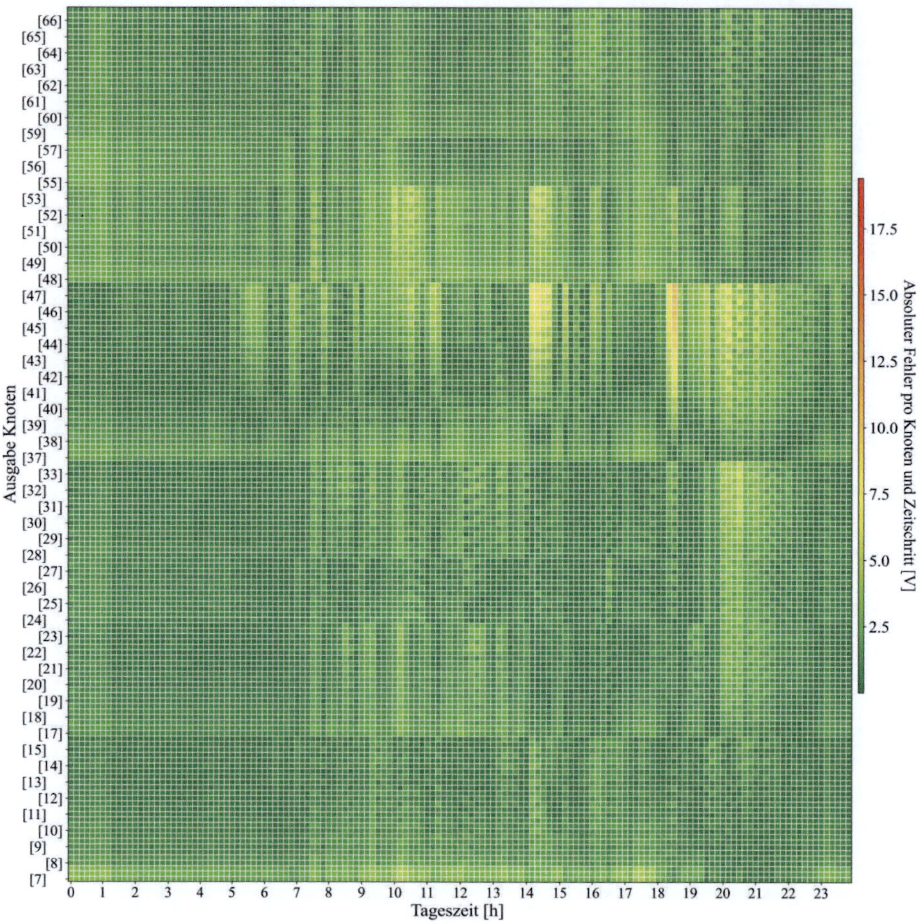


**Abb. A. 4:** Absoluter Fehler Abschätzung Knotenspannung über beispielhaften Tag bei Verwendung Validierungsdaten, Szenario 1, 4 μPMUs

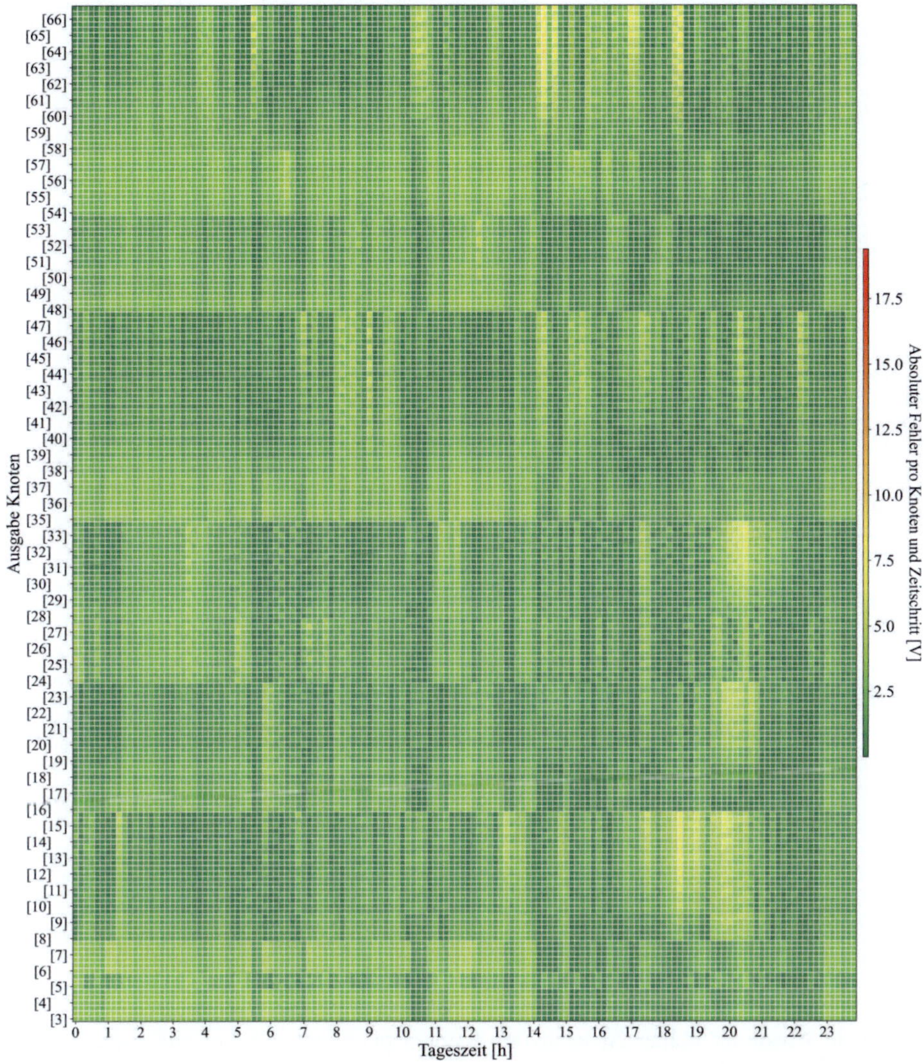


**Abb. A. 5** Absoluter Fehler Abschätzung Knotenspannung über beispielhaften Tag bei Verwendung Testdaten, Szenario 1, 1 µPMU

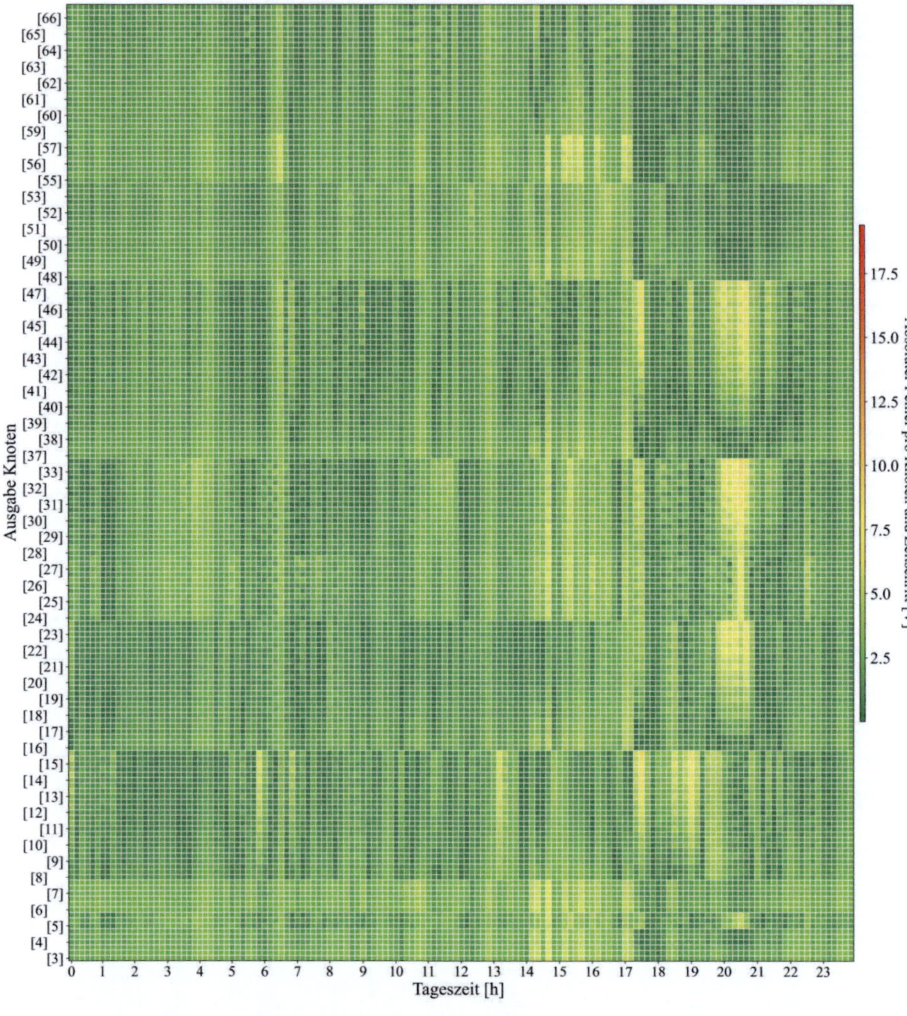


**Abb. A. 6:** Absoluter Fehler Abschätzung Knotenspannung über beispielhaften Tag bei Verwendung Testdaten, Szenario 1, 2 µPMUs

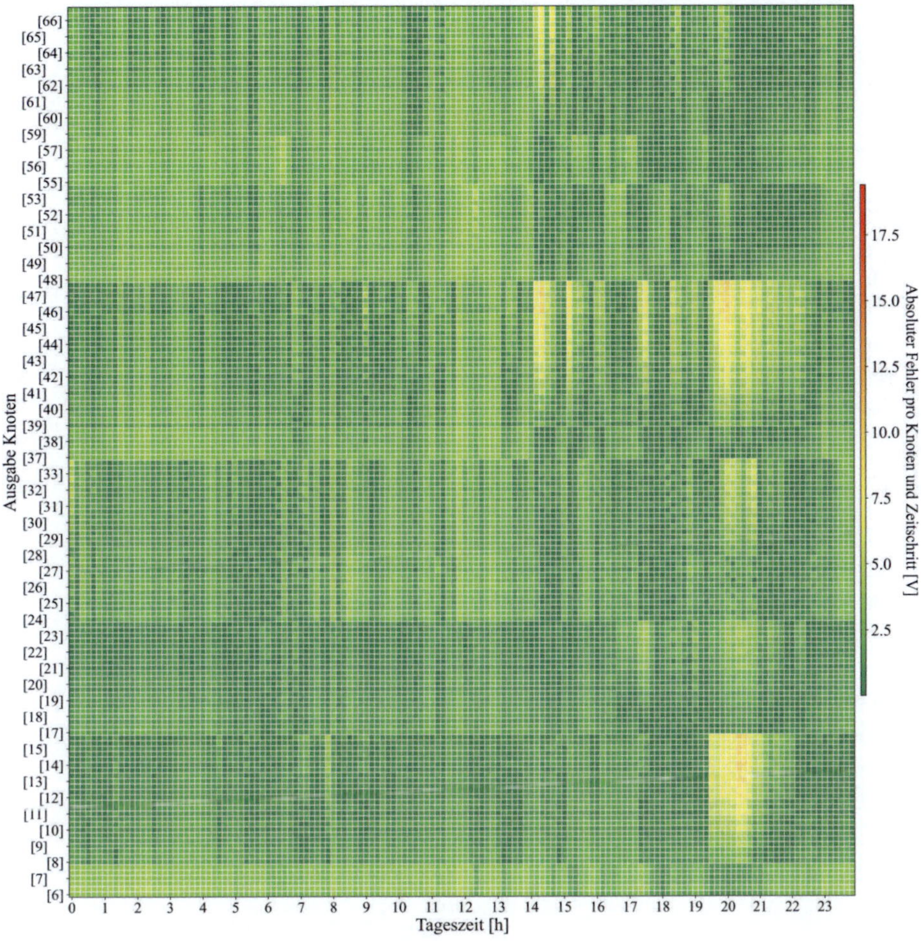


**Abb. A. 7:** Absoluter Fehler Abschätzung Knotenspannung über beispielhaften Tag bei Verwendung Testdaten, Szenario 1, 3 μPMUs

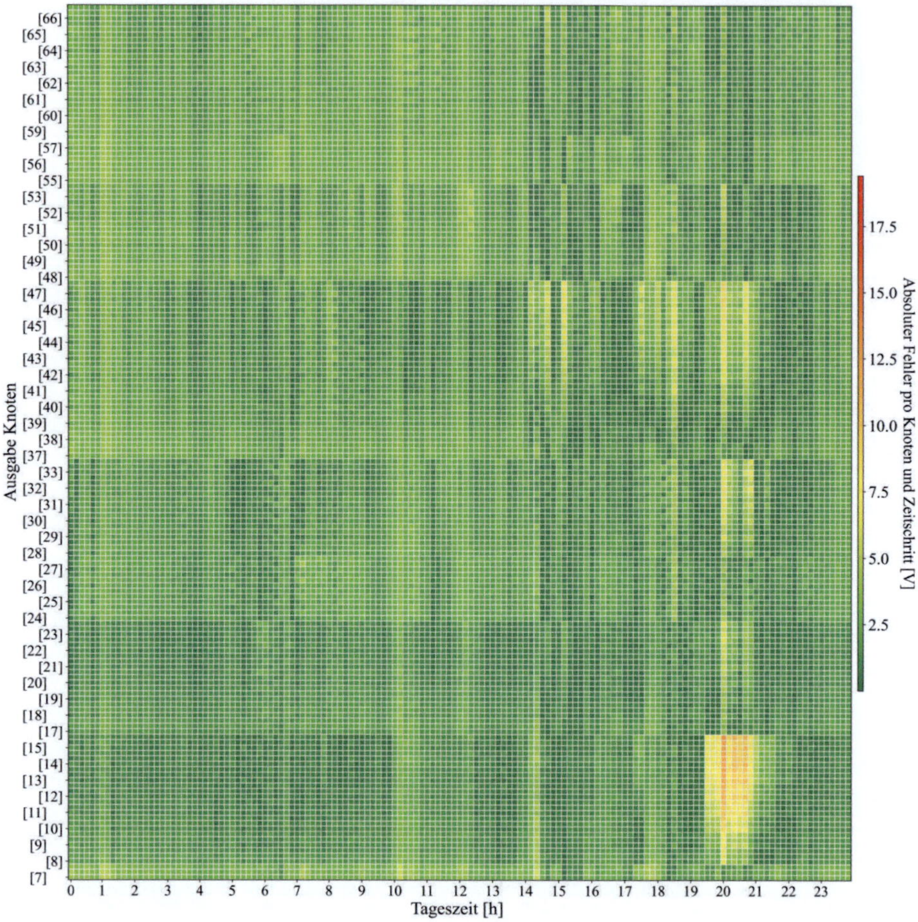


**Abb. A. 8:** Absoluter Fehler Abschätzung Knotenspannung über beispielhaften Tag bei Verwendung Testdaten, Szenario 1, 4 μPMUs

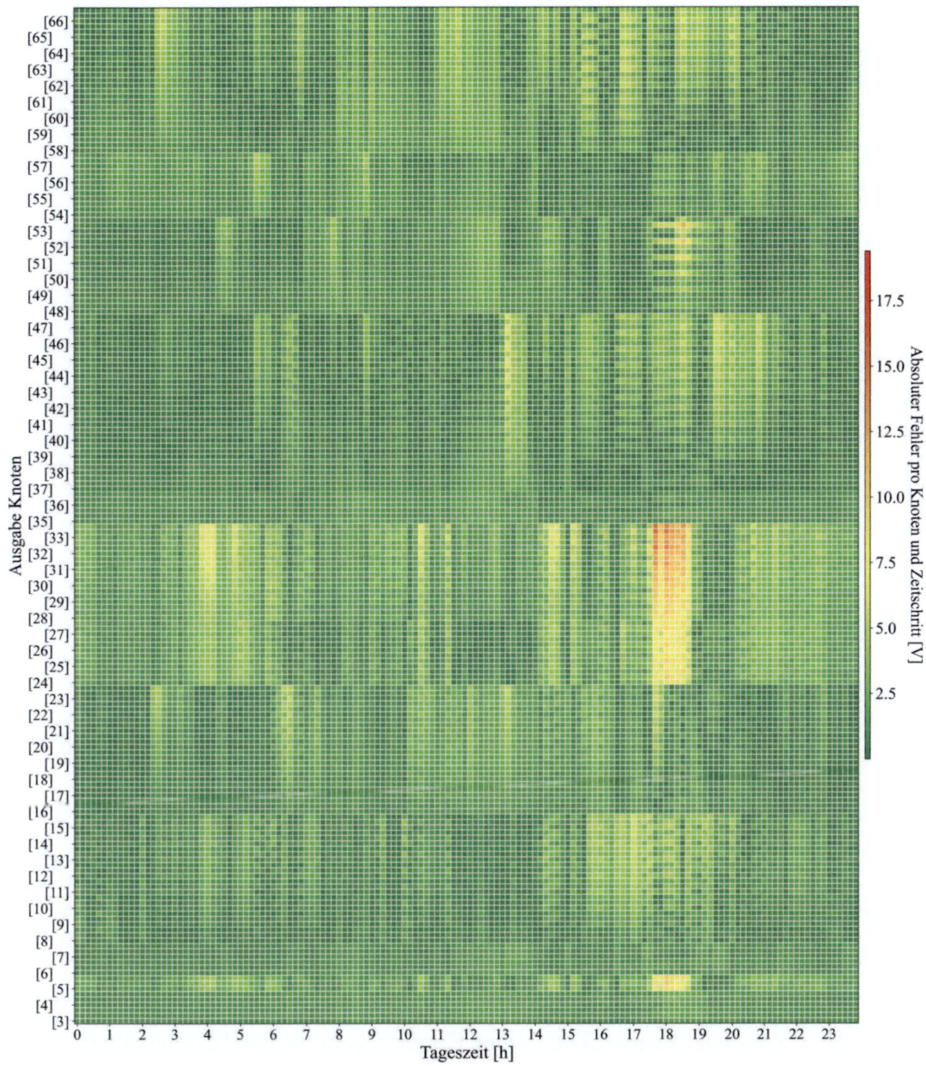


**Abb. A. 9:** Absoluter Fehler Abschätzung Knotenspannung über beispielhaften Tag bei Verwendung Validierungsdaten, Szenario 2, 1 µPMU

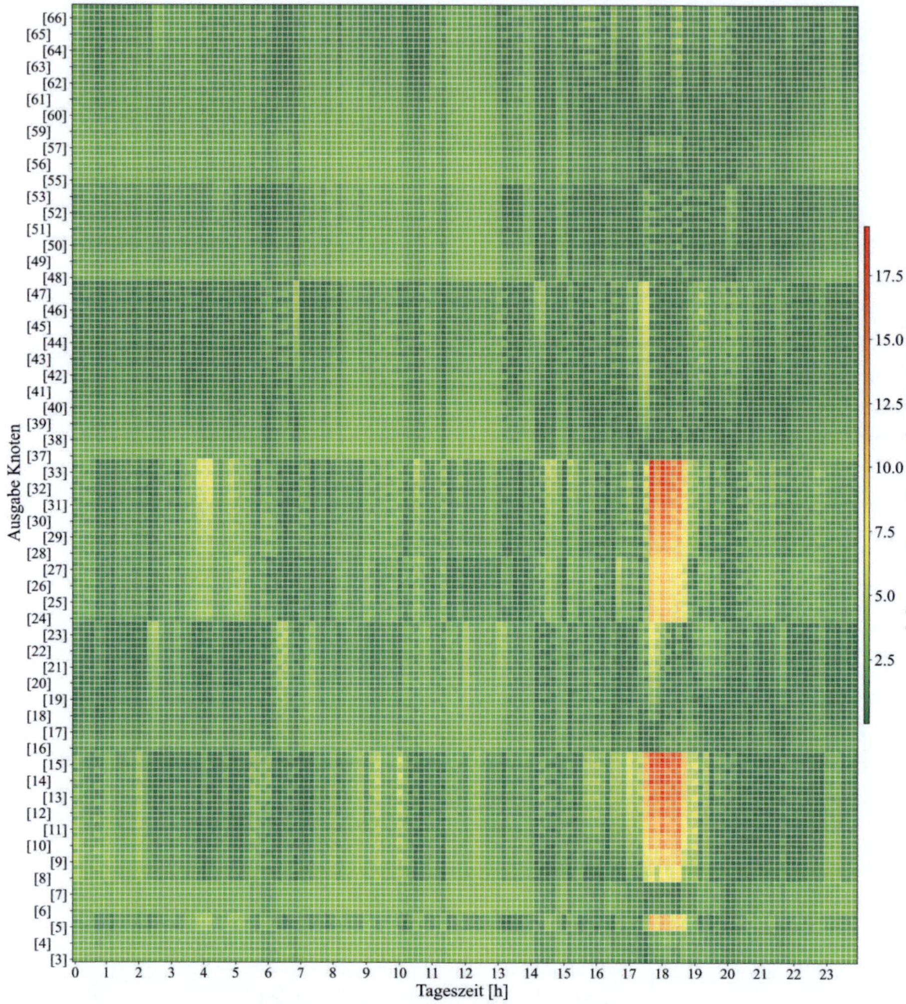


**Abb. A. 10:** Absoluter Fehler Abschätzung Knotenspannung über beispielhaften Tag bei Verwendung Validierungsdaten, Szenario 2, 2 μPMUs

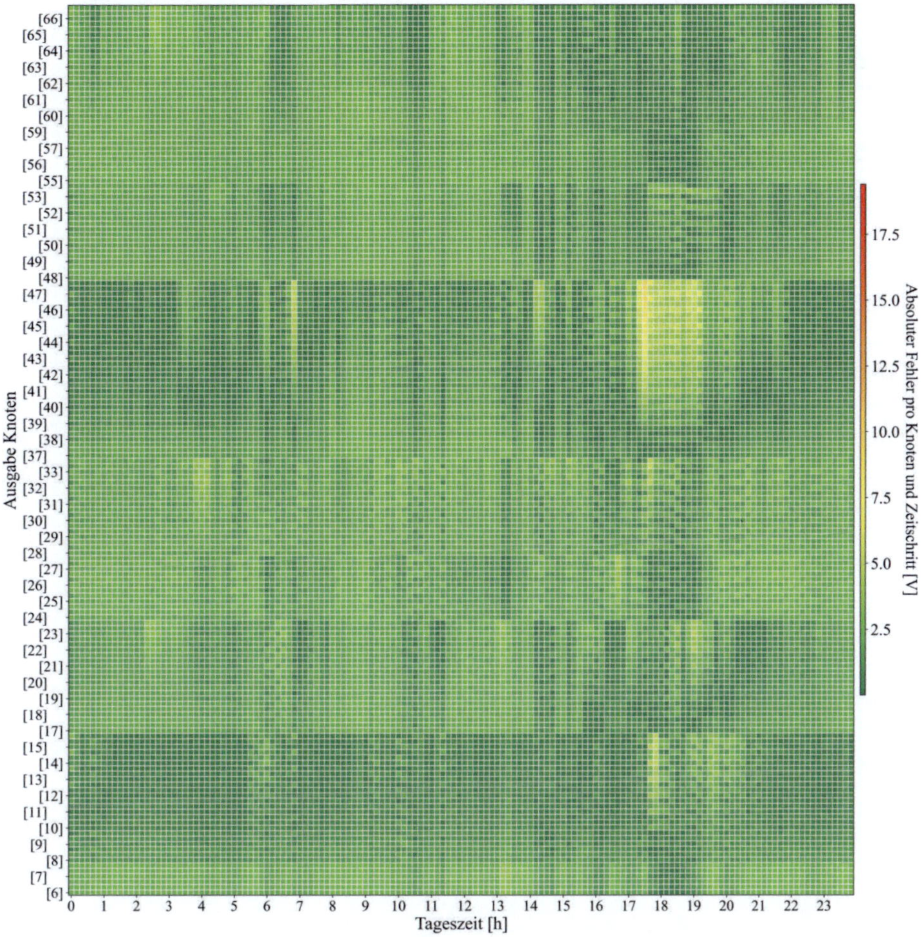


**Abb. A. 11:** Absoluter Fehler Abschätzung Knotenspannung über beispielhaften Tag bei Verwendung Validierungsdaten, Szenario 2, 3 μPMUs

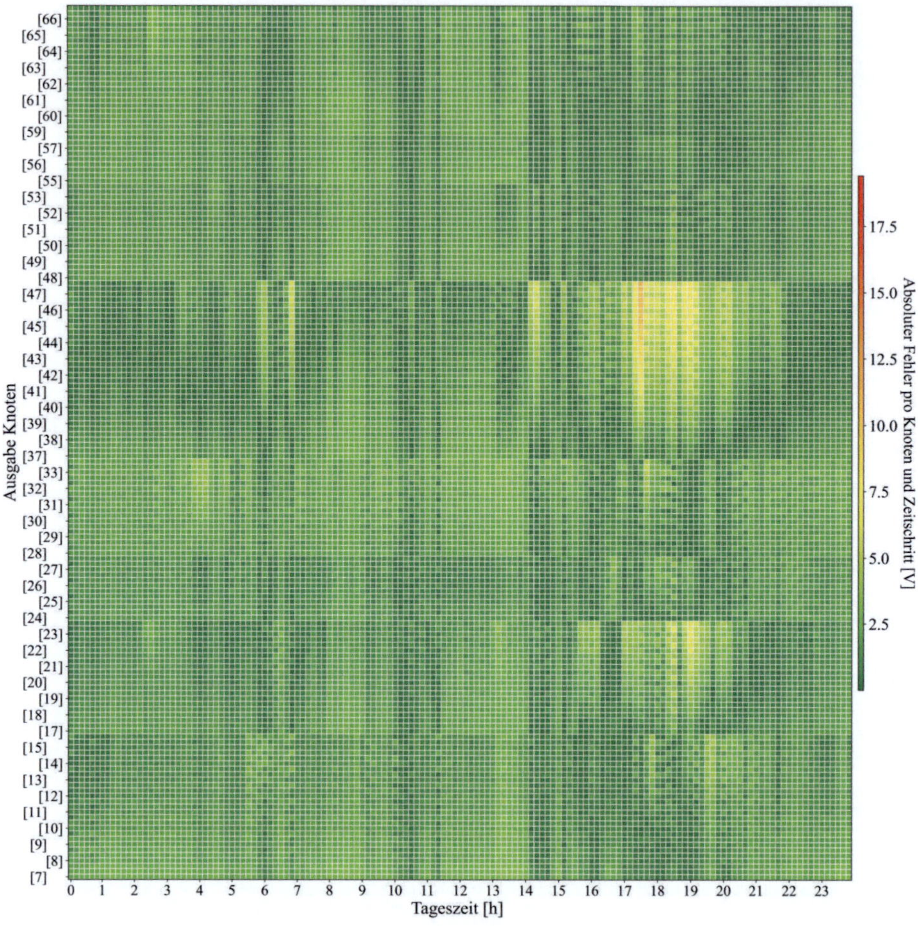


**Abb. A. 12:** Absoluter Fehler Abschätzung Knotenspannung über beispielhaften Tag bei Verwendung Validierungsdaten, Szenario 2, 4 μPMUs

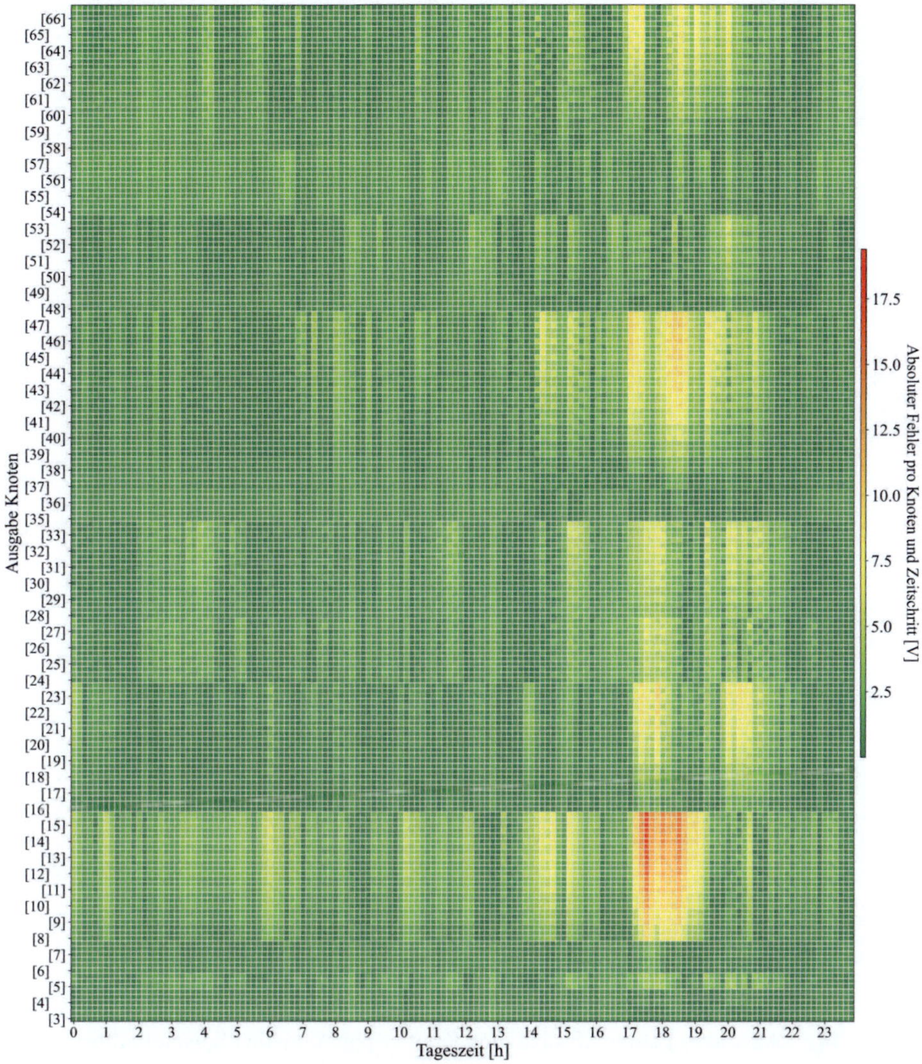


**Abb. A. 13:** Absoluter Fehler Abschätzung Knotenspannung über beispielhaften Tag bei Verwendung Testdaten, Szenario 2, 1 μPMU

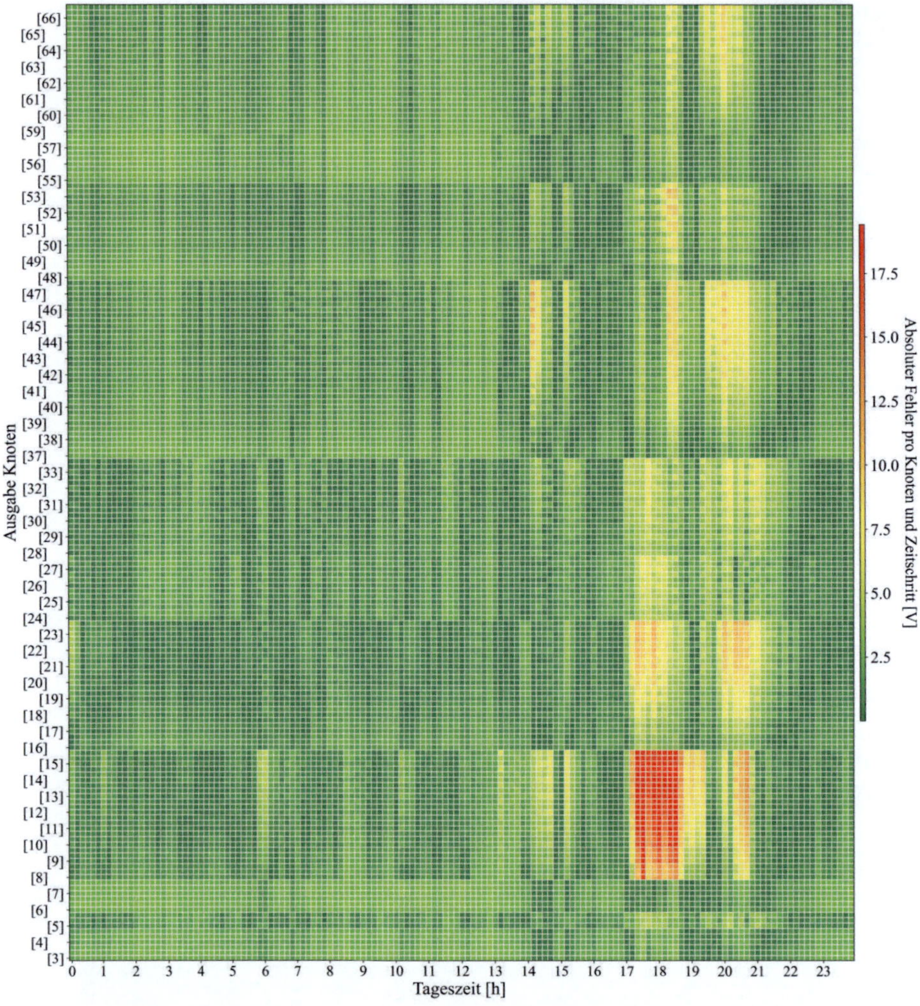


**Abb. A. 14:** Absoluter Fehler Abschätzung Knotenspannung über beispielhaften Tag bei Verwendung Testdaten, Szenario 2, 2 μPMUs

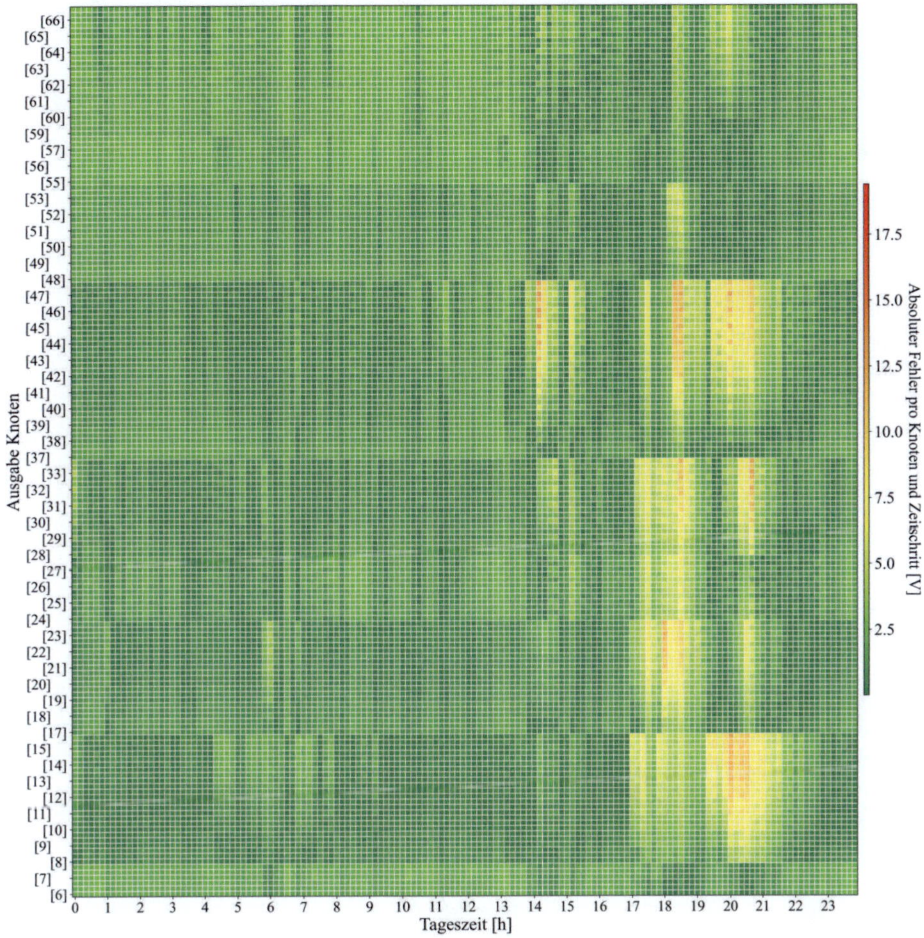


**Abb. A. 15:** Absoluter Fehler Abschätzung Knotenspannung über beispielhaften Tag bei Verwendung Testdaten, Szenario 2, 3 μPMUs

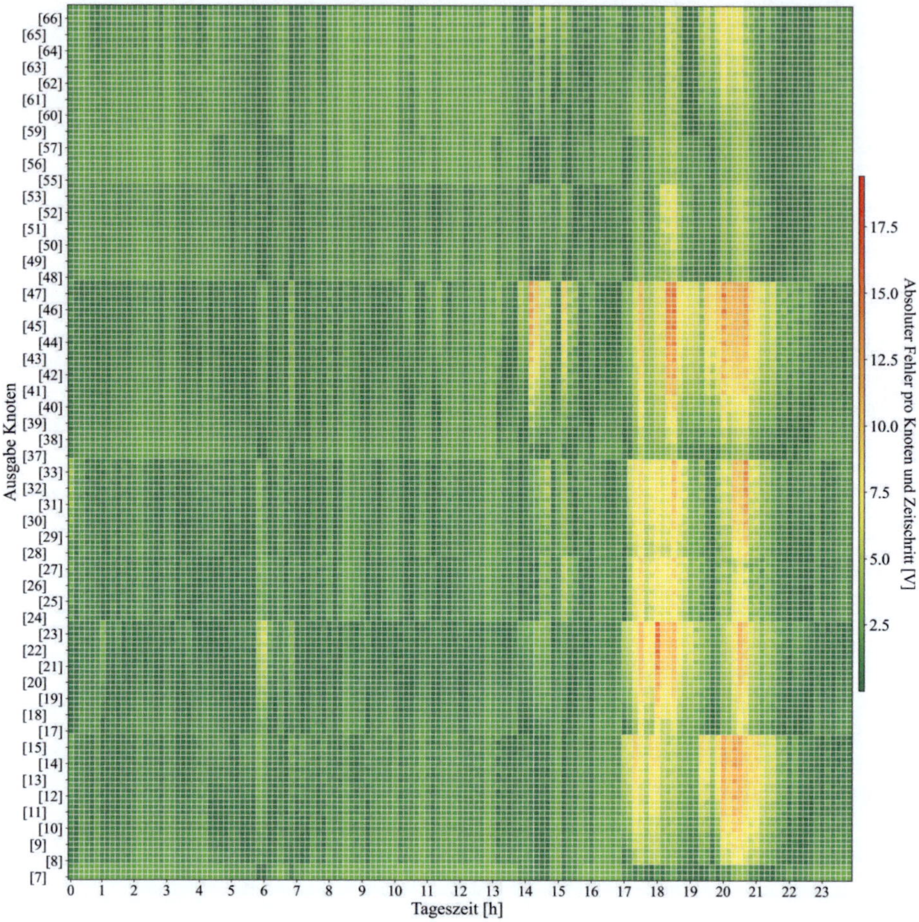


**Abb. A. 16:** Absoluter Fehler Abschätzung Knotenspannung über beispielhaften Tag bei Verwendung Testdaten, Szenario 2, 4 μPMU

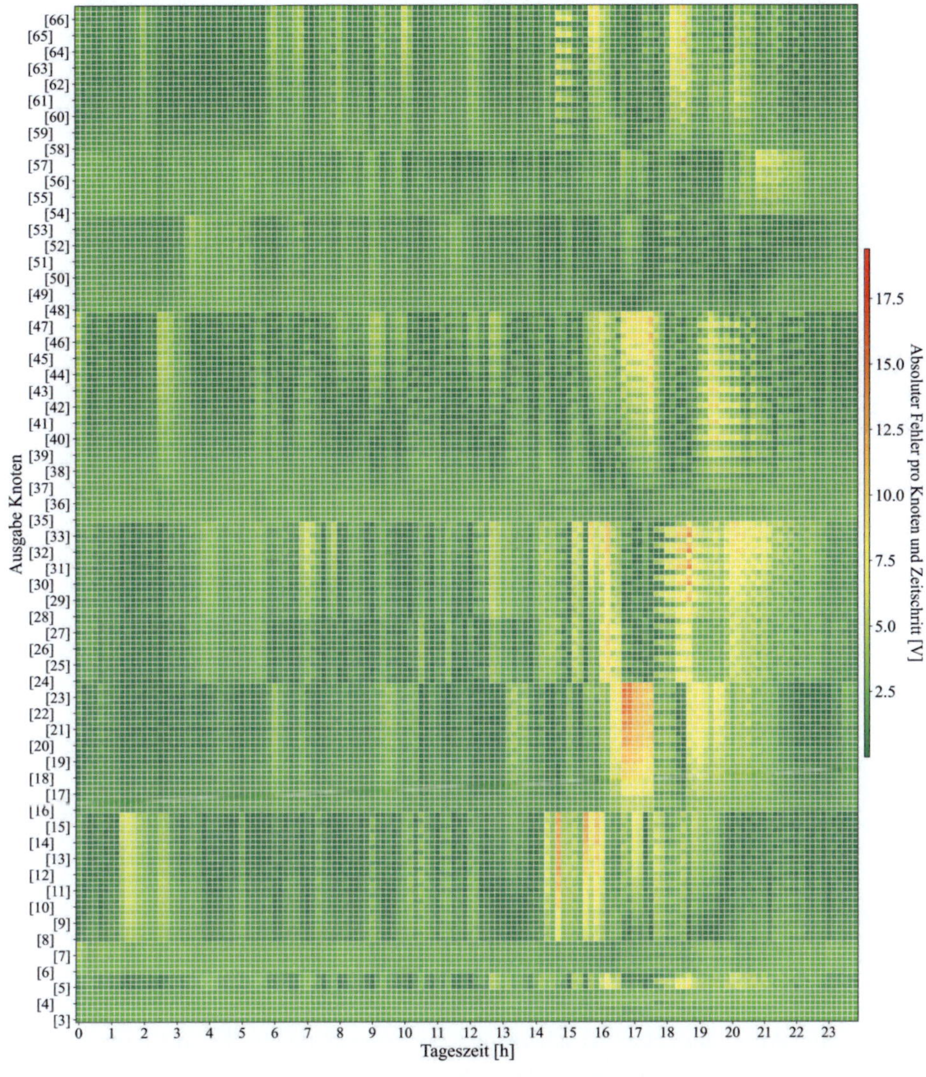


**Abb. A. 17:** Absoluter Fehler Abschätzung Knotenspannung über beispielhaften Tag bei Verwendung Validierungsdaten, Szenario 3, 1 µPMU

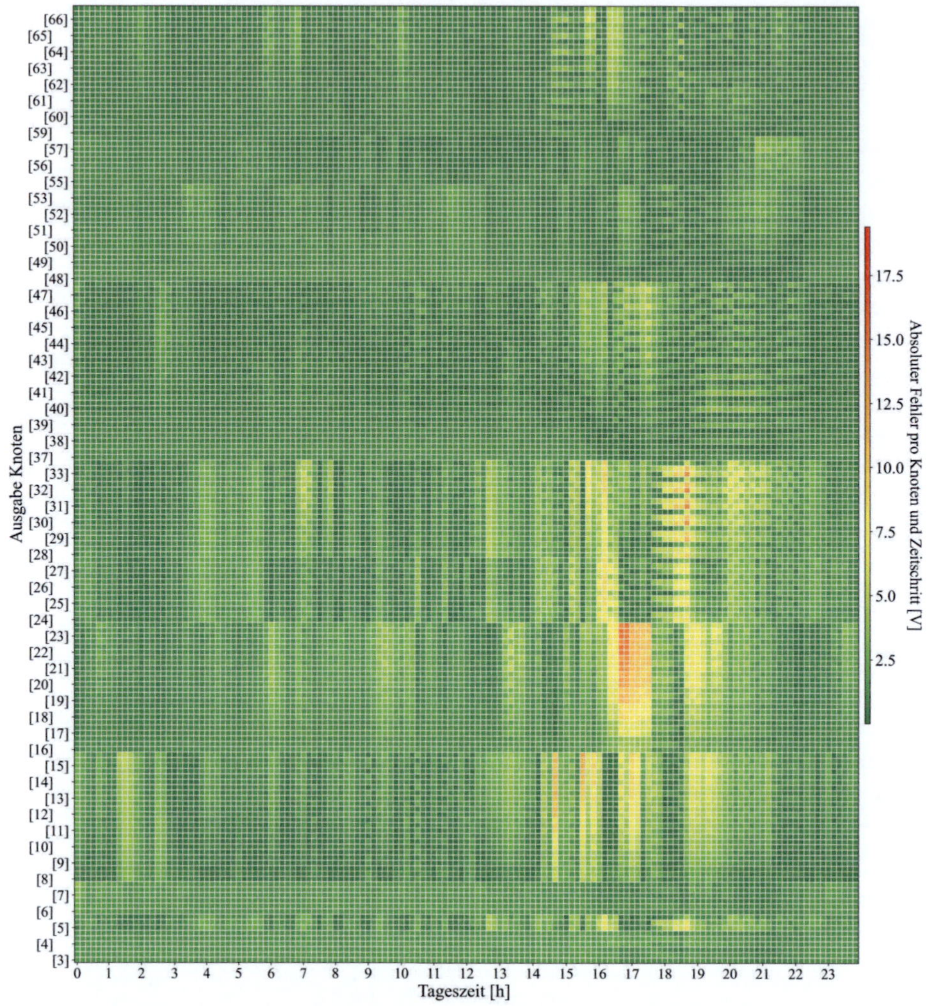


**Abb. A. 18:** Absoluter Fehler Abschätzung Knotenspannung über beispielhaften Tag bei Verwendung Validierungsdaten, Szenario 3, 2 μPMUs

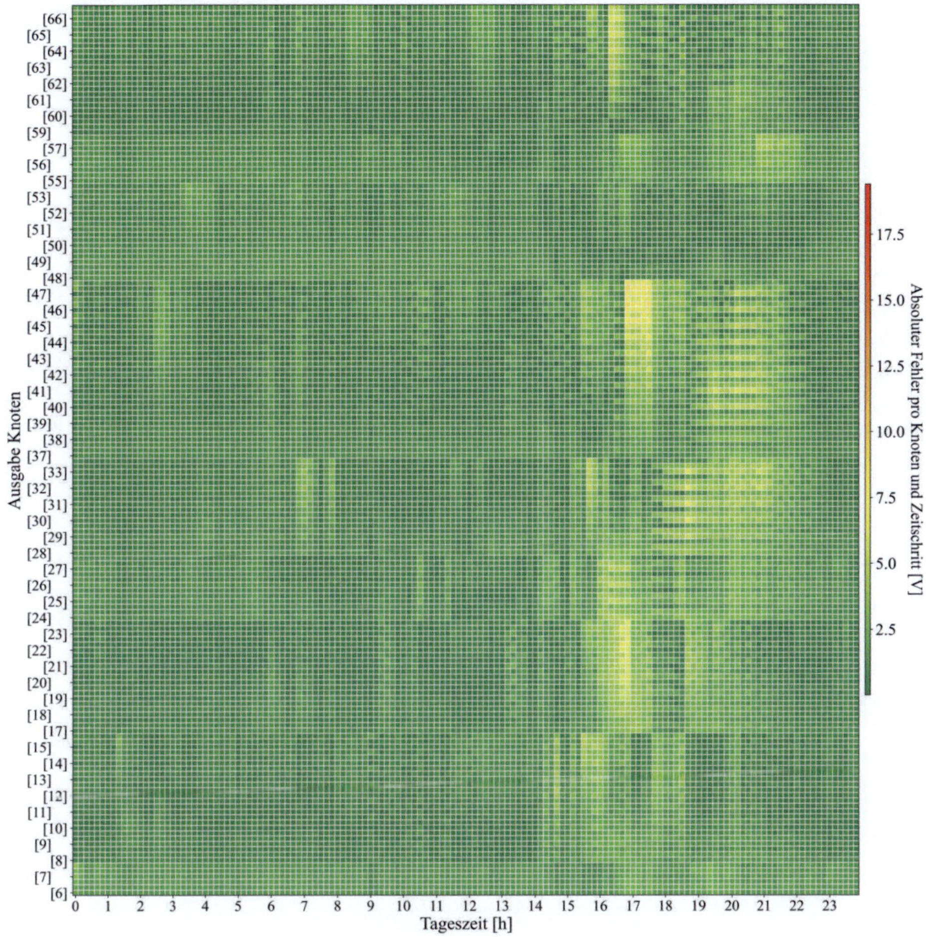


**Abb. A. 19:** Absoluter Fehler Abschätzung Knotenspannung über beispielhaften Tag bei Verwendung Validierungsdaten, Szenario 3, 3 μPMUs

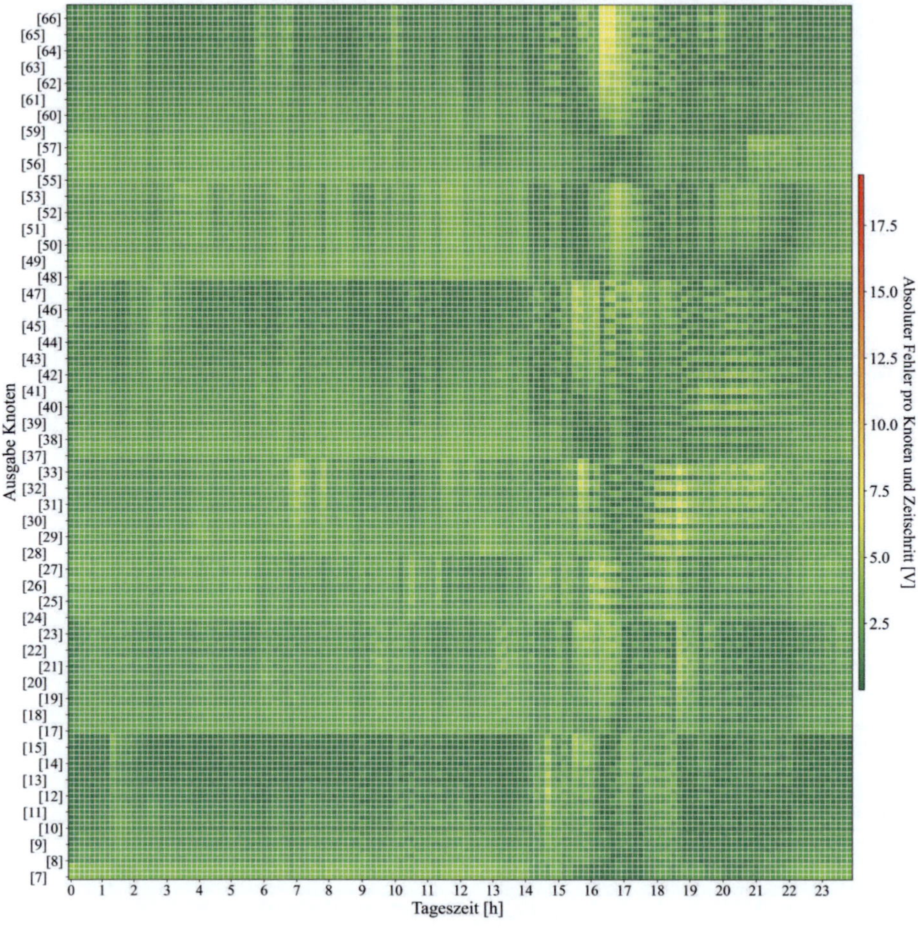


**Abb. A. 20:** Absoluter Fehler Abschätzung Knotenspannung über beispielhaften Tag bei Verwendung Validierungsdaten, Szenario 3, 4 µPMUs

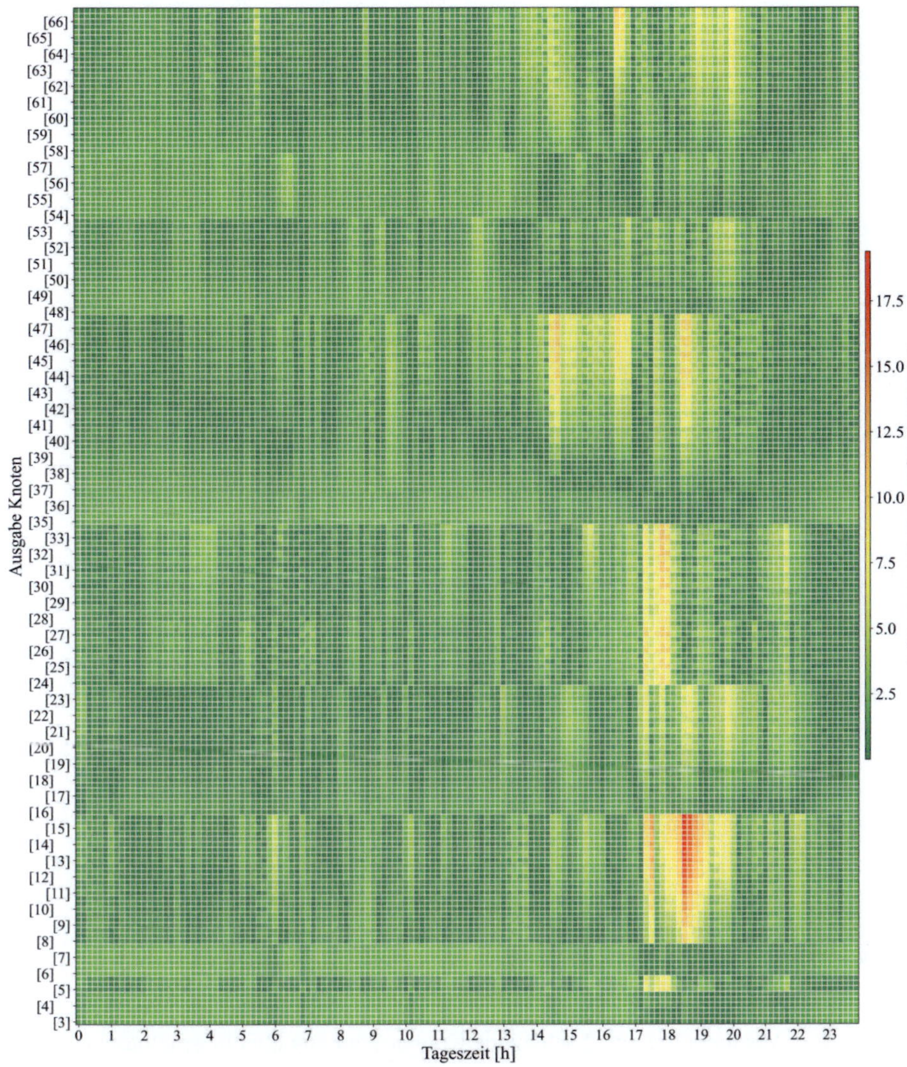


**Abb. A. 21:** Absoluter Fehler Abschätzung Knotenspannung über beispielhaften Tag bei Verwendung Testdaten, Szenario 3, 1 μPMU

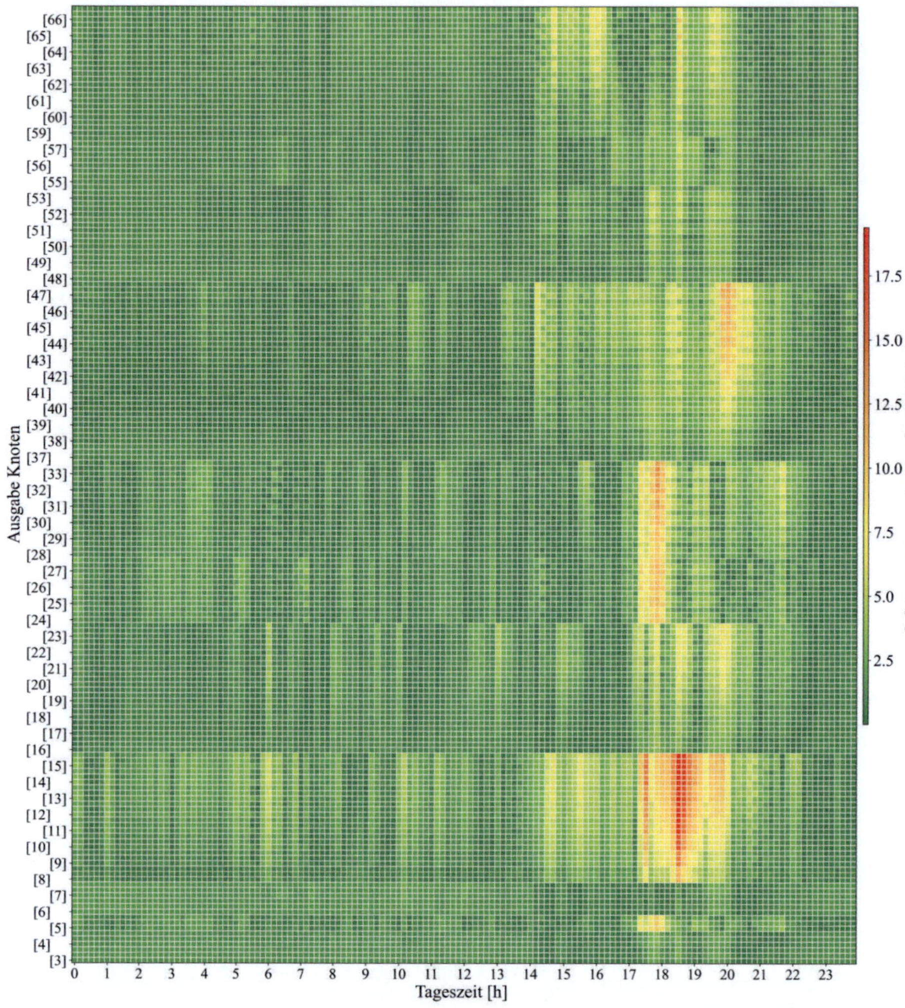


**Abb. A. 22:** Absoluter Fehler Abschätzung Knotenspannung über beispielhaften Tag bei Verwendung Testdaten, Szenario 3, 2 μPMUs

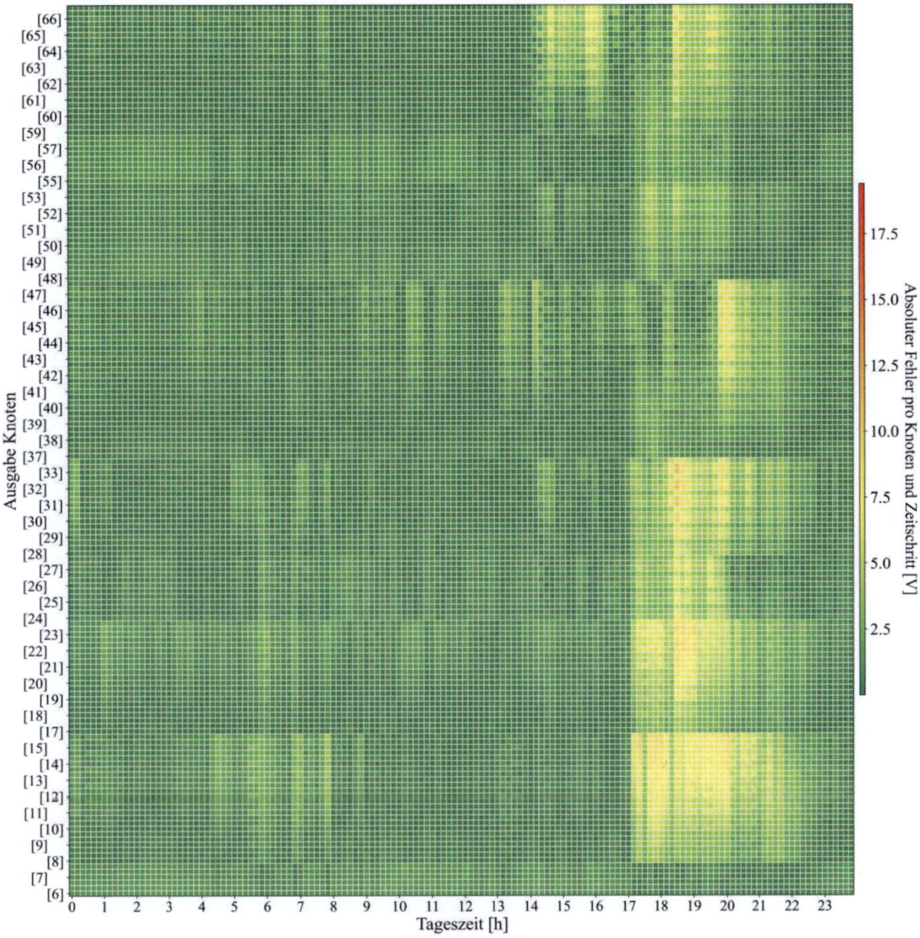


**Abb. A. 23:** Absoluter Fehler Abschätzung Knotenspannung über beispielhaften Tag bei Verwendung Testdaten, Szenario 3, 3 μPMUs

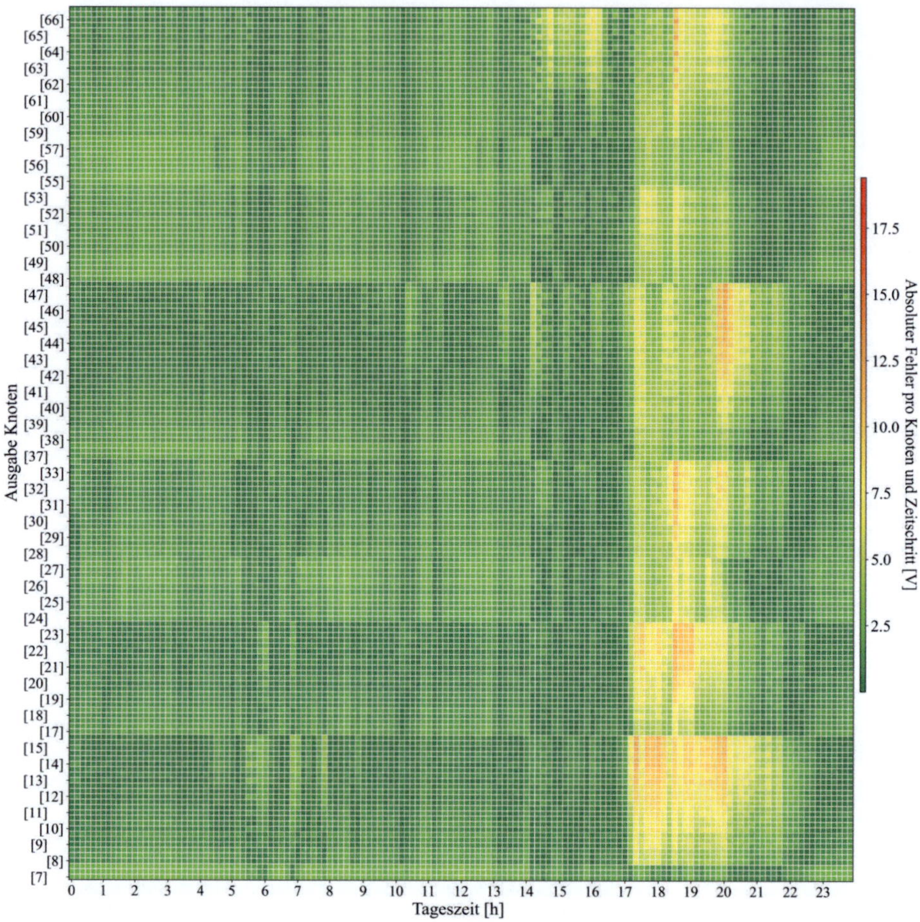


**Abb. A. 24:** Absoluter Fehler Abschätzung Knotenspannung über beispielhaften Tag bei Verwendung Testdaten, Szenario 3, 4 μPMUs

# B. Abkürzungsverzeichnis

| | |
|---|---|
| ANN | Artificial neural network |
| BM | Betriebsmittel |
| CC | Constant Current |
| CV | Constant Voltage |
| DEA | Dezentrale Energieanlagen |
| DDQN | Double Deep Q-Network |
| DDQL | Double-Deep-Q Learning |
| DQN | Deep Q-Network |
| EF | Elektrofahrzeug |
| EFPG | Elektrofahrzeug Profil Generator |
| GPS | Global Positioning System |
| HSH | Haushalt |
| KBA | Kraftfahrtbundesamt |
| KI | Künstliche Intelligenz |
| MA | Multiagenten |
| MAE | Mean Absolute Error |
| MC | Monte-Carlo |
| MDP | Markov Decision Problem |
| ML | Maschinelle Lernalgorithmen |
| MsbG | Messstellenbetriebsgesetz |
| MSE | Mean Squared Error |
| OPP | Optimaler Phasor-Measurement Unit Platzierungsalgorithmus |
| PMU | Phasor-Measurement Unit |
| PV | Photovoltaic |
| PWM | Pulsweitenmoduliertes Signal |
| RL | Reinforcement Learning |
| RMSE | Root Mean Square Error |
| SE | State Estimation |

| | |
|---|---|
| SLP | Standardlastprofil |
| SM | Smart Meter |
| SoC | State of Charge |
| TD | Temporal Difference |
| µPMU | Micro-Phasor-Measurement Unit |

# C. Formelverzeichnis

## Notation

Die im Rahmen dieser Arbeit genutzte Notation wird im Folgenden exemplarisch am Buchstaben „a" beschrieben. Die Darstellung aller Variablen erfolgt anhand kursiver Buchstaben mit Serife ($a$). Eine Matrix wird mit einem fett geschriebenen Großbuchstaben gekennzeichnet ($\boldsymbol{A}$). Vektoren sind mittels eines fettgeschriebenen Kleinbuchstabens dargestellt ($\boldsymbol{a}$).

## Formelzeichen

| | |
|---|---|
| $a_t$ \| $a_{t+1}$ | Zustand zum Zeitpunkt t und Zustand zum nächsten Zeitpunkt |
| $A$ | Alter Typ-Mensch |
| $b_0$ | Ordinatenabschnitt ANN |
| $c$ | Unterschiedliche Berufsgruppe Typ-Mensch |
| $E$ | Lernfehler Training ANN |
| $E_3$ | Energiebezug Haushalt mit drei Personen |
| $E_n$ | Energiebezug Haushalt mit n Personen |
| $E_{sr}$ | Summe Belohnung pro Zeitschritt |
| $E_{TD}$ | Fehler der Temporal-Difference |
| $E(W)$ | Fehlerfunktion Training ANN |
| $\nabla E(W)$ | Gradient der Fehlerfunktion |
| f | Unterschiedlicher Grad Freizeitaktivität Typ-Mensch |
| $g$ | Aktivierungsfunktion ANN |
| $G$ | Geschlecht Typ-Mensch |
| $i$ | Zweigstrom |
| $I_{T,max}$ | Maximal zulässiger Strom eines BM |
| $I_{t,T}$ | Aktueller Betriebsstrom bei BM |
| $j$ | Unterschiedliche Altersgruppe Typ-Mensch |
| $k_{HSH}$ | Haushalt am Netzknoten k |
| $k_j$ | Netzknoten |
| $k_{max}$ | Knoten mit maximaler Anzahl benachbarter Knoten |

| | |
|---|---|
| $k_{mess}$ | Gemessene Netzknoten |
| $k_n$ | Gesamte Anzahl Netzknoten |
| $k_\kappa$ | Zufallswert der zyklischen Permutation, zeitliche Größe des Abschnittes |
| $L_{EF}(t_s)$ | Gewichtete Zufallszahlen zwischen 0 und 1 |
| $m$ | Summe über alle Trainingsdatensätze |
| $n_{DDQN}$ | Anzahl Trainingsschritte Aktualisierung Zielnetzwerk bei DDQN |
| $n_{EF}$ | Anzahl EFs und Ladepunkte in elektrischen Netz |
| $n_n$ | Anzahl Neuronen und Ausgabewerte |
| $n_\gamma$ | Zufallswert der zyklischen Permutation, Start des zu tauschenden Abschnittes |
| $o$ | Realer Ausgabewert |
| $p$ | Unterschiedliche Arbeitszeitform Typ-Mensch |
| $P_A$ | Wahrscheinlichkeitsverteilung Alter |
| $P_{AZF}$ | Wahrscheinlichkeitsverteilung Arbeitszeitform |
| $P_{FA}$ | Wahrscheinlichkeitsverteilung Freizeitaktivität |
| $P_G$ | Wahrscheinlichkeitsverteilung Geschlecht |
| $P_{st}$ | Wahrscheinlichkeit von Zustand in anderen Zustand zu wechseln |
| $P_T$ | Wahrscheinlichkeitsverteilung Arbeitstage |
| $P_{w,Ort}$ | Wahrscheinlichkeitsverteilung Arbeitsort |
| $q$ | Zufallszahl zwischen 0 und 1000 |
| $Q_\pi(s_t,a_t)$ | Q-Wert bei Taktik abhängig von Zustand und Aktion |
| $r_L$ | Resistanz Leitung |
| $r_t$ \| $r_{t+1}$ | Belohnung zum Zeitpunkt t und Belohnung zum nächsten Zeitpunkt |
| $r_{ts,EF}$ | Belohnungsfunktion Ladezeit EFs pro Zeitschritt |
| $r_{ts,ges}$ | Gesamte Belohnung pro Zeitschritt |
| $r_{ts,T}$ | Belohnungsfunktion Auslastung BM pro Zeitschritt |
| $r_{WT}$ | Unterschiedliche Wochentage |
| $s_{CIGRE}(t_s)$ | Normiertes CIGRE Referenzprofil für Haushalte Trainingsdatengenerierung |

| | |
|---|---|
| $s_{EFPG,n}(t_s)$ | Normiertes EF Lastprofil nach EFPG |
| $S_D$ | Durchschnittliche Spitzenleistung Haushalte mit verschiedener Anzahl an Personen |
| $s_{EF,Mess}(t)$ | Normierte Messdaten Ladeprofil EF |
| $s_{EF,Mess,Z1}$ | Zufällige Auswahl aus normierte Messdaten Ladeprofil EF |
| $S_{EF,Z1}(t_s)$ | Zufallsalgorithmus eins zur Generierung EF-Lastprofile für Trainingsdaten |
| $S_{EF,Z2}(t_s)$ | Zufallsalgorithmus zwei zur Generierung EF-Lastprofile für Trainingsdaten |
| $S_{EF,Z3}(t_s)$ | Zufallsalgorithmus drei zur Generierung EF-Lastprofile für Trainingsdaten |
| $S_{LL}$ | Spitzenladeleistung EF |
| $s_{MC}(t_s)$ | Haushalts Trainingsdatengenerierung mit Monte-Carlo Simulation |
| $S_n$ | Spitzenleistung für Haushalt mit n Personen |
| $s_R(t_s)$ | Zufällige Generierte normierte Haushalts-Lastprofile Trainingsdatengenerierung |
| $s_{SLP}(t_s)$ | Normiertes Standardlastprofil für Haushalte |
| $s_t \mid s_{t+1}$ | Zustand zum Zeitpunkt t und Zustand zum nächsten Zeitpunkt |
| $S_t$ | Allgemeiner zeitlicher Verlauf Scheinleistung |
| $S_{t,HSH}$ | Lastverlauf Haushalt |
| $S_{t,EF}$ | Lastverlauf Ladung EF |
| $S_{t,PV}$ | Erzeugungsverlauf PV-Anlage |
| $s_{VDI}(t_s)$ | Zeitlicher Verlauf Scheinleistung nach VDI 4655 Referenzprofil Haushalte |
| $s_{Z1,Z2,Z3}(t_s)$ | Nach drei Zufallsalgorithmen generierte Haushaltsverläufe für Validierung |
| $t_{Ankunft}$ | Ankunftszeit EF an Ladepunkt |
| $t_{Ankunft,RL}$ | Ankunftszeit EF an Ladepunkt mit Zufallsfaktor |
| $t_{s,EF}$ | Ladezeit EF |
| $t_s$ | Zeitschritt in Simulation |
| $u_j$ | Spannung am Knoten j |

| | |
|---|---|
| $u(t)$ | Gewichtete Summe Eingangswerte im Perzeptron |
| $\boldsymbol{U}_Z$ | Matrix der Z-Normierte Spannung aller Netzknoten |
| $V_\pi(s_t)$ | Maximaler Nutzen bei gewählter Taktik bei entsprechendem Zustand |
| $\boldsymbol{W}$ | Matrix der Gewichte in feed-forward neural network |
| $w_{AZF}$ | Arbeitszeitform |
| $w_b$ | Berufsgruppe |
| $w_{dauer}$ | Arbeitsdauer |
| $w_{DS}$ | Durchschnittliche Arbeitsdauer |
| $\boldsymbol{w}_i$ | Gewichtung der Neuronen Ausgangswerte ANN |
| $w_{ort}$ | Arbeitsort |
| $w_{start}$ | Arbeitsbeginn |
| $w_{Tage}$ | Arbeitstage |
| $x$ | Wert Gaußsche Normalverteilung |
| $\boldsymbol{x}_i(t)$ | Eingabevektor ANN pro Zeitschritt |
| $X_{k\%}$ | Prozentuale Beobachtbarkeit des elektrischen Netzes |
| $x_L$ | Reaktanz Leitung |
| $y_i$ | Ausgabewert eines Neurons |
| $\Delta\boldsymbol{W}$ | Änderung aller Gewichte als Matrix zwischen Eingabe- und Ausgabewert |
| $\Delta w_{ij}$ | Änderung der Gewichte zwischen Eingabe- und Ausgabewert |
| $\alpha$ | Lernrate DQN |
| $\alpha_{Z3}(t)$ | Zufallsfaktor Änderung Größe der Leistung pro Zeitschritt |
| $\gamma$ | Diskontfaktor |
| $\gamma_t$ | Dimension zyklischer Permutation, Start des zu tauschenden Abschnittes |
| $\delta_\Omega$ | Differenz tatsächlich ausgegebenen Wertes zu ANN ausgegebenen Wert |
| $\varepsilon_{ts,6}$ | Zufallszahlen zwischen 0 und 1 für sechs Simulationsschritte |
| $(\zeta)_p$ | Adjazenzmatrix |
| $\eta_{lr}$ | Lernrate |

| | |
|---|---|
| $\theta_Q$ | Gewichtete Schätzung des Q-Wertes |
| $\kappa$ | Dimension zyklischer Permutation, zeitliche Größe des zu tauschenden Abschnittes |
| $\Lambda_{k,ts}$ | Zufallszahl zwischen 0 und 2 pro Zeitschritt und Haushalt |
| $\Lambda_{G,k,ts}$ | Zufallszahl nach Gaußscher Normalverteilung pro Zeitschritt und Haushalt |
| $\mu$ | Mittelwert Gaußscher Normalverteilung |
| $\nu_t$ | Zufallsfaktor Ankunft EFs für RL Modelle |
| $\mathrm{v_X}$ | Zufallsfaktor Fahrstrecke EFs für RL Modelle |
| $\pi$ | Taktik |
| $\varrho$ | Dimension zyklischer Permutation |
| $\sigma$ | Standardabweichung Gaußsche Normalverteilung |
| $(\boldsymbol{\sigma})_p$ | Matrix Anzahl benachbarter Netzknoten pro Netzknoten |
| $\tau$ | Zufällige Zeitkonstante |
| $\varphi$ | Phasendifferenz Strom- und Spannungszeiger |
| $\Omega$ | Summe aller Ausgabewerte eines ANN |

# D. Abbildungs- und Tabellenverzeichnis

## Abbildungen

## Tabellen